微分積分の基礎

飯田洋市・大野博道・岡本 葵
河邊 淳・鈴木章斗・高野嘉寿彦
共著

培風館

本書の無断複写は，著作権法上での例外を除き，禁じられています。
本書を複写される場合は，その都度当社の許諾を得てください。

まえがき

　日常生活で不可欠な携帯電話やスマートフォンは，無線中継基地からの電波を受けて，移動しながらの通話を可能にする．高精度で現在位置を把握し，最短移動経路や到着時間をドライバーに教えてくれるナビゲーションシステムには，地球の準同期軌道上にある GPS 衛星からの情報が不可欠である．また，海流や風の流れを解析すれば天候が予測できるし，ピアノの弦や太鼓の膜の振動は，空気を媒体として，魅惑的な音楽を奏でる．これらの便利なシステムや自然現象は微分や積分を用いた方程式で記述され，われわれ人類はそれを解析することで現象を理解し，数々の技術に応用してきた．このため大学や高等専門学校で理工系分野を専攻する学生にとって，微分積分の学修は大変重要である．

　本書は，高等学校における数学，特に，数学 III に続く理工系学生向けの微分積分の教科書である．前半に 1 変数関数，後半に多変数関数の微分と積分を配置した．前半では数学 III の内容を復習したうえ，さらに掘り下げて学習し，後半の多変数関数の偏微分や重積分につなげる．また，テイラー展開やマクローリン展開などの関数の級数展開や，高年次で学ぶフーリエ級数を正しく理解するための手助けとなるように，級数の収束や発散に関する章を設けている．

　数学 III では，数列 $\{a_n\}$ の極限を，「n を限りなく大きくしたとき，a_n の値が一定の値 α に近づくならば，数列 $\{a_n\}$ は α に収束する」という定義で学ぶ．実際，この直観的で文学的に味わい深い定義を用いて，数列の極限を求めたり，収束列の性質を調べることができる場合も多い．しかし，微分積分の神髄に迫る本質的な議論では，この直観に頼った定義では太刀打ちできないのも事実である．そこで本書で学んだ読者が，将来，より深く微分積分学を学ぶ際にとまどうことのないように，数列の極限に対して，数学的に厳密な定義も与え，あえていくつかの定理の証明に用いている．

　また本書は，公式や定理の直後に例とその解答を与え，類似問題も数多く掲載している．読者は必ずこれらの問題をていねいに解くことを心がけてもらい

たい．そうすることで，公式や定理が意味する内容をより深く理解し，それらを確実に身につけることができると確信している．その一助となるように下記のWebサイトに問や演習問題の略解等をあげる．

http://www.shinshu-u.ac.jp/faculty/engineering/appl/biseki.htm

なお，理工系の大学や高等専門学校の高年次では，微分積分の応用として，微分方程式，ラプラス変換，フーリエ解析，ベクトル解析，複素関数などを学修する．その教科書として『応用解析の基礎』（2013年6月，培風館）が上梓されている．本書は，その姉妹書として，高年次の学修につながるように内容が考慮されているので，おおいに活用してもらいたい．

2017年9月

著　者

目　　次

1.　極　　限　　　*1*

1.1　数列と級数 1
   1.1.1　数列の極限　　1
   1.1.2　級　　数　　9

1.2　連　続　関　数 10
   1.2.1　関数の極限　　10
   1.2.2　連　続　関　数　　15
   1.2.3　指数関数と対数関数　　18
   1.2.4　三　角　関　数　　20
   1.2.5　逆三角関数　　23
   1.2.6　双曲線関数と逆双曲線関数　　25

演習問題 1 27

2.　微　　分　　　*29*

2.1　導　関　数 29
   2.1.1　関数の微分　　29
   2.1.2　合成関数の微分法　　33
   2.1.3　接線と法線の方程式　　36

2.2　高次導関数 37
   2.2.1　高次導関数　　38
   2.2.2　テイラーの定理　　40

2.3　微分の応用 45
   2.3.1　不定形の極限値　　45
   2.3.2　関数の極値　　47
   2.3.3　速度と加速度　　50

演習問題 2 51

3. 積　分 55

3.1 不 定 積 分 55

  3.1.1 不定積分の定義　55

  3.1.2 不定積分の基本公式　56

  3.1.3 不定積分の性質　58

  3.1.4 標準的な計算手法　61

3.2 定 積 分 66

  3.2.1 定積分の定義　66

  3.2.2 定積分の性質　68

  3.2.3 微分積分学の基本定理　69

  3.2.4 定積分の計算　71

3.3 広 義 積 分 74

  3.3.1 広義積分の定義　74

  3.3.2 重要な広義積分　77

3.4 定積分の応用 78

  3.4.1 面　積　78

  3.4.2 曲線の長さ　82

  3.4.3 立体の体積　84

演習問題 3 86

4. 偏 微 分 91

4.1 2変数関数の極限と連続性 91

  4.1.1 2変数関数　91

  4.1.2 極　限　93

  4.1.3 連 続 関 数　96

4.2 偏微分と全微分 97

  4.2.1 偏微分係数　97

  4.2.2 偏 導 関 数　98

  4.2.3 全 微 分　99

  4.2.4 合成関数の偏微分　102

  4.2.5 接平面と法線の方程式　104

4.3 高次偏導関数 106

  4.3.1 高次偏導関数　106

  4.3.2 テイラーの定理　111

目　次　　　　　　　　　　　　　　　　　　　　　　　　　　　ｖ

　　4.4　偏微分の応用 112
　　　　4.4.1　陰関数定理　112
　　　　4.4.2　極　値　問　題　114
　　　　4.4.3　条件付き極値問題　117
　　演習問題 4 119

5.　重　積　分　　　　　　　　　　　　　　　　　　　　　*123*

　　5.1　2 重積分 123
　　　　5.1.1　長方形上の 2 重積分　123
　　　　5.1.2　集合上の 2 重積分　126
　　5.2　変　数　変　換 131
　　5.3　広義 2 重積分 135
　　5.4　3 重積分 141
　　　　5.4.1　3 重　積　分　141
　　　　5.4.2　変　数　変　換　143
　　　　5.4.3　広義 3 重積分　145
　　5.5　重積分の応用 141
　　演習問題 5 152

6.　級　　　数　　　　　　　　　　　　　　　　　　　　　*155*

　　6.1　級　　　数 155
　　　　6.1.1　級　　　数　155
　　　　6.1.2　正　項　級　数　156
　　　　6.1.3　交　代　級　数　159
　　　　6.1.4　絶対収束級数　160
　　6.2　べ　き　級　数 162
　　　　6.2.1　べき級数と収束半径　162
　　　　6.2.2　べき級数の微積分　165
　　演習問題 6 168

解答とヒント　　　　　　　　　　　　　　　　　　　　　*171*

索　　　引　　　　　　　　　　　　　　　　　　　　　　*187*

ギリシャ文字

大文字	小文字	読 み	大文字	小文字	読 み
A	α	アルファ	N	ν	ニュー
B	β	ベータ	Ξ	ξ	グザイ
Γ	γ	ガンマ	O	o	オミクロン
Δ	δ	デルタ	Π	π	パイ
E	ε	イプシロン	P	ρ	ロー
Z	ζ	ゼータ	Σ	σ	シグマ
H	η	エータ	T	τ	タウ
Θ	θ	シータ	Υ	υ	ユプシロン
I	ι	イオタ	Φ	ϕ, φ	ファイ
K	κ	カッパ	X	χ	カイ
Λ	λ	ラムダ	Ψ	ψ	プサイ
M	μ	ミュー	Ω	ω	オメガ

1

極　　　限

微分積分学の基礎となる概念は極限であり，関数の極限操作に慣れることが求められる．そのために，まず本章では，数列の極限や関数の連続性について解説するが，極限の概念の土台に実数の性質 (実数の連続性) が潜んでいることがわかる．さらに，数列の極限を応用することで，関数の極限を扱うことができることもわかる．

1.1　数列と級数

1.1.1　数列の極限

数列 $\{a_n\}_{n=1}^{\infty}$ がある定数 α に**収束する**とは，番号 n を限りなく大きくしたとき，a_n と α との距離 $|a_n - \alpha|$ が限りなく 0 に近づくことをいう．これを数直線上の点の移動としてとらえ，「a_n が α に限りなく近づく」ともいう．このとき，α を $\{a_n\}$ の**極限**または**極限値**といい，

$$\lim_{n \to \infty} a_n = \alpha \quad \text{または} \quad a_n \to \alpha \ (n \to \infty)$$

とかく．

この定義は，「任意の $\varepsilon > 0$ に対して，自然数 N が存在して，$n > N$ となる任意の自然数 n に対して $|a_n - \alpha| < \varepsilon$ が成り立つ」ことを意味し，$\lim_{n \to \infty} |a_n - \alpha| = 0$ と同値である．なお，$|a_n - \alpha| < \varepsilon$ を，定数 $M > 0$ を用いて $|a_n - \alpha| < M\varepsilon$ で置き換えてもよい．

1

2   1. 極 限

例 1. $\displaystyle\lim_{n\to\infty}\frac{1}{n}=0$ を示せ.

解. n を限りなく大きくすると,$\dfrac{1}{n}$ と 0 との距離 $\left|\dfrac{1}{n}-0\right|$ は限りなく 0 に近づくので,$\displaystyle\lim_{n\to\infty}\frac{1}{n}=0$ となる. また, 任意の $\varepsilon>0$ に対して,$\dfrac{1}{\varepsilon}<N$ となる自然数 N が存在して (例えば, $\varepsilon=0.1$ なら $N=11$, $\varepsilon=0.01$ なら $N=101$),$n>N$ となる任意の自然数 n に対して $\left|\dfrac{1}{n}-0\right|<\dfrac{1}{N}<\varepsilon$ が成り立つことからも示せる. □

数列の極限を調べる際に, 以下の定理 1 と定理 2 は役に立つ. 証明には次の不等式が使われる.

$$|\alpha+\beta|\leqq|\alpha|+|\beta| \qquad \text{(三角不等式)}$$

問 1. 三角不等式を示せ. また, それを用いて $||\alpha|-|\beta||\leqq|\alpha-\beta|$ を示せ.

●**定理 1.** $\displaystyle\lim_{n\to\infty}a_n=\alpha$, $\displaystyle\lim_{n\to\infty}b_n=\beta$ のとき, 次が成り立つ.

(1) $\displaystyle\lim_{n\to\infty}(a_n\pm b_n)=\alpha\pm\beta$

(2) $\displaystyle\lim_{n\to\infty}ka_n=k\alpha$ (k は定数)

(3) $\displaystyle\lim_{n\to\infty}a_nb_n=\alpha\beta$

(4) $\displaystyle\lim_{n\to\infty}\frac{a_n}{b_n}=\frac{\alpha}{\beta}$ ($\beta\neq0$)

証明. (1) と (3) を示す. (2) と (4) は章末問題とする.

(1) 仮定より, 任意の $\varepsilon>0$ に対して, 自然数 N が存在して, $n>N$ となる任意の自然数 n に対して, $|a_n-\alpha|<\varepsilon$ かつ $|b_n-\beta|<\varepsilon$ が成り立つ. このとき,

$$|(a_n\pm b_n)-(\alpha\pm\beta)|\leqq|a_n-\alpha|+|b_n-\beta|<\varepsilon+\varepsilon=2\varepsilon.$$

(3) $\varepsilon<1$ としてよい. このとき, $\varepsilon^2<\varepsilon$ より

$$\begin{aligned}
|a_nb_n-\alpha\beta|&=|(a_n-\alpha)(b_n-\beta)+\alpha(b_n-\beta)+\beta(a_n-\alpha)|\\
&\leqq|a_n-\alpha||b_n-\beta|+|\alpha||b_n-\beta|+|\beta||a_n-\alpha|\\
&<\varepsilon^2+|\alpha|\varepsilon+|\beta|\varepsilon<(1+|\alpha|+|\beta|)\varepsilon. \quad\square
\end{aligned}$$

問 2. $\displaystyle\lim_{n\to\infty}a_n=\alpha$ のとき, $\displaystyle\lim_{n\to\infty}|a_n|=|\alpha|$ を示せ.

1.1 数列と級数 3

例 2. (1) $\displaystyle\lim_{n\to\infty}\frac{2n^3+n-2}{n^3+3n^2}=\lim_{n\to\infty}\frac{2+\frac{1}{n^2}-\frac{2}{n^3}}{1+\frac{3}{n}}=2$

(2) $\displaystyle\lim_{n\to\infty}\left(\sqrt{n^2+1}-n\right)=\lim_{n\to\infty}\frac{(\sqrt{n^2+1}-n)(\sqrt{n^2+1}+n)}{\sqrt{n^2+1}+n}$

$\displaystyle\qquad\qquad\qquad\qquad=\lim_{n\to\infty}\frac{1}{\sqrt{n^2+1}+n}=0$

問 3. 次で定義される数列の極限値を求めよ.

(1) $\displaystyle\frac{3}{n+1}+\frac{1}{\sqrt{n}}$
(2) $\displaystyle\frac{n-1}{n^2-n}$
(3) $\displaystyle\frac{n^2-2n+1}{2n^2+n-3}$

(4) $\displaystyle\frac{5n^2+n-1}{3n^3+2n^2+3}$
(5) $\sqrt{n+1}-\sqrt{n}$
(6) $\displaystyle\frac{\sqrt{n+4}-2}{n}$

(7) $\displaystyle\frac{1}{\sqrt{n^2+n}-n}$
(8) $\displaystyle\frac{\sqrt{n^2+1}-1}{n}$
(9) $\displaystyle\frac{1}{n}+\frac{(-1)^n}{n}$

●**定理 2.** $\displaystyle\lim_{n\to\infty}a_n=\alpha,\ \lim_{n\to\infty}b_n=\beta$ のとき, 次が成り立つ.

(1) $a_n\geqq 0$ ならば $\alpha\geqq 0$.

(2) $a_n\geqq b_n$ ならば $\alpha\geqq\beta$.

(3) $a_n\leqq c_n\leqq b_n$ のとき, $\alpha=\beta$ ならば $\displaystyle\lim_{n\to\infty}c_n=\alpha$ (はさみうちの原理).

定理 2 において, すべての自然数 n で $a_n>0$ でも $\alpha>0$ とは限らない (例 1 をみよ). 同様に, すべての自然数 n で $a_n>b_n$ でも $\alpha>\beta$ とは限らない.

証明. (1) (背理法で示す) $\alpha<0$ とする. $\displaystyle\lim_{n\to\infty}a_n=\alpha$ より, $\varepsilon=-\alpha>0$ に対して, 自然数 N が存在して, $n>N$ となる任意の自然数 n に対して $|a_n-\alpha|<\varepsilon$. このとき, $a_n<\alpha+\varepsilon=0$. 特に, $a_{N+1}<0$. これは $a_n\geqq 0$ という仮定に反する.

(2) $c_n=a_n-b_n$ とおけば, $c_n\geqq 0$. よって, (1) から示される.

(3) 仮定より, 任意の $\varepsilon>0$ に対して, 自然数 N が存在して, $n>N$ となる任意の自然数 n に対して $|a_n-\alpha|<\varepsilon$ かつ $|b_n-\alpha|<\varepsilon$. よって, $-\varepsilon<a_n-\alpha$, $b_n-\alpha<\varepsilon$ より, $\alpha-\varepsilon<a_n\leqq c_n\leqq b_n<\alpha+\varepsilon$. ゆえに, $|c_n-\alpha|<\varepsilon$. □

例 3. $\displaystyle\lim_{n\to\infty}\sqrt[n]{a}=1$ を示せ. ただし, $a>0$ は定数とする.

解. $a=1$ のときは明らか. $a>1$ のとき, $\sqrt[n]{a}=1+h_n\ (h_n>0)$ とおくと, 二項定理より $a=(1+h_n)^n\geqq 1+nh_n$. よって, $0<h_n\leqq\dfrac{a-1}{n}$. ゆえに, はさみうちの原理より $\displaystyle\lim_{n\to\infty}h_n=0$ となり, $\displaystyle\lim_{n\to\infty}\sqrt[n]{a}=\lim_{n\to\infty}(1+h_n)=1$

を得る. $0 < a < 1$ のときは, $b = \dfrac{1}{a} > 1$ とおけば, $\displaystyle\lim_{n\to\infty}\sqrt[n]{a} = \lim_{n\to\infty}\dfrac{1}{\sqrt[n]{b}} = 1$ となる. □

例 4. $\displaystyle\lim_{n\to\infty}\sqrt[n]{2^n + 3^n} = 3$ を示せ.

解. $a_n = \sqrt[n]{2^n + 3^n} = 3\sqrt[n]{\left(\dfrac{2}{3}\right)^n + 1}$ より $3 < a_n < 3\sqrt[n]{2}$ である. 例 3 より $\displaystyle\lim_{n\to\infty}3\sqrt[n]{2} = 3$ なので, はさみうちの原理より, $\displaystyle\lim_{n\to\infty}\sqrt[n]{2^n + 3^n} = 3$. □

問 4. $\displaystyle\lim_{n\to\infty}\sqrt[n]{n} = 1$ を示せ. (ヒント: $\sqrt[n]{n} = 1 + h_n$ として二項定理を使う.)

収束しない数列 $\{a_n\}$ は**発散する**という. 特に, n を限りなく大きくするとき, a_n が限りなく大きくなれば, $\{a_n\}$ は**正の無限大に発散する**といい,

$$\lim_{n\to\infty} a_n = \infty \quad \text{または} \quad a_n \to \infty \ (n \to \infty)$$

とかく. この定義は, どんなに大きな数 K に対しても, 自然数 N が存在して, $n > N$ となる任意の自然数 n に対して $a_n > K$ が成り立つことを意味する. また, n を限りなく大きくするとき, a_n が限りなく小さくなれば, $\{a_n\}$ は**負の無限大に発散する**といい,

$$\lim_{n\to\infty} a_n = -\infty \quad \text{または} \quad a_n \to -\infty \ (n \to \infty)$$

とかく.

例 5. (1) $\displaystyle\lim_{n\to\infty}\left(n^2 + n + 1\right) = \infty$

(2) $\displaystyle\lim_{n\to\infty}\dfrac{1 - n^2}{n} = \lim_{n\to\infty}\left(\dfrac{1}{n} - n\right) = -\infty$

数列の無限大への発散に関して, 次の定理が成り立つ.

●**定理 3.** $\{a_n\}$, $\{b_n\}$ は数列とする. このとき次が成り立つ.

(1) $\displaystyle\lim_{n\to\infty} a_n = \pm\infty$ ならば $\displaystyle\lim_{n\to\infty}\dfrac{1}{a_n} = 0$.

(2) $a_n \geqq b_n$ で $\displaystyle\lim_{n\to\infty} b_n = \infty$ ならば $\displaystyle\lim_{n\to\infty} a_n = \infty$.

(3) $a_n \geqq b_n$ で $\displaystyle\lim_{n\to\infty} a_n = -\infty$ ならば $\displaystyle\lim_{n\to\infty} b_n = -\infty$.

例 6. $a > -1$ のときは

$$\lim_{n\to\infty} a^n = \begin{cases} 0 & (|a| < 1) \\ 1 & (a = 1) \\ \infty & (a > 1) \end{cases}$$

1.1 数列と級数 5

であり，$a \leqq -1$ のときは数列 $\{a^n\}$ は発散することを示せ.

解. $a = 0, 1$ のときは明らか. $a > 1$ のとき，$a = 1 + h$ $(h > 0)$ とおくと，二項定理より $a^n = (1 + h)^n \geqq nh \to \infty$ $(n \to \infty)$ となるので，$\lim_{n \to \infty} a^n = \infty$. $0 < |a| < 1$ のときは，$b = \dfrac{1}{|a|} > 1$ なので，$\lim_{n \to \infty} b^n = \infty$. よって $|a^n| = \dfrac{1}{b^n} \to 0$ $(n \to \infty)$ より $\lim_{n \to \infty} a^n = 0$.

$a = -1$ のときは，数列 $\{a^n\}$ は n の偶奇に応じて，1 と -1 を交互にとるので発散する. また，$a < -1$ のときは，n を限りなく大きくすると，$|a^n|$ は限りなく大きくなるが，やはり $\{a^n\}$ は n の偶奇に応じて，正と負の値を交互にとるので発散する. しかし，正の無限大や負の無限大には発散しない. □

例 7. $\lim_{n \to \infty} \dfrac{a^n}{n!} = 0$ を示せ. ただし，a は定数とする.

解. $2|a| < N$ を満たす自然数 N をとる. このとき，$n > N$ ならば

$$\left| \frac{a^n}{n!} \right| = \frac{|a|^N}{N!} \cdot \frac{|a|}{N + 1} \cdot \frac{|a|}{N + 2} \cdots \cdots \frac{|a|}{N + (n - N - 1)} \cdot \frac{|a|}{n}$$

$$< \frac{|a|^N}{N!} \left(\frac{|a|}{N} \right)^{n-N} < \frac{|a|^N}{N!} \left(\frac{1}{2} \right)^{n-N} = \frac{(2|a|)^N}{N!} \left(\frac{1}{2} \right)^n.$$

ここで，$\lim_{n \to \infty} \left\{ \dfrac{(2|a|)^N}{N!} \left(\dfrac{1}{2} \right)^n \right\} = 0$ なので，$\lim_{n \to \infty} \dfrac{a^n}{n!} = 0$. □

例 8. 次で定義される数列の極限を求めよ.

(1) $\dfrac{3^{n+1} + (-5)^{n+1}}{(-3)^n + (-5)^n}$ (2) $\dfrac{(-4)^{2n}}{2^{2n} + 1}$ (3) $\dfrac{(-3)^n}{2^n(n!)}$

解. (1) $\dfrac{3^{n+1} + (-5)^{n+1}}{(-3)^n + (-5)^n} = \dfrac{3 \left(-\frac{3}{5} \right)^n - 5}{\left(\frac{3}{5} \right)^n + 1} \to -5$ $(n \to \infty)$

(2) $\dfrac{(-4)^{2n}}{2^{2n} + 1} = \dfrac{4^{2n}}{4^n + 1} > \dfrac{4^{2n}}{4^{n+1}} = 4^{n-1} \to \infty$ $(n \to \infty)$. よって，定理 3 より，$\dfrac{(-4)^{2n}}{2^{2n} + 1} \to \infty$ $(n \to \infty)$.

(3) 例 7 より，$\dfrac{(-3)^n}{2^n(n!)} = \dfrac{\left(-\frac{3}{2} \right)^n}{n!} \to 0$ $(n \to \infty)$. □

問 5. 次で定義される数列の極限を求めよ.

(1) $1 - \left(-\dfrac{2}{3} \right)^n$ (2) $\dfrac{n^3}{n!}$ (3) $\dfrac{1 + 2 + \cdots + n}{n^2}$

6   1. 極　限

(4) $\sqrt[n]{2n}$ (5) $\sqrt[n]{3^{n+1} + 5^n}$ (6) $\dfrac{1 - 2^n}{1 + 2^n}$

(7) $\dfrac{5^n + 4^{n+1}}{5^{n+1} - 3^n}$ (8) $\dfrac{9^n - 4^n}{2^n - 3^{n+1}}$ (9) $\dfrac{n!}{n^n}$

以下では，実数全体からなる集合を $\mathbb{R}$ で表す．X を $\mathbb{R}$ の空でない部分集合とする．$a \in X$ がすべての $x \in X$ に対して $x \leqq a$ を満たすとき，a を X の**最大値**といい，$\max X$ とかく．一方，$b \in X$ がすべての $x \in X$ に対して $b \leqq x$ を満たすとき，b を X の**最小値**といい，$\min X$ とかく．一般に，$\max X$ や $\min X$ があるとは限らない．

例 9.　集合 $X = \{x \in \mathbb{R} \mid -1 < x < 2\}$ には最大値も最小値もない．

●**定理 4.　(実数の連続性)**　$\mathbb{R}$ の空でない部分集合 X に対して，次が成り立つ．

(1)　$A = \{a \in \mathbb{R} \mid$ すべての $x \in X$ に対して $x \leqq a\}$ とおく．このとき，A が空集合でなければ A に最小値がある．これを X の**上限**とよび，$\sup X$ とかく．また，A の要素を X の**上界**という．

(2)　$B = \{b \in \mathbb{R} \mid$ すべての $x \in X$ に対して $b \leqq x\}$ とおく．このとき，B が空集合でなければ B に最大値がある．これを X の**下限**とよび，$\inf X$ とかく．また，B の要素を X の**下界**という．

例 10.　次の集合の上限と下限を求めよ．また，最大値と最小値を調べよ．

(1)　$X_1 = \{x \in \mathbb{R} \mid -1 \leqq x < 2\}$

(2)　$X_2 = \{x \in \mathbb{R} \mid -2 < x \leqq -1\} \cup \{x \in \mathbb{R} \mid 3 < x \leqq 5\}$

(3)　$X_3 = \left\{ 1 + \dfrac{1}{n} \ \middle| \ n = 1, 2, \cdots \right\}$

解.　(1)　$\sup X_1 = 2$，最大値なし，$\inf X_1 = \min X_1 = -1$

(2)　$\sup X_2 = \max X_2 = 5$，$\inf X_2 = -2$，最小値なし

(3)　$\sup X_3 = \max X_3 = 2$，$\inf X_3 = 1$，最小値なし　　□

数列 $\{a_n\}$ は

$$a_1 \leqq a_2 \leqq a_3 \leqq \cdots \leqq a_n \leqq a_{n+1} \leqq \cdots$$

を満たすとき**単調増加**といい，

$$a_1 \geqq a_2 \geqq a_3 \geqq \cdots \geqq a_n \geqq a_{n+1} \geqq \cdots$$

を満たすとき**単調減少**という．いずれかを満たすときは単に**単調**という．また，

1.1 数列と級数　　　　　　　　　　　　　　　　　　　　　　　　　　　7

定数 K が存在して，すべての自然数 n に対して $a_n \leqq K$ となるとき，$\{a_n\}$ は
上に有界といい，$k \leqq a_n$ となる定数 k が存在するとき，**下に有界**という．上に
も下にも有界のとき，$\{a_n\}$ は**有界**という．収束する数列は有界である．

実数の連続性より，有界な単調列は次の重要な性質をもつ．

●**定理 5.** 上に有界な単調増加列は収束する．また，下に有界な単調減少列は
収束する．

　証明. $\{a_n\}$ を上に有界な単調増加列とする．$\{a_n\}$ が上に有界なので，実
数の連続性より，$\{a_n\}$ の項からなる集合 $X = \{a_n \mid n = 1, 2, \cdots\}$ の上限
$\alpha = \sup X$ が存在する．このとき，α は X の上界なので，すべての自然数 n に
対して $a_n \leqq \alpha$. また，任意の $\varepsilon > 0$ に対して，$\alpha - \varepsilon$ は X の上界ではないの
で，自然数 N が存在して，$\alpha - \varepsilon < a_N$ となる．$\{a_n\}$ は単調増加なので，

$$\alpha - \varepsilon < a_N \leqq a_{N+1} \leqq a_{N+2} \leqq \cdots \leqq \alpha < \alpha + \varepsilon.$$

よって，$n > N$ となる任意の自然数 n に対して $|a_n - \alpha| < \varepsilon$. すなわち，
$\lim_{n \to \infty} a_n = \alpha = \sup X$.
　同様に，$\{a_n\}$ が下に有界な単調減少列であれば，$\lim_{n \to \infty} a_n = \inf X$.　□

　例 11. $a_n = \left(1 + \dfrac{1}{n}\right)^n$ で定義される数列 $\{a_n\}$ は収束する．

　解. 定理 5 より，$\{a_n\}$ が単調増加かつ上に有界であることを示せばよい．
二項定理より，

$$a_n = 1 + n \cdot \frac{1}{n} + \frac{n(n-1)}{2!}\left(\frac{1}{n}\right)^2 + \cdots + \frac{n(n-1)\cdots 2 \cdot 1}{n!}\left(\frac{1}{n}\right)^n$$

$$= 1 + 1 + \left(1 - \frac{1}{n}\right)\frac{1}{2!} + \cdots + \left(1 - \frac{1}{n}\right)\left(1 - \frac{2}{n}\right)\cdots\left(1 - \frac{n-1}{n}\right)\frac{1}{n!} \quad (*)$$

$$< 1 + 1 + \left(1 - \frac{1}{n+1}\right)\frac{1}{2!} + \cdots + \left(1 - \frac{1}{n+1}\right)\cdots\left(1 - \frac{n-1}{n+1}\right)\frac{1}{n!}$$

$$\qquad + \left(1 - \frac{1}{n+1}\right)\left(1 - \frac{2}{n+1}\right)\cdots\left(1 - \frac{n}{n+1}\right)\frac{1}{(n+1)!}$$

$$= \left(1 + \frac{1}{n+1}\right)^{n+1} = a_{n+1}.$$

上の不等号では，右辺は左辺よりも項数が 1 つ多いことに注意すること．よっ

て，$\{a_n\}$ は単調増加である．さらに，途中式 $(*)$ より

$$a_n \leqq 1 + 1 + \frac{1}{2!} + \cdots + \frac{1}{n!} < 1 + 1 + \frac{1}{2} + \cdots + \frac{1}{2^{n-1}}$$

$$= 1 + \frac{1 - \left(\frac{1}{2}\right)^n}{1 - \frac{1}{2}} = 1 + 2\left\{1 - \left(\frac{1}{2}\right)^n\right\} < 3$$

が成り立つ．ゆえに，$\{a_n\}$ は上に有界である．　□

例 11 の数列の極限値は e で表される．

$$\lim_{n \to \infty} \left(1 + \frac{1}{n}\right)^n = e$$

これを**ネイピア (Napier) 数**または**自然対数の底**といい，その値は $e = 2.71828\cdots$ であることが知られている．e は π とならんで重要な無理数である．

例 12. 次の極限値を求めよ．

(1) $\displaystyle\lim_{n \to \infty} \left(1 - \frac{1}{n}\right)^n$ 　　　　(2) $\displaystyle\lim_{n \to \infty} \left(1 - \frac{1}{n^2}\right)^n$

解. (1) $\displaystyle\lim_{n \to \infty} \left(1 - \frac{1}{n}\right)^n = \lim_{n \to \infty} \left(\frac{n}{n-1}\right)^{-n} = \lim_{n \to \infty} \left(1 + \frac{1}{n-1}\right)^{-n}$

$\displaystyle = \lim_{n \to \infty} \frac{1}{\left(1 + \frac{1}{n-1}\right)^{n-1}} \cdot \frac{1}{1 + \frac{1}{n-1}} = \frac{1}{e} \cdot \frac{1}{1 + 0} = \frac{1}{e}$

(2) $\displaystyle\lim_{n \to \infty} \left(1 - \frac{1}{n^2}\right)^n = \lim_{n \to \infty} \left(1 - \frac{1}{n}\right)^n \left(1 + \frac{1}{n}\right)^n = \frac{1}{e} \cdot e = 1$　□

問 6. 次で定義される数列の極限値を求めよ．

(1) $\left(1 + \dfrac{1}{n^2}\right)^{2n^2}$ 　　(2) $\left(1 + \dfrac{1}{3n}\right)^n$ 　　(3) $\left(1 + \dfrac{1}{n}\right)^{n-1}$

(4) $\left(1 + \dfrac{1}{n-1}\right)^n$ 　　(5) $\left(1 - \dfrac{1}{3n}\right)^n$ 　　(6) $\left(1 - \dfrac{1}{n}\right)^{-n}$

(7) $\left(\dfrac{n}{n+1}\right)^n$ 　　(8) $\left(1 - \dfrac{1}{4n^2}\right)^{2n}$ 　　(9) $\left(\dfrac{1}{2} + \dfrac{1}{4n}\right)^n$

数列 $\{a_n\}$ から有限または無限個の項を取り除いてできる数列 $\{a_{n_k}\}_{k=1}^{\infty}$ $(n_1 < n_2 < \cdots < n_k < \cdots)$ を $\{a_n\}$ の**部分列**という．

●**定理 6.** 数列 $\{a_n\}$ が α に収束すれば，任意の部分列 $\{a_{n_k}\}$ も α に収束する．

1.1 数列と級数　　　　　　　　　　　　　　　　　　　　　　　9

証明. $\lim_{n\to\infty} a_n = \alpha$ より，任意の $\varepsilon > 0$ に対して，自然数 N が存在して，$n > N$ となる任意の自然数 n に対して $|a_n - \alpha| < \varepsilon$. このとき，$n_K > N$ となる自然数 K が存在して，$k > K$ となる任意の自然数 k に対して $n_k > N$ となるので $|a_{n_k} - \alpha| < \varepsilon$. よって，$\lim_{k\to\infty} a_{n_k} = \alpha$.　□

定理 6 において，ある部分列が α に収束しても，もとの数列が α に収束するとは限らない．例えば，$a_n = (-1)^n$ では，$\{a_{2n}\}$ は 1 に収束するが，$\{a_n\}$ は発散する．

問 7. 数列 $\{a_n\}$ が $\lim_{n\to\infty} a_{2n-1} = \lim_{n\to\infty} a_{2n} = \alpha$ であれば，$\lim_{n\to\infty} a_n = \alpha$ となることを示せ．

1.1.2 級　数

数列 $\{a_n\}_{n=1}^{\infty}$ に対して，その形式的な無限和

$$a_1 + a_2 + a_3 + \cdots$$

を $\{a_n\}$ の**級数**または**無限級数**といい，$\sum_{n=1}^{\infty} a_n$ で表す．また，$\{a_n\}$ の第 n 項までの和 $S_n = \sum_{k=1}^{n} a_k$ を**第 n 部分和**という．数列 $\{S_n\}_{n=1}^{\infty}$ が収束するとき，すなわち極限値 $S = \lim_{n\to\infty} S_n$ が存在するとき，級数 $\sum_{n=1}^{\infty} a_n$ は**収束する**という．また，S を $\{a_n\}$ の級数の**和**といい，$S = \sum_{n=1}^{\infty} a_n$ で表す．級数が収束しないとき，級数は**発散する**という．定義より，級数の収束や発散は，有限個の項を取り除いたり，それらの値を変更したりしても変わらない．

●**定理 7.** 次の性質が成り立つ．

(1) 級数 $\sum_{n=1}^{\infty} a_n$ が収束するならば，$\lim_{n\to\infty} a_n = 0$.

(2) 級数 $\sum_{n=1}^{\infty} a_n$ と $\sum_{n=1}^{\infty} b_n$ が収束するならば，$\sum_{n=1}^{\infty} (a_n + b_n)$, $\sum_{n=1}^{\infty} ca_n$（c は定数）も収束し，

$$\sum_{n=1}^{\infty} (a_n + b_n) = \sum_{n=1}^{\infty} a_n + \sum_{n=1}^{\infty} b_n, \qquad \sum_{n=1}^{\infty} ca_n = c \sum_{n=1}^{\infty} a_n.$$

証明. (1) $S = \lim_{n\to\infty} S_n$ とおけば，$a_n = S_n - S_{n-1}$ なので，$\lim_{n\to\infty} a_n = \lim_{n\to\infty} (S_n - S_{n-1}) = S - S = 0$.

10   1. 極　　限

(2)　数列 $\{a_n + b_n\}$ の第 n 部分和 $\sum\limits_{k=1}^{n}(a_k + b_k) = \sum\limits_{k=1}^{n} a_k + \sum\limits_{k=1}^{n} b_k$ は, $n \to \infty$

のとき収束し, その極限値, すなわち級数の和は $\sum\limits_{n=1}^{\infty} a_n + \sum\limits_{n=1}^{\infty} b_n$ となる.

第 2 式も同様に示せる.　□

例 13.　**(等比級数)**　初項 $a\,(\neq 0)$, 公比 r の等比級数について, 次を示せ.

$$\sum_{n=1}^{\infty} ar^{n-1} = \begin{cases} \dfrac{a}{1-r} & (|r| < 1) \\[2mm] 発散 & (|r| \geqq 1) \end{cases}$$

解.　$r = 1$ のとき第 n 部分和 $S_n = an$ なので, 級数は発散する. $r \neq 1$ のときは

$$S_n = \sum_{k=1}^{n} ar^{k-1} = \frac{a(1 - r^n)}{1 - r}$$

なので, 例 6 より, $|r| < 1$ ならば級数は収束し, その和は $\dfrac{a}{1-r}$ となる. また, $|r| \geqq 1$ ならば級数は発散する.　□

例 14.　級数 $\sum\limits_{n=1}^{\infty} \dfrac{n+2}{3n-2}$ の収束・発散を調べ, 収束するときはその和を求めよ.

解.　$\lim\limits_{n \to \infty} \dfrac{n+2}{3n-2} = \dfrac{1}{3}$ なので, 定理 7 (1) の対偶より発散する.　□

問 8.　次の級数の収束・発散を調べ, 収束するときはその和を求めよ.

(1)　$\sum\limits_{n=1}^{\infty} \dfrac{1}{2^n}$　　　(2)　$\sum\limits_{n=1}^{\infty} \dfrac{1}{n(n+1)}$　　　(3)　$\sum\limits_{n=1}^{\infty} \dfrac{1-n}{n}$

(4)　$\sum\limits_{n=1}^{\infty} \dfrac{2^{2n}}{3^n}$　　　(5)　$\sum\limits_{n=1}^{\infty} \dfrac{n^2}{2n^2 + 3n - 4}$　　　(6)　$\sum\limits_{n=1}^{\infty} \dfrac{2}{4n^2 - 1}$

(7)　$\sum\limits_{n=1}^{\infty} (-1)^n$　　　(8)　$\sum\limits_{n=1}^{\infty} \dfrac{6}{n(n+1)(n+3)}$　　　(9)　$\sum\limits_{n=1}^{\infty} \sin n\theta$　(θ は定数)

1.2　連 続 関 数

1.2.1　関数の極限

$\mathbb{R}$ の空でない 2 つの部分集合 X と Y に対して, X の任意の要素 x に Y の要素 y を 1 つ対応させる規則 $f\colon X \to Y$ を**関数**とよび, $f(x)$, $y = f(x)$ などで表す. X を**定義域**, $f(X) = \{f(x) \in Y \mid x \in X\}$ を f の**値域**とよぶ.

1.2 連続関数   11

関数 f の定義域 X が明示されていない場合は，$f(x)$ が定義できない点を除いた集合をその定義域と考える．X で定義された関数 $f(x)$ に対して，集合 $\{(x, y) \mid x \in X,\, y = f(x)\}$ を関数 $y = f(x)$ の**グラフ**という．

X を定義域とする関数 $y = f(x)$ と，その値域 $f(X)$ を含む集合 Y を定義域とする関数 $z = g(y)$ があるとき，x に y を経由して z を対応させる関数 $z = g(f(x))$ を，f と g の**合成関数**といい，$g \circ f$，$(g \circ f)(x)$，$z = (g \circ f)(x)$ などで表す．

$Y = f(X)$ のとき f は**全射**，"$f(x_1) = f(x_2)$ ならば $x_1 = x_2$" のとき，f は**単射**という．f は全射かつ単射のとき**全単射**という．集合 X から X 自身への関数で，X の任意の要素 x に同じ x を対応させる関数を**恒等関数**といい，$1_X(x) = x$ とかく．恒等関数は全単射な関数である．

関数 $f \colon X \to Y$ が全単射のとき，Y の任意の要素 y に対して，$y = f(x)$ となる X の要素 x がただ一つ定まる．このとき，y に x を対応させる関数を $f^{-1} \colon Y \to X$ とかき，f の**逆関数**という．逆関数は y に x を対応させる関数なので $x = f^{-1}(y)$ であるが，関数の表記法の慣例により，x と y を交換して $y = f^{-1}(x)$ とかく．逆関数 $y = f^{-1}(x)$ ともとの関数 $y = f(x)$ のグラフは，直線 $y = x$ に関して線対称となる．

例 1. (1)　$f(x) = x + 1$，$g(x) = x^2$ のとき，$(g \circ f)(x) = g(f(x)) = (x+1)^2$ である．

(2)　$y = 2x + 1$ の逆関数は $y = \dfrac{1}{2}(x - 1)$ である．また，$y = \dfrac{1}{2}(x - 1)$ の逆関数は $y = 2x + 1$ である．

(3)　関数 $y = f(x)$ が全単射ならば，$f^{-1} \circ f = 1_X$，$f \circ f^{-1} = 1_Y$ である．

さて，実数 a の近くで定義された関数 $f(x)$ について考える．$x \neq a$ を満たしながら，x を a に限りなく近づけるとき，$f(x)$ がある定数 A に限りなく近づくならば，$x \to a$ のとき $f(x)$ は A に**収束する**といい，

$$\lim_{x \to a} f(x) = A \quad \text{または} \quad f(x) \to A \ (x \to a)$$

とかき，A を $x = a$ における $f(x)$ の**極限**または**極限値**という．

この定義は，「任意の $\varepsilon > 0$ に対して，ある $\delta > 0$ が存在して，$0 < |x - a| < \delta$ となる任意の x に対して $|f(x) - A| < \varepsilon$ が成り立つ」ことを意味し，$\displaystyle \lim_{x \to a} |f(x) - A| = 0$ と同値である．$x \neq a$ として x を a に近づけるので，a は $f(x)$ の定義域に入っていなくても，$x = a$ における極限は定義できる．

12　　　　　　　　　　　　　　　　　　　　　　　　　　　　　　　　1. 極　　限

例2. (1) $\displaystyle\lim_{x\to 2}(x^3-2x+x-1)=5$

(2) $\displaystyle\lim_{x\to 3}\frac{x^2-x-6}{x^2-9}=\lim_{x\to 3}\frac{(x-3)(x+2)}{(x-3)(x+3)}=\lim_{x\to 3}\frac{x+2}{x+3}=\frac{5}{6}$

(3) $\displaystyle\lim_{x\to 2}\frac{\sqrt{x+7}-3}{x-2}=\lim_{x\to 2}\frac{x-2}{(x-2)(\sqrt{x+7}+3)}=\lim_{x\to 2}\frac{1}{\sqrt{x+7}+3}=\frac{1}{6}$

また，$x>a$ を満たしながら x を a に限りなく近づけるとき，$f(x)$ がある定数 A に限りなく近づくならば，$x\to a+0$ のとき $f(x)$ は A に**収束する**といい，

$$\lim_{x\to a+0}f(x)=A \quad \text{または} \quad f(x)\to A\;(x\to a+0)$$

とかき，A を $x=a$ における $f(x)$ の**右側極限**という．一方，$x<a$ を満たしながら x を a に限りなく近づけるときの極限は

$$\lim_{x\to a-0}f(x)=A \quad \text{または} \quad f(x)\to A\;(x\to a-0)$$

とかき，A を $x=a$ における $f(x)$ の**左側極限**という．なお，$a=0$ のときは，$x\to 0+0$，$x\to 0-0$ を，それぞれ $x\to +0$，$x\to -0$ とかく．

例3. 実数 x に対して，x を超えない最大の整数を対応させる関数を $y=[x]$ (**ガウス記号**) とかくと，任意の整数 a に対して次が成り立つ．

$$\lim_{x\to a-0}[x]=a-1, \qquad \lim_{x\to a+0}[x]=a.$$

●**定理8.** 関数 $f(x)$ の $x=a$ における極限値が A であることと，$x=a$ における右側極限と左側極限がともに A であることは同値である．すなわち，$\displaystyle\lim_{x\to a}f(x)=A$ と $\displaystyle\lim_{x\to a+0}f(x)=\lim_{x\to a-0}f(x)=A$ は同値である．

問1. 次の極限値を求めよ．

(1) $\displaystyle\lim_{x\to\sqrt{2}}(x^7-x^3)$
(2) $\displaystyle\lim_{x\to 8}\frac{\sqrt{x}+\sqrt{2}}{\sqrt{x+1}}$
(3) $\displaystyle\lim_{x\to 1}\frac{x^3-1}{x-1}$

(4) $\displaystyle\lim_{x\to 2}\frac{x^2-4x+4}{x^2-4}$
(5) $\displaystyle\lim_{x\to -2}\frac{x^3+8}{x^2-2x-8}$
(6) $\displaystyle\lim_{x\to 3}\frac{\sqrt{x+1}-2}{x-3}$

(7) $\displaystyle\lim_{x\to 1+0}\frac{x-1}{\sqrt{x-1}}$
(8) $\displaystyle\lim_{x\to 2-0}\frac{x-2}{\sqrt[3]{x+6}-2}$
(9) $\displaystyle\lim_{x\to +0}\frac{1}{x}\left(\frac{1}{2}+\frac{1}{x-2}\right)$

$x\to a$ のとき関数 $f(x)$ が収束しなければ**発散する**という．特に，$x\to a$ のとき $f(x)$ が限りなく大きくなるならば，$f(x)$ は**正の無限大に発散する**といい，

$$\lim_{x\to a}f(x)=\infty \quad \text{または} \quad f(x)\to\infty\;(x\to a)$$

1.2 連続関数 13

とかく．一方，$x \to a$ のとき $f(x)$ が限りなく小さくなるならば，$f(x)$ は**負の無限大に発散する**といい，

$$\lim_{x \to a} f(x) = -\infty \quad \text{または} \quad f(x) \to -\infty \ (x \to a)$$

とかく．右側極限や左側極限の発散についても，同様に定義できる．

関数 $f(x)$ に対して，x を限りなく大きくするとき，$f(x)$ がある定数 A に限りなく近づくならば，$x \to \infty$ のとき $f(x)$ は A に**収束する**といい，

$$\lim_{x \to \infty} f(x) = A \quad \text{または} \quad f(x) \to A \ (x \to \infty)$$

とかく．このとき，A を $x \to \infty$ のときの $f(x)$ の**極限**または**極限値**という．一方，x を限りなく大きくするとき $f(x)$ が収束しなければ，$f(x)$ は**発散する**という．特に，$x \to \infty$ のとき $f(x)$ が限りなく大きくなるならば，$f(x)$ は**正の無限大に発散する**といい，

$$\lim_{x \to \infty} f(x) = \infty \quad \text{または} \quad f(x) \to \infty \ (x \to \infty)$$

とかく．同様に，$\lim\limits_{x \to \infty} f(x) = -\infty$ が定義できる．また，$\lim\limits_{x \to -\infty} f(x) = A$，$\lim\limits_{x \to -\infty} f(x) = \infty$，$\lim\limits_{x \to -\infty} f(x) = -\infty$ なども定義できる．

例 4.　(1)　$\dfrac{1}{x-2}$ は $x \to 2$ のとき発散する．

(2)　$\lim\limits_{x \to 2+0} \dfrac{x-3}{\sqrt{x-2}} = -\infty$

(3)　$\lim\limits_{x \to \infty} \dfrac{x^2 - x - 6}{x^2 - 9} = \lim\limits_{x \to \infty} \dfrac{1 - \frac{1}{x} - \frac{6}{x^2}}{1 - \frac{9}{x^2}} = 1$

問 2.　次の極限を調べよ．

(1) $\lim\limits_{x \to 2} \dfrac{1}{(x^2 - 4)^2}$　　(2) $\lim\limits_{x \to 3-0} \dfrac{2x}{\sqrt{3-x}}$　　(3) $\lim\limits_{x \to \infty} \dfrac{x-1}{x^2 - x}$

(4) $\lim\limits_{x \to \infty} \dfrac{x}{\sqrt{x^2 + 9} - 3}$　　(5) $\lim\limits_{x \to -\infty} \dfrac{x}{|x|}$　　(6) $\lim\limits_{x \to -\infty} (x^3 + 2x^2 - x - 2)$

(7) $\lim\limits_{x \to -\infty} \dfrac{(x-3)^2}{x^3}$　　(8) $\lim\limits_{x \to -\infty} x\left(x + \sqrt{x^2 - 3}\right)$

数列のときと同様に，関数の極限は以下の性質をもつ．

●**定理 9.**　$\lim\limits_{x \to a} f(x) = A$，$\lim\limits_{x \to a} g(x) = B$ のとき，次が成り立つ．

(1)　$\lim\limits_{x \to a} \{f(x) \pm g(x)\} = A \pm B$

(2)　$\lim\limits_{x \to a} k f(x) = kA \quad (k \text{ は定数})$

(3) $\displaystyle\lim_{x\to a} f(x)g(x) = AB$

(4) $\displaystyle\lim_{x\to a} \frac{f(x)}{g(x)} = \frac{A}{B}$ $(B \neq 0)$

●定理 10. $\displaystyle\lim_{x\to a} f(x) = A,\ \lim_{x\to a} g(x) = B$ のとき，次が成り立つ.

(1) $f(x) \geqq 0$ ならば $A \geqq 0$.

(2) $f(x) \geqq g(x)$ ならば $A \geqq B$.

(3) $f(x) \leqq h(x) \leqq g(x)$ のとき，$A = B$ ならば $\displaystyle\lim_{x\to a} h(x) = A$ (はさみうちの原理).

例 5. $\displaystyle\lim_{x\to\infty} \left(1 + \frac{1}{x}\right)^x = e$ が成り立つ.

証明. $x > 1$ のとき，$n \leqq x < n+1$ となる自然数 n に対して，

$$1 + \frac{1}{n+1} < 1 + \frac{1}{x} \leqq 1 + \frac{1}{n}$$

が成り立つ. よって

$$\left(1 + \frac{1}{n+1}\right)^n \leqq \left(1 + \frac{1}{n+1}\right)^x < \left(1 + \frac{1}{x}\right)^x$$
$$\leqq \left(1 + \frac{1}{n}\right)^x < \left(1 + \frac{1}{n}\right)^{n+1}$$

を得る. ここで，$x \to \infty$ のとき $n \to \infty$ なので，e の定義より，

$$\lim_{n\to\infty} \left(1 + \frac{1}{n+1}\right)^n = \lim_{n\to\infty} \left(1 + \frac{1}{n+1}\right)^{n+1} \left(1 + \frac{1}{n+1}\right)^{-1} = e \cdot 1 = e,$$
$$\lim_{n\to\infty} \left(1 + \frac{1}{n}\right)^{n+1} = \lim_{n\to\infty} \left(1 + \frac{1}{n}\right)^n \left(1 + \frac{1}{n}\right) = e \cdot 1 = e.$$

よって，はさみうちの原理より，$\displaystyle\lim_{x\to\infty} \left(1 + \frac{1}{x}\right)^x = e$ となる. □

例 6. 次を示せ.

(1) $\displaystyle\lim_{x\to-\infty} \left(1 + \frac{1}{x}\right)^x = e$ 　　(2) $\displaystyle\lim_{x\to 0}(1+x)^{\frac{1}{x}} = e$

解. (1) $y = -x$ とおくと，$x \to -\infty$ のとき $y \to \infty$ であり，

$$\left(1 + \frac{1}{x}\right)^x = \left(1 - \frac{1}{y}\right)^{-y} = \left(\frac{y-1}{y}\right)^{-y} = \left(\frac{y}{y-1}\right)^y = \left(1 + \frac{1}{y-1}\right)^y$$
$$= \left(1 + \frac{1}{y-1}\right)^{y-1} \left(1 + \frac{1}{y-1}\right) \to e \cdot 1 = e \ (y \to \infty).$$

1.2 連続関数　　　　　　　　　　　　　　　　　　　　　　　　　　　　　　　15

(2)　定理8より，$\displaystyle\lim_{x\to+0}(1+x)^{\frac{1}{x}}=\lim_{x\to-0}(1+x)^{\frac{1}{x}}=e$ を示せばよい．$y=\dfrac{1}{x}$ と

おくと，$x\to+0$ のとき $y\to\infty$ なので，$\displaystyle\lim_{x\to+0}(1+x)^{\frac{1}{x}}=\lim_{y\to\infty}\left(1+\dfrac{1}{y}\right)^{y}=e.$

$x\to-0$ のときは $y\to-\infty$ なので，$\displaystyle\lim_{x\to-0}(1+x)^{\frac{1}{x}}=\lim_{y\to-\infty}\left(1+\dfrac{1}{y}\right)^{y}=e.$

□

問 3.　次の極限を調べよ．

(1)　$\displaystyle\lim_{x\to\infty}\left(1+\dfrac{1}{5x}\right)^{x}$　　(2)　$\displaystyle\lim_{x\to\infty}\left(1+\dfrac{2}{x}\right)^{x}$　　(3)　$\displaystyle\lim_{x\to\infty}\left(\dfrac{1}{3}+\dfrac{1}{x}\right)^{x}$

(4)　$\displaystyle\lim_{x\to\infty}\left(1+\dfrac{1}{\sqrt{x}}\right)^{x}$　　(5)　$\displaystyle\lim_{x\to\infty}\left(1+\dfrac{1}{x^{2}}\right)^{x}$　　(6)　$\displaystyle\lim_{x\to-\infty}\left(1-\dfrac{1}{x}\right)^{3x}$

(7)　$\displaystyle\lim_{x\to0}(1+2x)^{\frac{2}{x}}$　　(8)　$\displaystyle\lim_{x\to0}(1-3x)^{\frac{1}{x}}$　　(9)　$\displaystyle\lim_{x\to0}(1-4x^{2})^{\frac{1}{x}}$

数列の極限と関数の極限の関係について，次が知られている．

●**定理 11.**　$\displaystyle\lim_{x\to a}f(x)=A$ であるための必要十分条件は，$x_{n}\to a$ $(n\to\infty)$ となる任意の数列 $\{x_{n}\}$ $(x_{n}\neq a)$ に対して $\displaystyle\lim_{n\to\infty}f(x_{n})=A$ となることである．

1.2.2　連続関数

微分積分学で扱う関数の定義域は区間であることが多い．区間は次のような $\mathbb{R}$ の部分集合であり，一般に I とかく．

有界区間　　$a<b$ とする．

(1)　$[a,b]=\{x\in\mathbb{R}\mid a\leqq x\leqq b\}$　　**(閉区間)**

(2)　$(a,b)=\{x\in\mathbb{R}\mid a<x<b\}$　　**(開区間)**

(3)　$(a,b]=\{x\in\mathbb{R}\mid a<x\leqq b\}$，$[a,b)=\{x\mid a\leqq x<b\}$　　**(半開区間)**

無限区間

(4)　$[a,\infty)=\{x\in\mathbb{R}\mid a\leqq x\}$，$(-\infty,b]=\{x\mid x\leqq b\}$

(5)　$(a,\infty)=\{x\in\mathbb{R}\mid a<x\}$，$(-\infty,b)=\{x\mid x<b\}$

(6)　$(-\infty,\infty)=\mathbb{R}$

a,b を区間の**端点**という．また，(4) を無限閉区間，(5) を無限開区間ということがある．これと区別するときには，(1) を有界閉区間，(2) を有界開区間という．

関数 $f(x)$ が a を含む区間で定義されていて，$\displaystyle\lim_{x\to a}f(x)=f(a)$ のとき，$f(x)$

16   1. 極　　限

は $x = a$ または a で連続という．連続でないとき**不連続**という．さらに，区間
I の各点 x で $f(x)$ が連続なとき，$f(x)$ は I で**連続**という．閉区間 I の端点で
の連続性は，右側極限や左側極限で定義する．

次の定理の証明は関数の極限の性質からわかる．

●**定理 12.** 関数 $f(x)$ と $g(x)$ が $x = a$ で連続ならば，次が成り立つ．

(1) $f(x) \pm g(x)$ は $x = a$ で連続．

(2) $kf(x)$ は $x = a$ で連続．ただし，k は定数．

(3) $f(x)g(x)$ は $x = a$ で連続．

(4) $\dfrac{f(x)}{g(x)}$ は $x = a$ で連続．ただし，$g(a) \neq 0$．

例 7. (1) 多項式関数 $y = a_0 x^n + a_1 x^{n-1} + \cdots + a_{n-1} x + a_n$ は $\mathbb{R}$ で連続．

(2) 有理関数 $y = \dfrac{a_0 x^m + \cdots + a_{m-1} x + a_m}{b_0 x^n + \cdots + b_{n-1} x + b_n}$ は，分母が 0 となる点を除い
て連続．

例 8. 関数 $f(x) = \begin{cases} \dfrac{4(\sqrt{x+1} - 1)}{x(\sqrt{x+1} + 1)} & (x \neq 0) \\ 1 & (x = 0) \end{cases}$ は区間 $[-1, \infty)$ で連続で
あることを示せ．

解. $f(x)$ が $x = 0$ と $x = -1$ で連続なことを示せばよい．$x \to 0$ のとき，

$$f(x) = \frac{4(\sqrt{x+1} - 1)}{x(\sqrt{x+1} + 1)} = \frac{4}{(\sqrt{x+1} + 1)^2} \to 1 = f(0)$$

なので，$f(x)$ は $x = 0$ で連続．$x \to -1 + 0$ のときは $f(x) \to 4 = f(-1)$ より，
$x = -1$ で右側連続．　□

2 つの連続関数の合成関数の連続性について，次が成り立つ．

●**定理 13.** 関数 $y = f(x)$ が $x = a$ で連続で，関数 $g(y)$ が $y = f(a)$ で連続な
らば，合成関数 $z = g(f(x))$ は $x = a$ で連続である．すなわち，

$$\lim_{x \to a} g(f(x)) = g\left(\lim_{x \to a} f(x)\right) = g(f(a)).$$

例 9. 次を示せ．

(1) $\displaystyle\lim_{x \to 3} \left(\sqrt{x+1} + 2\right)^2 = 16$ (2) $\displaystyle\lim_{x \to \infty} \sqrt{\left(1 + \frac{1}{x}\right)^x} = \sqrt{e}$

1.2 連続関数 17

解. (1) $y = \sqrt{x+1} + 2$ は, $x = 3$ で連続で, $g(y) = y^2$ は $y = 4$ で連続なので, $\lim_{x \to 3} g(y) = g(\sqrt{3+1} + 2) = 16$.

(2) $t = \left(1 + \dfrac{1}{x}\right)^x$ とおくと, 例5より, $x \to \infty$ のとき $t \to e$. ここで, $f(t) = \sqrt{t}$ は $t = e$ で連続なので, $\lim_{x \to \infty} \sqrt{\left(1 + \dfrac{1}{x}\right)^x} = \lim_{t \to e} \sqrt{t} = \sqrt{e}.$ □

関数がもつ性質のなかで, 次の単調性と有界性は連続性とならんで重要である.

区間 I で定義されている関数 $f(x)$ が, すべての $x_1, x_2 \in I$ に対して,
$$x_1 < x_2 \quad \text{ならば} \quad f(x_1) \leqq f(x_2)$$
を満たすとき, $f(x)$ は**単調増加**といい,
$$x_1 < x_2 \quad \text{ならば} \quad f(x_1) \geqq f(x_2)$$
を満たすとき, **単調減少**という. いずれかを満たすとき**単調**という. 上の定義で, $f(x_1) \leqq f(x_2)$ を $f(x_1) < f(x_2)$, $f(x_1) \geqq f(x_2)$ を $f(x_1) > f(x_2)$ で置き換えた性質を $f(x)$ が満たすとき, $f(x)$ はそれぞれ**狭義単調増加**, **狭義単調減少**という. また, 定数 K が存在して, すべての $x \in I$ に対して $f(x) \leqq K$ となるとき, $f(x)$ は I で**上に有界**といい, $k \leqq f(x)$ となる定数 k が存在するとき, **下に有界**という. 上にも下にも有界のとき, $f(x)$ は**有界**という.

有界閉区間 $[a, b]$ で定義された連続関数は, 多くの重要な性質をもつ. 以下では, 本書の後半で利用する結果を紹介する.

●**定理 14.** (中間値の定理) $f(x)$ を有界閉区間 $[a, b]$ で定義された連続関数とする. このとき, $f(x)$ は $f(a)$ と $f(b)$ の中間の値をすべてとる. すなわち, $f(a)$ と $f(b)$ の間の任意の実数 m に対して, $f(c) = m$ となる $c \in [a, b]$ が存在する.

例 10. 関数 $f(x) = x^5 - 4x^3 + x - 10$ は, $f(2.1) = -4.10299 < 0$ かつ $f(2.2) = 1.14432 > 0$ を満たす. よって, 中間値の定理より, $x^5 - 4x^3 + x - 10 = 0$ は 2.1 と 2.2 の間に解をもつ.

問 4. (**n 乗根の存在**) 自然数 n と正の実数 a に対して, a の n 乗根 $\sqrt[n]{a}$ がただ一つ存在することを示せ.

●**定理 15.** (最大値・最小値の定理) $f(x)$ を有界閉区間 $[a, b]$ で定義された連続関数とする. このとき, $f(x)$ は $[a, b]$ で有界で, 最大値と最小値をとる.

すなわち，任意の $x \in [a,b]$ に対して，$f(c) \leqq f(x) \leqq f(d)$ となる c と d が $[a,b]$ の中に存在する．

例 11. (1) 関数 $f(x) = x^2 - 9$ は半開区間 $[-2, 5)$ では $x = 0$ で最小値 -9 をもつが，最大値はもたない．

(2) 関数 $f(x) = \dfrac{x}{x-1}$ は無限開区間 $(1, \infty)$ で最大値も最小値ももたない．

●**定理 16.** (**逆関数の定理**) $f(x)$ は有界閉区間 $[a, b]$ で定義された連続な狭義単調増加関数とする．このとき，$f(x)$ の逆関数 $f^{-1}(x)$ が存在して，$[f(a), f(b)]$ を定義域とする連続な狭義単調増加関数となる．また，$f(x)$ が連続な狭義単調減少関数であれば，$f^{-1}(x)$ は $[f(b), f(a)]$ を定義域とする連続な狭義単調減少関数となる．

1.2.3　指数関数と対数関数

正の実数 $a\,(\neq 1)$ に対して $y = a^x$ で定義される関数を，a を底とする**指数関数**という．一般に，$a = 1$ のときはすべての x に対して $a^x = 1$ となるので，指数関数からは除外される．

指数関数 $y = a^x$ のグラフは a の値により図 1.1 のようになる．

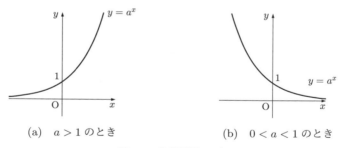

(a)　$a > 1$ のとき　　　　(b)　$0 < a < 1$ のとき

図 1.1　指数関数のグラフ

指数関数は $\mathbb{R}$ から $(0, \infty)$ への連続な狭義単調関数であり，グラフからもわかるように，全単射な関数である．また，点 $(0, 1)$ を通る．

指数の基本性質　$a > 0$, $b > 0$, $x \in \mathbb{R}$, $y \in \mathbb{R}$ のとき，次が成り立つ．
$$a^x a^y = a^{x+y}, \quad \frac{a^x}{a^y} = a^{x-y},$$
$$(ab)^x = a^x b^x, \quad \left(\frac{a}{b}\right)^x = \frac{a^x}{b^x}, \quad (a^x)^y = a^{xy}.$$

1.2 連続関数

指数関数 $y = a^x$ の逆関数を a を**底**とする**対数関数**といい, $y = \log_a x$ とかく. 逆関数の定義より $x > 0$ であるが, これを**真数条件**という. 対数関数は指数関数の逆関数なので, そのグラフは指数関数のグラフと直線 $y = x$ に関して線対称である. よって, 対数関数 $y = \log_a x$ のグラフは底 a の値により図 1.2 のようになる.

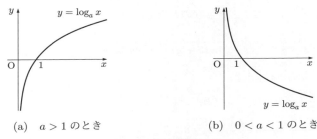

(a) $a > 1$ のとき   (b) $0 < a < 1$ のとき

図 1.2 対数関数のグラフ

対数関数は $(0, \infty)$ から $\mathbb{R}$ への連続な狭義単調関数である. また, 点 $(1, 0)$ を通る.

ネイピア数 e を底とする対数を**自然対数**, 10 を底とする対数を**常用対数**という. $y = e^x$ を $y = \exp x$, $y = \log_e x$ を $y = \ln x$ とかくことがある. 本書では, $\log_e x$ を底 e を省略して $\log x$ とかく.

対数の基本性質　$p > 0$, $p \neq 1$, $q > 0$, $q \neq 1$, $x > 0$, $y > 0$ のとき, 次が成り立つ.

$$\log_p 1 = 0, \quad \log_p p = 1, \quad p^{\log_p x} = x,$$
$$\log_p(xy) = \log_p x + \log_p y, \quad \log_p \frac{x}{y} = \log_p x - \log_p y,$$
$$\log_p x^r = r \log_p x \quad (r \text{ は定数}),$$
$$\log_p x = \frac{\log_q x}{\log_q p} \quad (\text{底の変換公式})$$

問 5.　次の式を簡単にせよ.

(1) $5^{\log_5 26} + e^{\log 10}$
(2) $\log_2 \sqrt{128} - \log_3 \sqrt{27}$
(3) $\log_2 3 + \log_2 6 - \log_2 9$
(4) $\log_3 10 - \log_3 5 - \log_3 6$
(5) $\log_{16} \sqrt{32} + \dfrac{\log_{12} 27}{\log_{12} 3}$
(6) $(\log_5 49)(\log_7 5)$

例 12. 次を示せ.

(1) $\displaystyle\lim_{x \to 0} \frac{1}{x} \log(1+x) = 1$ (2) $\displaystyle\lim_{x \to 0} \frac{e^x - 1}{x} = 1$

解. (1) 例 6 より $\displaystyle\lim_{x \to 0}(1+x)^{\frac{1}{x}} = e$ であり, $\log x$ は連続関数なので,

$$\lim_{x \to 0} \frac{1}{x} \log(1+x) = \lim_{x \to 0} \log(1+x)^{\frac{1}{x}} = \log\bigl\{\lim_{x \to 0}(1+x)^{\frac{1}{x}}\bigr\} = \log e = 1.$$

(2) $y = e^x - 1$ とおく. $x \to 0$ のとき $y \to 0$ なので, (1) より

$$\lim_{x \to 0} \frac{e^x - 1}{x} = \lim_{y \to 0} \frac{y}{\log(1+y)} = \lim_{y \to 0} \frac{1}{\frac{1}{y} \log(1+y)} = 1. \quad \square$$

問 6. 次の極限値を求めよ.

(1) $\displaystyle\lim_{x \to 0} \frac{2}{x} \log(1+2x)$ (2) $\displaystyle\lim_{x \to 0} \frac{\log(1-2x)}{x}$ (3) $\displaystyle\lim_{x \to 0} \frac{\log(1-x^2)}{2x}$

(4) $\displaystyle\lim_{x \to 0} \frac{\log(3+x) - \log 3}{x}$ (5) $\displaystyle\lim_{x \to 0} \frac{\log_2(1+x)}{2x}$ (6) $\displaystyle\lim_{x \to 0} \frac{e^{2x} - 1}{3x}$

(7) $\displaystyle\lim_{x \to 0} \frac{e^x - e^{-x}}{x}$ (8) $\displaystyle\lim_{x \to 0} \frac{3^x - 1}{x}$ (9) $\displaystyle\lim_{x \to 0} \frac{2^x - 4^x}{x}$

1.2.4 三 角 関 数

三角関数は以下で定義される 6 つの関数の総称である. 原点 O を中心とする半径 $r > 0$ の円を考え, その円周上に点 P(a, b) をとる (図 1.3). 線分 OP の x 軸の正の方向からの角の大きさを θ (ラジアン) とするとき, θ を変数とする 3 つの関数を定義できる. それぞれ**正弦関数**, **余弦関数**, **正接関数**という.

$$\sin\theta = \frac{b}{r}, \quad \cos\theta = \frac{a}{r}, \quad \tan\theta = \frac{b}{a}$$

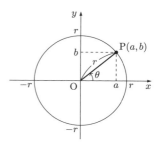

図 1.3　円と円周上の点 P

ただし, $\tan\theta$ では $a \neq 0$ とする. 関数の表記法の慣例により, これらを $y = \sin x$, $y = \cos x$, $y = \tan x$ とかく. また, 次の関数をそれぞれ**余割関数**, **正割関数**, **余接関数**という.

$$\mathrm{cosec}\, x = \frac{1}{\sin x}, \quad \sec x = \frac{1}{\cos x}, \quad \cot x = \frac{1}{\tan x}$$

記号 cosec, sec, cot は, それぞれコセカント, セカント, コタンジェントとよむ. cosec x は csc x とかくことがある.

1.2 連続関数

21

三角関数の基本公式

$$\tan x = \frac{\sin x}{\cos x}, \qquad \sin^2 x + \cos^2 x = 1$$

$$1 + \tan^2 x = \frac{1}{\cos^2 x} \ (= \sec^2 x), \qquad 1 + \cot^2 x = \frac{1}{\sin^2 x} \ (= \mathrm{cosec}^2 x)$$

三角関数の加法定理

$$\sin(x \pm y) = \sin x \cos y \pm \cos x \sin y, \qquad \tan(x \pm y) = \frac{\tan x \pm \tan y}{1 \mp \tan x \tan y}$$

$$\cos(x \pm y) = \cos x \cos y \mp \sin x \sin y$$

負角の公式

$$\sin(-x) = -\sin x$$

$$\cos(-x) = \cos x$$

$$\tan(-x) = -\tan x$$

余角の公式

$$\sin\left(\frac{\pi}{2} + x\right) = \cos x$$

$$\sin\left(\frac{\pi}{2} - x\right) = \cos x$$

$$\cos\left(\frac{\pi}{2} + x\right) = -\sin x$$

$$\cos\left(\frac{\pi}{2} - x\right) = \sin x$$

補角の公式

$$\sin(\pi + x) = -\sin x$$

$$\sin(\pi - x) = \sin x$$

$$\cos(\pi + x) = -\cos x$$

$$\cos(\pi - x) = -\cos x$$

2 倍角の公式

$$\sin 2x = 2\sin x \cos x$$

$$\cos 2x = \cos^2 x - \sin^2 x$$

$$\tan 2x = \frac{2\tan x}{1 - \tan^2 x}$$

積和公式

$$\sin x \cos y = \frac{1}{2}\left\{\sin(x + y) + \sin(x - y)\right\}$$

$$\cos x \sin y = \frac{1}{2}\left\{\sin(x + y) - \sin(x - y)\right\}$$

$$\cos x \cos y = \frac{1}{2}\left\{\cos(x + y) + \cos(x - y)\right\}$$

$$\sin x \sin y = -\frac{1}{2}\left\{\cos(x + y) - \cos(x - y)\right\}$$

半角の公式

$$\sin^2 \frac{x}{2} = \frac{1 - \cos x}{2}$$

$$\cos^2 \frac{x}{2} = \frac{1 + \cos x}{2}$$

$$\tan^2 \frac{x}{2} = \frac{1 - \cos x}{1 + \cos x}$$

和積公式

$$\sin x + \sin y = 2\sin \frac{x + y}{2} \cos \frac{x - y}{2}$$

$$\sin x - \sin y = 2\cos \frac{x + y}{2} \sin \frac{x - y}{2}$$

$$\cos x + \cos y = 2\cos \frac{x + y}{2} \cos \frac{x - y}{2}$$

$$\cos x - \cos y = -2\sin \frac{x + y}{2} \sin \frac{x - y}{2}$$

三角関数の合成
$$a\sin x + b\cos x = \sqrt{a^2+b^2}\sin(x+\alpha) = \sqrt{a^2+b^2}\cos(x-\beta)$$
ここで，$a \neq 0$ のとき $\tan\alpha = \dfrac{b}{a}$，$b \neq 0$ のとき $\tan\beta = \dfrac{a}{b}$ である．

問 7. 次の値を求めよ．

(1) $\sin\dfrac{5}{12}\pi$ (2) $\cos\dfrac{7}{12}\pi$ (3) $\tan\dfrac{11}{12}\pi$

(4) $\sin^2\dfrac{\pi}{8}$ (5) $\sin\dfrac{7}{12}\pi + \sin\dfrac{\pi}{12}$ (6) $\sin\dfrac{\pi}{12} + \cos\dfrac{\pi}{12}$

三角関数のグラフは図 1.4 のようになる．

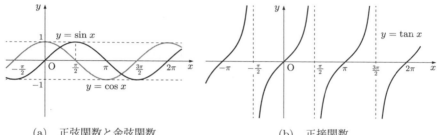

(a) 正弦関数と余弦関数 (b) 正接関数

図 1.4 三角関数のグラフ

三角関数の極限値を求める際に，次の公式が役に立つ．

● **定理 17.** $\displaystyle\lim_{x\to 0}\dfrac{\sin x}{x} = 1$

証明. 点 O を中心とする半径 1，中心角 x $\left(0 < x < \dfrac{\pi}{2}\right)$ の扇形 OAB を考え，OA の点 A での垂線と直線 OB との交点を T とする．また，点 B から OA に下ろした垂線の足を H とする (図 1.5)．このとき，BH$=\sin x$，AT$=\tan x$ より，△OAB の面積は $\dfrac{\sin x}{2}$，△OAT の面積は $\dfrac{\tan x}{2}$ である．また，半径 1 の円の面積は π なので，扇形 OAB の面積は $\dfrac{x}{2}$．これらの面積を比較すると，$0 < \dfrac{\sin x}{2} < \dfrac{x}{2} < \dfrac{\tan x}{2}$．ここで，$0 < x < \dfrac{\pi}{2}$ なので，$\cos x < \dfrac{\sin x}{x} < 1$．この不等式は $-\dfrac{\pi}{2} < x < 0$ でも成り立つ．よって，

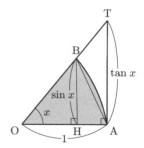

図 1.5 扇形と直角三角形

1.2 連続関数　　　　　　　　　　　　　　　　　　　　　　　　　　23

$\lim\limits_{x \to 0} \cos x = 1$ とはさみうちの原理より，$\lim\limits_{x \to 0} \dfrac{\sin x}{x} = 1$ を得る．　□

例 13. 次の極限値を求めよ．

(1)　$\lim\limits_{x \to 0} \dfrac{\sin^2 x}{1 - \cos x}$　　　　(2)　$\lim\limits_{x \to \infty} x \sin \dfrac{1}{x}$　　　　(3)　$\lim\limits_{x \to 0} \dfrac{\tan x}{x}$

解. (1)　$\lim\limits_{x \to 0} \dfrac{\sin^2 x}{1 - \cos x} = \lim\limits_{x \to 0}(1 + \cos x) = 2$

(2)　$y = \dfrac{1}{x}$ とおくと，$x \to \infty$ のとき $y \to +0$ より，

$$\lim\limits_{x \to \infty} x \sin \dfrac{1}{x} = \lim\limits_{y \to +0} \dfrac{\sin y}{y} = 1.$$

(3)　$\lim\limits_{x \to 0} \dfrac{\tan x}{x} = \lim\limits_{x \to 0} \dfrac{\sin x}{x} \dfrac{1}{\cos x} = 1$　　□

問 8. 次の極限値を求めよ．

(1)　$\lim\limits_{x \to 0} \dfrac{\sin 2x}{x}$　　　　(2)　$\lim\limits_{x \to 0} \dfrac{\sin 2x}{\sin 3x}$　　　　(3)　$\lim\limits_{x \to 0} \dfrac{\tan x}{\sin 3x}$

(4)　$\lim\limits_{x \to 0} \dfrac{1 - \sin x}{\cos x}$　　　(5)　$\lim\limits_{x \to 0} \dfrac{1 - \cos 2x}{x \sin 2x}$　　　(6)　$\lim\limits_{x \to 0} \dfrac{\tan x - \sin x}{x^3}$

(7)　$\lim\limits_{x \to 0} \dfrac{\tan^2 x}{1 - \cos x}$　　(8)　$\lim\limits_{x \to 0} \dfrac{\operatorname{cosec} x - \cot x}{x}$　　(9)　$\lim\limits_{x \to 0} \dfrac{\sec 2x - 1}{\sin^2 x}$

1.2.5　逆三角関数

逆三角関数は三角関数の定義域を制限して得られる逆関数である．ここでは重要な 3 つの逆三角関数を紹介する．

$y = \sin x$ は定義域を $\left[-\dfrac{\pi}{2}, \dfrac{\pi}{2}\right]$ に制限することで逆関数を定義できる．この逆関数を**逆正弦関数**といい，$y = \sin^{-1} x$ または $y = \arcsin x$ とかく．

$$y = \sin^{-1} x, \ x \in [-1, 1] \iff x = \sin y, \ y \in \left[-\dfrac{\pi}{2}, \dfrac{\pi}{2}\right]$$

$y = \cos x$ は定義域を $[0, \pi]$ に制限することで逆関数を定義できる．この逆関数を**逆余弦関数**といい，$y = \cos^{-1} x$ または $y = \arccos x$ とかく．

$$y = \cos^{-1} x, \ x \in [-1, 1] \iff x = \cos y, \ y \in [0, \pi]$$

$y = \tan x$ は定義域を $\left(-\dfrac{\pi}{2}, \dfrac{\pi}{2}\right)$ に制限することで逆関数を定義できる．この逆関数を**逆正接関数**といい，$y = \tan^{-1} x$ または $y = \arctan x$ とかく．

$$y = \tan^{-1} x, \ x \in \mathbb{R} \iff x = \tan y, \ y \in \left(-\frac{\pi}{2}, \frac{\pi}{2}\right)$$

記号 $\sin^{-1}$, arcsin をアークサイン，$\cos^{-1}$, arccos をアークコサイン，$\tan^{-1}$, arctan をアークタンジェントとよむ．これらの逆三角関数のグラフは図 1.6 のようになる．

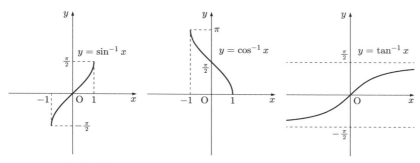

(a) 逆正弦関数　　(b) 逆余弦関数　　(c) 逆正接関数

図 1.6　逆三角関数のグラフ

例 14. (1) $\sin^{-1} \dfrac{\sqrt{3}}{2} = \dfrac{\pi}{3}$　(2) $\cos^{-1}\left(-\dfrac{1}{\sqrt{2}}\right) = \dfrac{3}{4}\pi$　(3) $\tan^{-1} 1 = \dfrac{\pi}{4}$

問 9. 次の値を求めよ．

(1) $\sin^{-1}\left(-\dfrac{1}{2}\right)$　　(2) $\cos^{-1} \dfrac{1}{\sqrt{2}}$　　(3) $\tan^{-1}\left(-\dfrac{1}{\sqrt{3}}\right)$

(4) $\sin^{-1}(\sec \pi)$　　(5) $\cos^{-1}(\cos 3\pi)$　　(6) $\sin\left(\tan^{-1}\sqrt{3}\right)$

例 15. $\cos^{-1} x + \sin^{-1} x = \dfrac{\pi}{2}$ を示せ．

解． $\alpha = \cos^{-1} x$, $\beta = \sin^{-1} x$ とおくと $x = \cos \alpha$, $x = \sin \beta$. 逆三角関数の定義より，$\alpha \in [0, \pi]$, $\beta \in \left[-\dfrac{\pi}{2}, \dfrac{\pi}{2}\right]$, $x \in [-1, 1]$. このとき，$\sin \alpha \geqq 0$ より

$$\sin \alpha = \sqrt{1 - \cos^2 \alpha} = \sqrt{1 - x^2}.$$

同様にして，$\cos \beta = \sqrt{1 - x^2}$. よって，

$$\sin(\alpha + \beta) = \sin \alpha \cos \beta + \cos \alpha \sin \beta = (\sqrt{1 - x^2})^2 + x^2 = 1$$

となり，$-\dfrac{\pi}{2} \leqq \alpha + \beta \leqq \dfrac{3\pi}{2}$ に注意すれば，$\alpha + \beta = \dfrac{\pi}{2}$ を得る． □

問 10. $\sin^{-1} \dfrac{1}{3} = \tan^{-1} x$ を満たす x を求めよ．

1.2 連続関数

例 16. 次の極限値を求めよ.

(1) $\displaystyle\lim_{x\to 0}\frac{\sin^{-1}x}{x}$ (2) $\displaystyle\lim_{x\to 0}\frac{\tan^{-1}2x}{x}$

解. (1) $y=\sin^{-1}x$ とおくと, $x\to 0$ のとき $y\to 0$ なので,

$$\lim_{x\to 0}\frac{\sin^{-1}x}{x}=\lim_{y\to 0}\frac{y}{\sin y}=1.$$

(2) $y=\tan^{-1}2x$ とおくと, $x\to 0$ のとき $y\to 0$ なので,

$$\lim_{x\to 0}\frac{\tan^{-1}2x}{x}=\lim_{y\to 0}\frac{y}{\frac{1}{2}\tan y}=\lim_{y\to 0}\frac{2\cos y}{\frac{\sin y}{y}}=2. \quad\square$$

問 11. 次の極限値を求めよ.

(1) $\displaystyle\lim_{x\to 0}\frac{\sin^{-1}2x}{x}$ (2) $\displaystyle\lim_{x\to 0}\frac{\cos^{-1}x-\frac{\pi}{2}}{x}$ (3) $\displaystyle\lim_{x\to 0}\frac{x}{\tan^{-1}x}$

(4) $\displaystyle\lim_{x\to 0}\frac{\sin^{-1}2x}{\tan^{-1}3x}$ (5) $\displaystyle\lim_{x\to 0}\sin^{-1}\frac{\sqrt{3}x}{\sin 2x}$ (6) $\displaystyle\lim_{x\to 2\pi}\cos^{-1}(\cos x)$

(7) $\displaystyle\lim_{x\to 0}\tan^{-1}\frac{\tan\sqrt{3}x}{x}$ (8) $\displaystyle\lim_{x\to\infty}\cos\frac{\tan^{-1}x}{2}$ (9) $\displaystyle\lim_{x\to\frac{1}{2}}\cos^2\left(\sin^{-1}x\right)$

1.2.6 双曲線関数と逆双曲線関数

指数関数を用いて定義される次の関数を, それぞれ**双曲線正弦関数**, **双曲線余弦関数**, **双曲線正接関数**とよび, 総称して**双曲線関数**という.

$$\sinh x=\frac{e^x-e^{-x}}{2},\quad \cosh x=\frac{e^x+e^{-x}}{2},\quad \tanh x=\frac{e^x-e^{-x}}{e^x+e^{-x}}$$

記号 sinh, cosh, tanh は, それぞれ, ハイパボリック・サイン, ハイパボリック・コサイン, ハイパボリック・タンジェントとよむ.

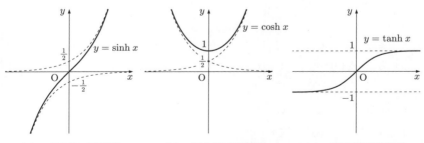

(a) 双曲線正弦関数　　(b) 双曲線余弦関数　　(c) 双曲線正接関数

図 1.7　双曲線関数のグラフ

26   1. 極　限

双曲線関数は $\mathbb{R}$ で連続であり，グラフは前頁の図 1.7 のようになる．

双曲線関数の基本公式

$$e^x = \cosh x + \sinh x, \qquad \tanh x = \frac{\sinh x}{\cosh x}, \qquad \cosh^2 x - \sinh^2 x = 1$$

$$1 - \tanh^2 x = \frac{1}{\cosh^2 x}, \qquad 1 - \frac{1}{\tanh^2 x} = -\frac{1}{\sinh^2 x}$$

$$\sinh(-x) = -\sinh x, \qquad \cosh(-x) = \cosh x, \qquad \tanh(-x) = -\tanh x$$

双曲線関数の加法定理

$$\sinh(x \pm y) = \sinh x \cosh y \pm \cosh x \sinh y$$

$$\cosh(x \pm y) = \cosh x \cosh y \pm \sinh x \sinh y$$

$$\tanh(x \pm y) = \frac{\tanh x \pm \tanh y}{1 \pm \tanh x \tanh y}$$

例 17. $\displaystyle\lim_{x \to \infty} \tanh x = 1$, $\displaystyle\lim_{x \to -\infty} \tanh x = -1$ を示せ．

解. $\displaystyle\lim_{x \to \infty} \tanh x = \lim_{x \to \infty} \frac{e^x - e^{-x}}{e^x + e^{-x}} = \lim_{x \to \infty} \frac{1 - e^{-2x}}{1 + e^{-2x}} = 1,$

$\displaystyle\lim_{x \to -\infty} \tanh x = \lim_{x \to -\infty} \frac{e^x - e^{-x}}{e^x + e^{-x}} = \lim_{x \to -\infty} \frac{e^{2x} - 1}{e^{2x} + 1} = -1$ □

逆双曲線関数は双曲線関数の定義域を制限して得られる逆関数で，それぞれ**逆双曲線正弦関数**，**逆双曲線余弦関数**，**逆双曲線正接関数**とよぶ．

$$y = \sinh^{-1} x, \quad x \in \mathbb{R} \qquad \Longleftrightarrow \quad x = \sinh y, \quad y \in \mathbb{R},$$

$$y = \cosh^{-1} x, \quad x \in [1, \infty) \quad \Longleftrightarrow \quad x = \cosh y, \quad y \in [0, \infty),$$

$$y = \tanh^{-1} x, \quad x \in (-1, 1) \quad \Longleftrightarrow \quad x = \tanh y, \quad y \in \mathbb{R}.$$

記号 $\sinh^{-1}$ を arcsinh，$\cosh^{-1}$ を arccosh，$\tanh^{-1}$ を arctanh とかくこともある．また，これらをそれぞれ，アークハイパボリック・サイン，アークハイパボリック・コサイン，アークハイパボリック・タンジェントとよむ．

問 12. 次を示せ．

(1) $\sinh^{-1} x = \log\left(x + \sqrt{x^2 + 1}\right)$

(2) $\cosh^{-1} x = \log\left(x + \sqrt{x^2 - 1}\right) \quad (x \geqq 1)$

(3) $\tanh^{-1} x = \dfrac{1}{2} \log\left(\dfrac{1 + x}{1 - x}\right) \quad (|x| < 1)$

演習問題 1 27

────────── 演 習 問 題 1 ──────────

1. 定理 1 の (2) と (4) を示せ.

2. 次の集合の上限と下限を求めよ. また, 最大値と最小値を調べよ. ただし, $\mathbb{N}$ は自然数全体からなる集合を表す.

(1)　$X = \left\{ \dfrac{1}{m} + \dfrac{(-1)^n}{n} \;\middle|\; m, n \in \mathbb{N} \right\}$　(2)　$Y = \left\{ \displaystyle\sum_{k=1}^{n} \left(\dfrac{1}{2} \right)^{k-1} \;\middle|\; n \in \mathbb{N} \right\}$

3. 次で定義される数列の極限を求めよ.

(1)　$\dfrac{n^2 - 3n + 5}{-2n^2 + 1}$　　(2)　$\sqrt{n}\,(\sqrt{n} - \sqrt{n-1})$　　(3)　$\sqrt[n]{2 \cdot 3^n + 4 \cdot 5^n}$

(4)　$\dfrac{5^{n+1} - 3^n}{5^n + 4^{n+1}}$　　(5)　$\left(\dfrac{n+3}{n+1} \right)^n$　　(6)　$\left(1 + \dfrac{1}{n^2} \right)^n$

4. $a_1 = 1,\ a_{n+1} = \dfrac{1}{2} \left(a_n + \dfrac{3}{a_n} \right)$ で定義される数列 $\{a_n\}$ は収束し, $\displaystyle\lim_{n \to \infty} a_n = \sqrt{3}$ であることを示せ.

5. 次の級数の収束・発散を調べ, 収束するときはその和を求めよ.

(1)　$\displaystyle\sum_{n=1}^{\infty} \dfrac{1}{4^n}$　　(2)　$\displaystyle\sum_{n=1}^{\infty} \dfrac{1}{(n+1)(n+3)}$　　(3)　$\displaystyle\sum_{n=1}^{\infty} \log \dfrac{n+1}{n}$

(4)　$\displaystyle\sum_{n=1}^{\infty} \dfrac{2n-1}{3n+1}$　　(5)　$\displaystyle\sum_{n=1}^{\infty} \left\{ \dfrac{1}{2^n} + \dfrac{1}{(-2)^n} \right\}$　　(6)　$\displaystyle\sum_{n=1}^{\infty} \dfrac{2}{n(n+1)(n+2)}$

6. 次の値を求めよ.

(1)　$\sin \dfrac{5}{3}\pi$　　(2)　$\cos \left(-\dfrac{\pi}{6} \right)$　　(3)　$\sin^{-1} \left(-\dfrac{\sqrt{3}}{2} \right)$　　(4)　$\tan^{-1} \left(-\sqrt{3} \right)$

7. 次の極限値を求めよ.

(1)　$\displaystyle\lim_{x \to 0} \dfrac{\sqrt[3]{1+x} - \sqrt[3]{1-x}}{x}$　　　(2)　$\displaystyle\lim_{x \to \infty} \left(\log \sqrt{x^2 + 1} - \log x \right)$

(3)　$\displaystyle\lim_{x \to -\infty} \left(\sqrt{x^2 + x + 1} + x \right)$　　(4)　$\displaystyle\lim_{x \to \frac{\pi}{4}} \dfrac{\sin x - \cos x}{x - \frac{\pi}{4}}$

(5)　$\displaystyle\lim_{x \to \frac{\pi}{2}} (\pi - 2x) \tan x$　　　　(6)　$\displaystyle\lim_{x \to \infty} \left(1 + 2e^{-x} \right)^{e^x}$

(7)　$\displaystyle\lim_{x \to 0} \left(\dfrac{e^x - 1}{\sin x} + \dfrac{\sinh x}{x} \right)$　　(8)　$\displaystyle\lim_{x \to 0} \dfrac{3^x - 5^{-x}}{2^x - 2^{-x}}$

8. 次の関数が $x = 0$ で連続であるとき, a と b を求めよ.

(1)　$f(x) = \begin{cases} \dfrac{1}{x} \sin x & (x \neq 0) \\ a & (x = 0) \end{cases}$　　(2)　$g(x) = \begin{cases} x \sin \dfrac{1}{x} & (x \neq 0) \\ b & (x = 0) \end{cases}$

28　　　　　　　　　　　　　　　　　　　　　　　　　　1. 極　　限

9. (**不動点定理**)　$f(x)$ を有界閉区間 $[a, b]$ で定義された連続関数とする. このとき,
f の値域が $[a, b]$ に含まれるならば, $f(c) = c$ を満たす $c \in [a, b]$ が存在することを示
せ. このような c を f の**不動点**という.

10. 方程式 $x = \cos^3 x$ を満たす解が閉区間 $\left[0, \dfrac{\pi}{2}\right]$ にあることを示せ.

11. 次の式を満たす x を求めよ.

(1)　$\sin^{-1} \dfrac{\sqrt{3}}{2} = 2 \tan^{-1} x$　　　　(2)　$\sin^{-1} \dfrac{3}{5} = \cos^{-1} x$

12. 次を示せ.

(1)　$\tan^{-1} x + \tan^{-1} \dfrac{1}{x} = \dfrac{\pi}{2}$ $(x > 0)$　　(2)　$\cos^2(\sin^{-1} x) = 1 - x^2$

13. 次の問いに答えよ.

(1)　$\sin^{-1}\left(\sin \dfrac{3}{2}\pi\right),\ \cos^{-1}\left(\cos \dfrac{3}{2}\pi\right)$ を求めよ.

(2)　$y = \sin^{-1}(\sin x),\ y = \cos^{-1}(\cos x)$ のグラフを描け.

2
微　　分

　紀元前 250 年頃，アルキメデス (Archimedes) は球の体積や表面積を求める方法を発見し，今日の微分積分学からみれば定積分に相当する概念が誕生した．その後，ニュートン (Newton, 1642–1727) とライプニッツ (Leibniz, 1646–1716) により，17 世紀後半のほぼ同時期に微分と積分が数学的に定式化された．

　物理学において，加速度 α は距離の時間に関する 2 次の微分であり，物体の運動はニュートンの運動方程式 $F = m\alpha$ で記述される．そのため，力学では微分の概念が重要な役割をはたす．

2.1　導 関 数

　この節では導関数に関する基本的な公式を復習するとともに，前章で定義した逆三角関数の微分公式を与える．また，微分の簡単な応用として曲線の接線と法線の方程式を取り上げる．

2.1.1　関数の微分

　関数 $y = f(x)$ 上の異なる点 $\mathrm{A}(a, f(a))$ と $\mathrm{B}(b, f(b))$ $(a \neq b)$ に対して，この 2 点を通る直線の傾き

$$\frac{f(b) - f(a)}{b - a}$$

を**平均変化率**という．ここで，b を a に限りなく近づけたときの平均変化率の極限値が存在するとき，$f(x)$ は $x = a$ または a で**微分可能**といい，この極限値

を $f'(a)$ で表し，$f(x)$ の $x = a$ または a における**微分係数**という．すなわち，

$$f'(a) = \lim_{b \to a} \frac{f(b) - f(a)}{b - a}.$$

また，$b = a + h$ とすると，微分係数は

$$f'(a) = \lim_{h \to 0} \frac{f(a + h) - f(a)}{h}$$

となる．

関数 $f(x)$ が開区間 I の各点 x で微分可能なとき，$f(x)$ は I で**微分可能**という．このとき，

$$f'(x) = \lim_{h \to 0} \frac{f(x + h) - f(x)}{h} \qquad (x \in I)$$

が定める関数 $f'(x)$ を $f(x)$ の**導関数**といい，$\dfrac{df(x)}{dx}$ や $\dfrac{d}{dx} f(x)$ などで表す．また，関数が $y = f(x)$ と表されているときは，y' や $\dfrac{dy}{dx}$ などで導関数を表す．$f(x)$ の導関数を求めることを，$f(x)$ を**微分する**という．

例 1. 定数関数 $f(x) = k$ を微分せよ．

解. 導関数の定義より

$$f'(x) = \lim_{h \to 0} \frac{k - k}{h} = \lim_{h \to 0} \frac{0}{h} = 0. \quad \square$$

●**定理 1.** 関数 $f(x)$ が $x = a$ で微分可能ならば，$f(x)$ は $x = a$ で連続である．

証明. $f(x)$ は $x = a$ で微分可能なので，

$$\lim_{x \to a} \{f(x) - f(a)\} = \lim_{x \to a} \frac{f(x) - f(a)}{x - a} \cdot (x - a) = f'(a) \cdot 0 = 0.$$

よって，$\lim_{x \to a} f(x) = f(a)$ となり，$f(x)$ は $x = a$ で連続である．$\quad \square$

次の極限値

$$f'_+(a) = \lim_{h \to +0} \frac{f(a + h) - f(a)}{h}, \quad f'_-(a) = \lim_{h \to -0} \frac{f(a + h) - f(a)}{h}$$

をそれぞれ**右側微分係数**，**左側微分係数**という．$f'_+(a) = f'_-(a)$ ならば $f(x)$ は $x = a$ で微分可能であり，$f'_+(a) = f'_-(a) = f'(a)$ となる．

関数 $f(x)$ が開区間 (a, b) で微分可能で，さらに区間の端点 $x = a$，$x = b$ でそれぞれ右側微分係数，左側微分係数をもつとき，$f(x)$ は閉区間 $[a, b]$ で微分可能といい，$f'(a) = f'_+(a)$，$f'(b) = f'_-(b)$ と定める．半開区間 $(a, b]$，$[a, b)$ で

2.1 導関数 　　　　　　　　　　　　　　　　　　　　　　　　　　31

の微分可能性も同様に定義する.

例 2. 関数 $f(x) = |x|$ の $x = 0$ における右側微分係数と左側微分係数を求め, $f(x)$ は $x = 0$ で連続であるが, $x = 0$ で微分可能でないことを示せ.

解. $\lim\limits_{x \to 0} f(x) = 0 = f(0)$ なので, $f(x)$ は $x = 0$ で連続である. 一方, 右側微分係数と左側微分係数はそれぞれ

$$f'_+(0) = \lim_{h \to +0} \frac{|h - 0| - |0|}{h} = \lim_{h \to +0} \frac{|h|}{h} = \lim_{h \to +0} \frac{h}{h} = 1,$$

$$f'_-(0) = \lim_{h \to -0} \frac{|h - 0| - |0|}{h} = \lim_{h \to -0} \frac{|h|}{h} = \lim_{h \to -0} \frac{-h}{h} = -1$$

なので, $f'_+(0) \neq f'_-(0)$. ゆえに, $f(x)$ は $x = 0$ で微分可能でない. 　□

●**公式 1.** 次が成り立つ.

(1) $(x^n)' = nx^{n-1}$ 　(n は自然数) 　(2) $(\sqrt{x})' = \dfrac{1}{2\sqrt{x}}$

(3) $(e^x)' = e^x$ 　　　　　　　　　　(4) $(\log x)' = \dfrac{1}{x}$

(5) $(\sin x)' = \cos x$ 　　　　　　　(6) $(\cos x)' = -\sin x$

証明. (1) 二項定理より

$$(x^n)' = \lim_{h \to 0} \frac{(x + h)^n - x^n}{h} = \lim_{h \to 0} \frac{1}{h} \left(\sum_{k=0}^{n} {}_n\mathrm{C}_k x^{n-k} h^k - x^n \right)$$

$$= \lim_{h \to 0} \frac{1}{h} \sum_{k=1}^{n} {}_n\mathrm{C}_k x^{n-k} h^k = \lim_{h \to 0} \sum_{k=1}^{n} {}_n\mathrm{C}_k x^{n-k} h^{k-1}$$

$$= {}_n\mathrm{C}_1 x^{n-1} = nx^{n-1}.$$

(3) 1.2 節の例 12 (2) より

$$(e^x)' = \lim_{h \to 0} \frac{e^{x+h} - e^x}{h} = \lim_{h \to 0} \frac{e^x(e^h - 1)}{h} = e^x \cdot \lim_{h \to 0} \frac{e^h - 1}{h} = e^x.$$

(5) 和積公式を用いて変形し, 第 1 章の定理 17 を用いると,

$$(\sin x)' = \lim_{h \to 0} \frac{\sin(x + h) - \sin x}{h} = \lim_{h \to 0} \frac{2 \cos\left(x + \frac{h}{2}\right) \sin \frac{h}{2}}{h}$$

$$= \lim_{h \to 0} \cos\left(x + \frac{h}{2}\right) \frac{\sin \frac{h}{2}}{\frac{h}{2}} = \cos x. 　□$$

問 1. 公式 1 の (2), (4), (6) を示せ.

32   2. 微 分

●**定理 2.** 関数 $f(x)$, $g(x)$ が微分可能なとき，次が成り立つ.

(1) $\{f(x) \pm g(x)\}' = f'(x) \pm g'(x)$

(2) $\{kf(x)\}' = kf'(x)$ (k は定数)

(3) $\{f(x)g(x)\}' = f'(x)g(x) + f(x)g'(x)$ (積の微分公式)

(4) $\left\{ \dfrac{f(x)}{g(x)} \right\}' = \dfrac{f'(x)g(x) - f(x)g'(x)}{g(x)^2}$ $(g(x) \neq 0)$ (商の微分公式)

証明. (1) と (2) は明らか.

(3) 導関数の定義より

$$
\begin{aligned}
\{f(x)g(x)\}' &= \lim_{h \to 0} \frac{f(x+h)g(x+h) - f(x)g(x)}{h} \\
&= \lim_{h \to 0} \frac{\{f(x+h) - f(x)\}g(x+h) + f(x)\{g(x+h) - g(x)\}}{h} \\
&= \lim_{h \to 0} \left\{ \frac{f(x+h) - f(x)}{h} \cdot g(x+h) + f(x) \cdot \frac{g(x+h) - g(x)}{h} \right\} \\
&= f'(x)g(x) + f(x)g'(x).
\end{aligned}
$$

(4) $y = \dfrac{f(x)}{g(x)}$ とおくと，$f(x) = y \cdot g(x)$. よって，積の微分公式より

$$
f'(x) = y' \cdot g(x) + yg'(x) = y' \cdot g(x) + \frac{f(x)g'(x)}{g(x)}.
$$

上式を y' について解いて (4) を得る. □

例 3. $(\tan x)' = \dfrac{1}{\cos^2 x}$ を示せ.

解. 商の微分公式より

$$
\begin{aligned}
(\tan x)' = \left(\frac{\sin x}{\cos x} \right)' &= \frac{(\sin x)' \cos x - \sin x (\cos x)'}{\cos^2 x} \\
&= \frac{\cos^2 x + \sin^2 x}{\cos^2 x} = \frac{1}{\cos^2 x}. \quad \square
\end{aligned}
$$

問 2. 次の関数を微分せよ.

(1) $x^4 - 3x + 1$ (2) $(x-1)(x^2+1)$ (3) $\dfrac{x}{x-1}$ (4) $\dfrac{x}{x^2+1}$

(5) $\dfrac{x^2+x+1}{x^2-x+1}$ (6) xe^x (7) $x^2 \log x$ (8) $e^x \cos x$

(9) $x \tan x$ (10) $\dfrac{x}{\sin x}$ (11) $\dfrac{1}{\log x}$ (12) $\dfrac{e^x}{\tan x}$

2.1 導 関 数　　　　　　　　　　　　　　　　　　　　　　33

2.1.2　合成関数の微分法

合成関数の導関数を計算するには，次の微分公式が役に立つ.

●定理 3.　(合成関数の微分公式)　関数 $z = g(y)$ が y に関して微分可能で，$y = f(x)$ が x に関して微分可能ならば，合成関数 $z = g(f(x))$ は x に関して微分可能で，

$$\{g(f(x))\}' = g'(f(x))f'(x)$$

が成り立つ. この公式を簡単に

$$\frac{dz}{dx} = \frac{dz}{dy}\frac{dy}{dx}$$

とかく.

証明.　$y = f(x)$ は $x = a$ で微分可能，$z = g(y)$ は $y = f(a)$ で微分可能とする. このとき，$z = g(f(x))$ が $x = a$ で微分可能なことを示す. $b = f(a)$ とし，

$$G(y) = \begin{cases} \dfrac{g(y) - g(b)}{y - b} & (y \neq b) \\[2mm] g'(b) & (y = b) \end{cases}$$

とおく. $g(y)$ は微分可能なので，$G(y)$ は $y = b$ で連続である. $y \neq b$ のとき，$g(y) - g(b) = G(y)(y - b)$ より，$g(f(x)) - g(f(a)) = G(f(x))\{f(x) - f(a)\}$. よって

$$\frac{g(f(x)) - g(f(a))}{x - a} = G(f(x)) \cdot \frac{f(x) - f(a)}{x - a} \quad (x \neq a).$$

ゆえに，$\displaystyle\lim_{x \to a} G(f(x)) = G(f(a)) = G(b) = g'(b) = g'(f(a))$ より，

$$\lim_{x \to a} \frac{g(f(x)) - g(f(a))}{x - a} = g'(f(a))f'(a)$$

を得る. よって，$z = g(f(x))$ は a で微分可能で，$\{g(f(a))\}' = g'(f(a))f'(a)$ となる.　□

問 3.　次の関数を微分せよ.

(1)　$(2x + 3)^5$　　　　(2)　$(3x^2 - 2)^4$　　　　(3)　$\dfrac{(2x + 1)^3}{(2x - 1)^6}$　　　(4)　e^{2x}

(5)　$e^{\frac{1}{x}}$　　　　　(6)　$\log(1 - 3x)$　　　(7)　$\log(x^2 + 1)$　　(8)　$\sin 3x$

(9)　$\cos x^2$　　　　(10)　$\tan 4x$　　　　　(11)　$\tan \sqrt{x}$　　　　(12)　$\sin x^2$

(13)　$\dfrac{1}{\sin \sqrt{x}}$　　　(14)　$\dfrac{1}{\cos(2x + 1)}$　　(15)　$\dfrac{1}{\tan(1 - x)}$

34　　　　　　　　　　　　　　　　　　　　　　　　　　　　　2. 微　分

問 4. 双曲線関数に対して，次の式を示せ.

(1) $(\sinh x)' = \cosh x$　　　(2) $(\cosh x)' = \sinh x$　　　(3) $(\tanh x)' = \dfrac{1}{\cosh^2 x}$

例 4. $(\log|x|)' = \dfrac{1}{x}$ を示せ.

解. $x > 0$ のときは公式 1 (4) である. $x < 0$ のときは $t = -x$ とおくと，定理 3 より

$$(\log|x|)' = \frac{d}{dx}\log(-x) = \left(\frac{d}{dt}\log t\right)\frac{dt}{dx} = -\frac{1}{t} = \frac{1}{x}. \quad \square$$

●**公式 2.** $(\log|f(x)|)' = \dfrac{f'(x)}{f(x)}$

証明. $z = \log|y|$, $y = f(x)$ とおくと，定理 3 より

$$(\log|f(x)|)' = \frac{dz}{dx} = \frac{dz}{dy}\frac{dy}{dx} = \frac{1}{y}f'(x) = \frac{f'(x)}{f(x)}. \quad \square$$

例 5. $(x^p)' = px^{p-1}$ $(x > 0)$ を示せ. ただし，p は定数とする.

解. $y = x^p$ とおく. 両辺の対数をとると $\log y = p\log x$ なので，両辺を x で微分して，$\dfrac{y'}{y} = \dfrac{p}{x}$. よって，$y' = px^{p-1}$.　□

例 5 の解法のように，対数をとってから微分する方法を**対数微分法**という.

例 6. $(a^x)' = a^x\log a$ を示せ. ただし，$a > 0$ は定数とする.

解. $y = a^x$ とおく. 両辺の対数をとると $\log y = x\log a$ なので，両辺を x で微分して，$\dfrac{y'}{y} = \log a$. よって，$y' = a^x\log a$.　□

●**公式 3.** 次が成り立つ.

(1) $\left(\sin^{-1} x\right)' = \dfrac{1}{\sqrt{1-x^2}}$　　$(|x| < 1)$

(2) $\left(\cos^{-1} x\right)' = -\dfrac{1}{\sqrt{1-x^2}}$　　$(|x| < 1)$

(3) $\left(\tan^{-1} x\right)' = \dfrac{1}{x^2+1}$

証明. (1) $y = \sin^{-1} x$ とおく. $x = \sin y$ $\left(-\dfrac{\pi}{2} \leqq y \leqq \dfrac{\pi}{2}\right)$ なので，両辺を x で微分すると，

2.1 導関数 35

$$1 = \frac{d}{dx}\sin y = \left(\frac{d}{dy}\sin y\right)\frac{dy}{dx} = \cos y \cdot \frac{dy}{dx}.$$

ここで，$-1 < x < 1$ なので $-\dfrac{\pi}{2} < y < \dfrac{\pi}{2}$ となり $\cos y > 0$. ゆえに

$$\frac{dy}{dx} = \frac{1}{\cos y} = \frac{1}{\sqrt{1 - \sin^2 y}} = \frac{1}{\sqrt{1 - x^2}}.$$

(2)　(1) と同様に示せる.

(3)　$y = \tan^{-1} x$ とおく. $x = \tan y$ $\left(-\dfrac{\pi}{2} < y < \dfrac{\pi}{2}\right)$ なので，両辺を x で微分すると，

$$1 = \frac{d}{dx}\tan y = \left(\frac{d}{dy}\tan y\right)\frac{dy}{dx} = \frac{1}{\cos^2 y}\frac{dy}{dx}.$$

よって

$$\frac{dy}{dx} = \cos^2 y = \frac{1}{\tan^2 y + 1} = \frac{1}{x^2 + 1}. \quad \square$$

問 5. 次の式を示せ. ただし，$a > 0$ は定数とする.

(1)　$\left(\sin^{-1}\dfrac{x}{a}\right)' = \dfrac{1}{\sqrt{a^2 - x^2}}$　　(2)　$\left(\dfrac{1}{a}\tan^{-1}\dfrac{x}{a}\right)' = \dfrac{1}{x^2 + a^2}$

●**定理 4.**　(**逆関数の微分公式**)　微分可能な狭義単調関数 $x = f(y)$ の逆関数 $y = f^{-1}(x)$ は，$f'(y) \neq 0$ のとき微分可能で，

$$\{f^{-1}(x)\}' = \frac{1}{f'(f^{-1}(x))}$$

が成り立つ. この公式を簡単に

$$\frac{dy}{dx} = 1 \Big/ \frac{dx}{dy}$$

とかく.

証明.　$f^{-1}(x + h) - f^{-1}(x) = k$ とおく. $f^{-1}(x + h) = f^{-1}(x) + k = y + k$ なので，$x + h = f(y + k)$. よって，$h = f(y + k) - x = f(y + k) - f(y)$. 第 1 章の定理 16 より，$h \to 0$ のとき $k \to 0$ なので，

$$\{f^{-1}(x)\}' = \lim_{h \to 0}\frac{f^{-1}(x + h) - f^{-1}(x)}{h} = \lim_{k \to 0}\frac{k}{f(y + k) - f(y)}$$

$$= \lim_{k \to 0}\frac{1}{\dfrac{f(y + k) - f(y)}{k}} = \frac{1}{f'(y)} = \frac{1}{f'(f^{-1}(x))}. \quad \square$$

36　　　　　　　　　　　　　　　　　　　　　　　　　　　　2. 微　　分

例 7.　定理 4 を用いて公式 3 (2) を示せ.

解.　$y = \cos^{-1} x$ とおくと, $x = \cos y$ $(0 \leqq y \leqq \pi)$. ここで, $-1 < x < 1$ なので $0 < y < \pi$ となり, $(\cos y)' = -\sin y < 0$. よって

$$\left(\cos^{-1} x\right)' = \frac{dy}{dx} = \frac{1}{\frac{dx}{dy}} = \frac{1}{-\sin y} = -\frac{1}{\sqrt{1 - \cos^2 y}} = -\frac{1}{\sqrt{1 - x^2}}. \quad \square$$

問 6.　次の関数を微分せよ. ただし, a は定数とする.

(1)　$\log |\log x|$　　　　(2)　$\log |\tan x|$　　　　(3)　$\log \left|x + \sqrt{x^2 + a}\right|$　$(a \neq 0)$

(4)　$(2x + 1)^{\frac{1}{3}}$　　　　(5)　2^{2x-1}　　　　(6)　3^{x-x^2}

(7)　x^x $(x > 0)$　　　　(8)　$\sin^{-1} \dfrac{x}{2}$　　　　(9)　$\sin^{-1} \sqrt{1 - x}$

(10)　$\cos^{-1} x^2$　　　　(11)　$\tan^{-1} \sqrt{x}$

(12)　$x\sqrt{a^2 - x^2} + a^2 \sin^{-1} \dfrac{x}{a}$ $(a > 0)$

●**定理 5.**　(**媒介変数表示された関数の微分公式**)　関数 $x = x(t)$, $y = y(t)$ は t に関して微分可能とする. x が狭義単調関数で, $\dfrac{dx}{dt} \neq 0$ ならば, y は x の関数として微分可能で,

$$\frac{dy}{dx} = \frac{dy}{dt} \bigg/ \frac{dx}{dt}$$

が成り立つ.

証明.　定理 3 と定理 4 より, $\dfrac{dy}{dx} = \dfrac{dy}{dt}\dfrac{dt}{dx} = \dfrac{dy}{dt} \bigg/ \dfrac{dx}{dt}$. $\quad \square$

例 8.　$x = \cos t$, $y = \sin t$ のとき, $\dfrac{dy}{dx}$ を求めよ.

解.　定理 5 より

$$\frac{dy}{dx} = \frac{dy}{dt} \bigg/ \frac{dx}{dt} = \frac{\cos t}{-\sin t} = -\cot t. \quad \square$$

問 7.　次の媒介変数表示された関数に対して, $\dfrac{dy}{dx}$ を求めよ.

(1)　$x = t^2 - 1$, $y = t + \dfrac{1}{t}$　　　　(2)　$x = \cos t + \sin t$, $y = \cos t - \sin t$

2.1.3　接線と法線の方程式

曲線 $y = f(x)$ 上の点 $(a, f(a))$ における**接線の方程式**は

$$y - f(a) = f'(a)(x - a)$$

2.2 高次導関数   37

で与えられる．接線に接点で直交している直線をその曲線の**法線**という．

$f'(a) \neq 0$ のとき，点 $(a, f(a))$ における**法線の方程式**は

$$y - f(a) = -\frac{1}{f'(a)}(x - a)$$

となる．

曲線の媒介変数表示が $x = x(t)$，$y = y(t)$ $(\alpha \leqq t \leqq \beta)$ のとき，曲線上の点 $(x(t_0), y(t_0))$ $(\alpha < t_0 < \beta)$ における接線の方程式は，$\dot{x} = \dfrac{dx}{dt}$，$\dot{y} = \dfrac{dy}{dt}$ とおくと，定理 5 より，$\dot{x}(t_0) \neq 0$ のとき，

$$y - y(t_0) = \frac{\dot{y}(t_0)}{\dot{x}(t_0)}(x - x(t_0))$$

となる．

例 9. 次の曲線の指定された点または t に対応する点における接線と法線の方程式を求めよ．ただし，$a > 0$ は定数とする．

(1) $y = \log x$，点 $(e, 1)$ (2) $\begin{cases} x = a\cos^3 t \\ y = a\sin^3 t \end{cases}$，$t = \dfrac{\pi}{4}$

解. (1) $y' = \dfrac{1}{x}$ より，点 $(e, 1)$ における接線の方程式は $y - 1 = \dfrac{1}{e}(x - e)$. すなわち，$y = \dfrac{x}{e}$. また，法線の方程式は $y = -ex + e^2 + 1$.

(2) $\dot{x} = -3a\sin t\cos^2 t$，$\dot{y} = 3a\cos t\sin^2 t$ より，$t = \dfrac{\pi}{4}$ に対応する点における接線の方程式は

$$y - \frac{a}{2\sqrt{2}} = -\tan\frac{\pi}{4}\left(x - \frac{a}{2\sqrt{2}}\right).$$

すなわち，$y = -x + \dfrac{a}{\sqrt{2}}$. また，法線の方程式は $y = x$.   □

問 8. 次の曲線の指定された点または t に対応する点における接線と法線の方程式を求めよ．ただし，$a > 0$ は定数とする．

(1) $y = \sin x$，点 $\left(\dfrac{\pi}{6}, \dfrac{1}{2}\right)$ (2) $\begin{cases} x = a(t - \sin t) \\ y = a(1 - \cos t) \end{cases}$，$t = \dfrac{\pi}{3}$

2.2 高次導関数

この節では，積の微分公式を一般化したライプニッツの定理と，平均値の定理を一般化したテイラーの定理について解説する．

2.2.1 高次導関数

関数 $y = f(x)$ を x で n 回微分した関数を

$$y^{(n)}, \quad f^{(n)}(x), \quad \frac{d^n y}{dx^n}, \quad \frac{d^n}{dx^n} f(x)$$

などで表し，$y = f(x)$ の **n 次導関数**または **n 階導関数**という．ただし，$y^{(0)} = y$, $f^{(0)}(x) = f(x)$ とする．

$f^{(n-1)}(x)$ が区間 I で微分可能なとき，$f(x)$ は I で **n 回微分可能**という．また，$f^{(n)}(x)$ が I で連続なとき，$f(x)$ は I で **n 回連続微分可能**または **C^n 級**という．さらに，$f(x)$ が区間 I で何回でも微分可能なとき，$f(x)$ は I で**無限回連続微分可能**または **C^∞ 級**という．

例 1. 次の関数の n 次導関数を求めよ．

(1) $y = \sin x$ (2) $y = \dfrac{1}{(x-1)(x+2)}$ (3) $y = a^x \ (a > 0)$

解． 3 次導関数まで求めて，n 次導関数を推測する．正しくは，それを数学的帰納法で示す必要があるが省略する．

(1) $y' = \cos x = \sin\left(x + \dfrac{\pi}{2}\right)$, $y'' = \cos\left(x + \dfrac{\pi}{2}\right) = \sin\left(x + \dfrac{2\pi}{2}\right)$, $y''' = \cos\left(x + \dfrac{2\pi}{2}\right) = \sin\left(x + \dfrac{3\pi}{2}\right)$ なので，$y^{(n)} = \sin\left(x + \dfrac{n\pi}{2}\right)$ $(n = 1, 2, \cdots)$.

(2) 部分分数に分解すると

$$y = \frac{1}{3}\left(\frac{1}{x-1} - \frac{1}{x+2}\right) = \frac{1}{3}\left\{(x-1)^{-1} - (x+2)^{-1}\right\}$$

となる．ここで，$a = 1$ または -2 として

$$\left\{(x-a)^{-1}\right\}' = (-1)(x-a)^{-2},$$
$$\left\{(x-a)^{-1}\right\}'' = (-1)(-2)(x-a)^{-3},$$
$$\left\{(x-a)^{-1}\right\}''' = (-1)(-2)(-3)(x-a)^{-4}$$

なので，$n = 1, 2, \cdots$ に対して

$$\left\{(x-a)^{-1}\right\}^{(n)} = (-1)(-2)\cdots(-n)(x-a)^{-(n+1)} = \frac{(-1)^n n!}{(x-a)^{n+1}}$$

となる．よって

$$y^{(n)} = \frac{(-1)^n n!}{3}\left\{\frac{1}{(x-1)^{n+1}} - \frac{1}{(x+2)^{n+1}}\right\} \quad (n = 1, 2, \cdots).$$

2.2 高次導関数　　　　　　　　　　　　　　　　　　　　　　　　39

(3)　例 6 より $y' = a^x \log a$, $y'' = a^x (\log a)^2$, $y''' = a^x (\log a)^3$ なので，
$y^{(n)} = a^x (\log a)^n$ $(n = 1, 2, \cdots)$.　□

問 1.　次の関数の n 次導関数を求めよ．

(1)　$y = \cos x$　　　　　(2)　$y = \sin 2x$　　　　　(3)　$y = \log(1 - x)$

例 2.　$x = x(t)$, $y = y(t)$ が t に関して 2 回微分可能なとき，

$$\frac{d^2 y}{dx^2} = \frac{\ddot{y}\dot{x} - \dot{y}\ddot{x}}{\dot{x}^3}$$

が成り立つ．ただし，$\dot{y} = \dfrac{dy}{dt}$, $\dot{x} = \dfrac{dx}{dt}$, $\ddot{y} = \dfrac{d^2 y}{dt^2}$, $\ddot{x} = \dfrac{d^2 x}{dt^2}$ とする．

解.　定理 5 より

$$\frac{dy}{dx} = \frac{dy}{dt} \bigg/ \frac{dx}{dt} = \frac{\dot{y}}{\dot{x}}$$

なので，定理 3 と定理 4 より，

$$\frac{d^2 y}{dx^2} = \frac{d}{dx}\frac{\dot{y}}{\dot{x}} = \left(\frac{d}{dt}\frac{\dot{y}}{\dot{x}}\right)\frac{dt}{dx} = \left(\frac{d}{dt}\frac{\dot{y}}{\dot{x}}\right)\bigg/\frac{dx}{dt} = \frac{\ddot{y}\dot{x} - \dot{y}\ddot{x}}{\dot{x}^3}.$$　□

●**定理 6.**　(**ライプニッツ (Leibniz) の定理**)　関数 $u = f(x)$, $v = g(x)$ が n 回微分可能なとき，

$$(uv)^{(n)} = \sum_{k=0}^{n} {}_n\mathrm{C}_k u^{(n-k)} v^{(k)}$$

が成り立つ．

証明.　数学的帰納法で示す．$n = 1$ のときは積の微分公式である．n のとき成り立つと仮定すると，$n + 1$ のとき，

$$(uv)^{(n+1)} = \{(uv)^{(n)}\}' = \sum_{k=0}^{n} {}_n\mathrm{C}_k \left(u^{(n-k)} v^{(k)}\right)'$$

$$= \sum_{k=0}^{n} {}_n\mathrm{C}_k \left(u^{(n-k+1)} v^{(k)} + u^{(n-k)} v^{(k+1)}\right)$$

$$= {}_n\mathrm{C}_0 u^{(n+1)} v + \sum_{k=1}^{n} {}_n\mathrm{C}_k u^{(n-k+1)} v^{(k)} + \sum_{k=0}^{n-1} {}_n\mathrm{C}_k u^{(n-k)} v^{(k+1)}$$

$$\quad + {}_n\mathrm{C}_n u v^{(n+1)}$$

$$= {}_{n+1}\mathrm{C}_0 u^{(n+1)} v + \sum_{k=1}^{n} {}_n\mathrm{C}_k u^{(n-k+1)} v^{(k)} + \sum_{k=1}^{n} {}_n\mathrm{C}_{k-1} u^{(n-k+1)} v^{(k)} +$$

40　　　　　　　　　　　　　　　　　　　　　　　　　　　　　　　2. 微　　分

$$+\ _{n+1}\mathrm{C}_{n+1}uv^{(n+1)}$$

$$=\ _{n+1}\mathrm{C}_0 u^{(n+1)}v + \sum_{k=1}^{n}\left(_n\mathrm{C}_k + {}_n\mathrm{C}_{k-1}\right)u^{(n-k+1)}v^{(k)}$$

$$+\ _{n+1}\mathrm{C}_{n+1}uv^{(n+1)}$$

$$=\ _{n+1}\mathrm{C}_0 u^{(n+1)}v + \sum_{k=1}^{n} {}_{n+1}\mathrm{C}_k u^{(n-k+1)}v^{(k)} + {}_{n+1}\mathrm{C}_{n+1}uv^{(n+1)}$$

$$=\sum_{k=0}^{n+1} {}_{n+1}\mathrm{C}_k u^{(n+1-k)}v^{(k)}.$$

よって $n+1$ のときも成り立つ.　□

例 3.　関数 $y = x\sin x$ の n 次導関数を求めよ.

解.　$u = \sin x,\ v = x$ とおくと，例 1 (1) より $u^{(n)} = \sin\left(x + \dfrac{n\pi}{2}\right)$ $(n = 1, 2, \cdots)$.　一方，$v' = 1,\ v^{(n)} = 0$ $(n = 2, 3, \cdots)$.　よって，ライプニッツの定理より

$$y^{(n)} = {}_n\mathrm{C}_0 u^{(n)}v + {}_n\mathrm{C}_1 u^{(n-1)}v'$$
$$= x\sin\left(x + \frac{n\pi}{2}\right) + n\sin\left(x + \frac{(n-1)\pi}{2}\right)$$
$$= x\sin\left(x + \frac{n\pi}{2}\right) - n\cos\left(x + \frac{n\pi}{2}\right).\quad □$$

問 2.　次の関数の n 次導関数を求めよ.

(1)　$y = x\cos 2x$　　　(2)　$y = x^3 e^x$　　　(3)　$y = e^x \sin x$

2.2.2　テイラーの定理

微分法の理論を展開する際に必要不可欠な平均値の定理と，その一般化であるテイラーの定理を紹介する.

●**定理 7.（ロル (Rolle) の定理）**　関数 $F(x)$ が閉区間 $[a, b]$ で連続，開区間 (a, b) で微分可能で，$F(a) = F(b) = 0$ ならば，$F'(c) = 0$ を満たす $c \in (a, b)$ が存在する (図 2.1).

証明.　$F(x)$ が定数関数のときは明らか.　$F(x)$ が定数関数でないとき，第 1 章の定理 15 より，$F(x)$ は $[a, b]$ 内の点 c で正の最大値または負の最小値をとる．$F(x)$ が $x = c$ で正の最大値をとるとすると $a < c < b$ であり，任意の

2.2 高次導関数

$x \in (a,b)$ に対して $F(x) - F(c) \leqq 0$ となる. 仮定より $F(x)$ は c で微分可能なので, $F'(c) = F'_+(c) = F'_-(c)$. よって

$$F'_+(c) = \lim_{x \to c+0} \frac{F(x) - F(c)}{x - c} \leqq 0, \quad F'_-(c) = \lim_{x \to c-0} \frac{F(x) - F(c)}{x - c} \geqq 0$$

から $F'(c) = 0$ を得る.

$F(x)$ が $x = c$ で負の最小値をとる場合も同様にして示せる. □

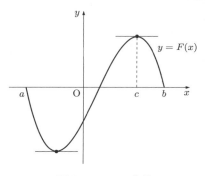

図 2.1　ロルの定理　　　　図 2.2　平均値の定理

ロルの定理における条件 $F(a) = F(b)$ が成り立たない場合には, 次の定理が役に立つ.

●定理 8. (平均値の定理)　関数 $f(x)$ が閉区間 $[a,b]$ で連続, 開区間 (a,b) で微分可能ならば,

$$\frac{f(b) - f(a)}{b - a} = f'(c)$$

を満たす $c \in (a,b)$ が存在する (図 2.2).

証明.　$k = \dfrac{f(b) - f(a)}{b - a}$ とおくと, $F(x) = f(x) - f(a) - k(x - a)$ は閉区間 $[a,b]$ で連続, 開区間 (a,b) で微分可能である. $F(a) = F(b) = 0$ なので, ロルの定理より $F'(c) = 0$ となる $c \in (a,b)$ が存在する. $F'(x) = f'(x) - k$ より $k = f'(c)$ となる. □

●定理 9. (テイラー (Taylor) の定理)　関数 $f(x)$ が閉区間 $[a,b]$ で C^{n-1} 級, $f^{(n-1)}(x)$ が開区間 (a,b) で微分可能ならば,

$$f(b) = \sum_{k=0}^{n-1} \frac{f^{(k)}(a)}{k!} (b-a)^k + \frac{f^{(n)}(c)}{n!} (b-a)^n$$

42   2. 微   分

を満たす $c \in (a, b)$ が存在する.

証明. $\ell = \left\{ f(b) - \sum_{k=0}^{n-1} \dfrac{f^{(k)}(a)}{k!} (b-a)^k \right\} \dfrac{n!}{(b-a)^n}$ とおくと,

$$F(x) = f(x) - f(b) + \sum_{k=1}^{n-1} \frac{f^{(k)}(x)}{k!} (b-x)^k + \frac{\ell}{n!} (b-x)^n$$

は閉区間 $[a, b]$ で連続, 開区間 (a, b) で微分可能である. $F(a) = F(b) = 0$ なの
で, ロルの定理より $F'(c) = 0$ を満たす $c \in (a, b)$ が存在する. よって

$$F'(x) = f'(x) + \sum_{k=1}^{n-1} \frac{1}{k!} \left\{ f^{(k+1)}(x)(b-x)^k - kf^{(k)}(x)(b-x)^{k-1} \right\}$$

$$- \frac{\ell}{(n-1)!} (b-x)^{n-1}$$

$$= \frac{(b-x)^{n-1}}{(n-1)!} \left\{ f^{(n)}(x) - \ell \right\}$$

より, $\ell = f^{(n)}(c)$ となる. □

テイラーの定理において $n = 1$ の場合が平均値の定理である. テイラーの定
理は $b < a$ の場合でも, 閉区間 $[a, b]$ を $[b, a]$ に, 開区間 (a, b) を (b, a) に変更す
れば成り立つ.

テイラーの定理において b を変数 x に置き換えれば, 次の結果が得られる.

●**系 10.** 関数 $f(x)$ は点 a を含む開区間 I で C^n 級とする. このとき, 各点
$x \in I$ に対して

$$f(x) = \sum_{k=0}^{n-1} \frac{f^{(k)}(a)}{k!} (x-a)^k + R_n(x), \quad R_n(x) = \frac{f^{(n)}(c)}{n!} (x-a)^n$$

を満たす c が a と x の間に存在する. これを $f(x)$ の点 a における **$(n-1)$ 次まで
でのテイラー展開**という. また, $R_n(x)$ を**ラグランジュ (Lagrange) の剰余**と
いう.

●**系 11.** 関数 $f(x)$ は点 a を含む開区間 I で C^∞ 級とする. このとき, 各点
$x \in I$ に対して, $R_n(x) \to 0 \ (n \to \infty)$ ならば

$$f(x) = \sum_{n=0}^{\infty} \frac{f^{(n)}(a)}{n!} (x-a)^n$$

となる. これを $f(x)$ の点 a における**テイラー展開**という.

2.2 高次導関数　　　　43

系 10 において，$a < c < x$ または $x < c < a$ のいずれの場合でも，$\theta = \dfrac{c-a}{x-a}$ とおくと $0 < \theta < 1$ である．よって，ラグランジュの剰余は

$$R_n(x) = \frac{f^{(n)}(a + \theta(x-a))}{n!}(x-a)^n \quad (0 < \theta < 1)$$

となる．

系 10 と系 11 において $a = 0$ とすれば，次の結果が得られる．

●定理 12.　(マクローリン (Maclaurin) の定理)　関数 $f(x)$ は原点を含む開区間 I で C^n 級とする．このとき，各点 $x \in I$ に対して

$$f(x) = \sum_{k=0}^{n-1} \frac{f^{(k)}(0)}{k!}x^k + R_n(x), \quad R_n(x) = \frac{f^{(n)}(\theta x)}{n!}x^n$$

を満たす $\theta \in (0,1)$ が存在する．これを $f(x)$ の **$(n-1)$ 次までのマクローリン展開**という．

●系 13.　関数 $f(x)$ は原点を含む開区間 I で C^∞ 級とする．このとき，各点 $x \in I$ に対して，$R_n(x) \to 0 \ (n \to \infty)$ ならば

$$f(x) = \sum_{n=0}^{\infty} \frac{f^{(n)}(0)}{n!}x^n$$

となる．これを $f(x)$ の**マクローリン展開**という．

　例 4.　ラグランジュの剰余を評価することで，次のマクローリン展開を示せ．

(1)　$e^x = \displaystyle\sum_{n=0}^{\infty} \frac{x^n}{n!} \quad (-\infty < x < \infty)$

(2)　$\sin x = \displaystyle\sum_{n=0}^{\infty} \frac{(-1)^n x^{2n+1}}{(2n+1)!} \quad (-\infty < x < \infty)$

　解.　(1)　$f(x) = e^x$ とおくと，$f^{(n)}(x) = e^x \ (n = 0,1,2,\cdots)$．よって，マクローリンの定理より

$$e^x = \sum_{k=0}^{n-1} \frac{x^k}{k!} + R_n(x), \quad R_n(x) = \frac{e^{\theta x}}{n!}x^n$$

を満たす $\theta \in (0,1)$ が存在する．ここで，ラグランジュの剰余 $R_n(x)$ を評価すると，1.1 節の例 7 より

$$|R_n(x)| = \frac{|x|^n}{n!}e^{\theta x} \leqq \frac{|x|^n}{n!}e^{|\theta x|} \leqq \frac{|x|^n}{n!}e^{|x|} \to 0 \quad (n \to \infty).$$

よって，はさみうちの原理より，すべての実数 x に対して $R_n(x) \to 0 \ (n \to \infty)$ となるので，(1) の展開式を得る．

44　　　　　　　　　　　　　　　　　　　　　　　　　　　2. 微　　分

(2)　$f(x) = \sin x$ とおくと，例 1 (1) と $f^{(0)}(x) = f(x) = \sin x$ より $f^{(n)}(x) = \sin\left(x + \dfrac{n\pi}{2}\right)$ $(n = 0, 1, 2, \cdots)$ となる．よって，$f^{(n)}(0) = \sin\dfrac{n\pi}{2}$．ゆえに，マクローリンの定理より

$$\sin x = \sum_{k=0}^{n-1} \frac{\sin\frac{k\pi}{2}}{k!}\, x^k + R_n(x), \quad R_n(x) = \frac{\sin\left(\theta x + \frac{n\pi}{2}\right)}{n!}\, x^n$$

を満たす $\theta \in (0,1)$ が存在する．ここで，ラグランジュの剰余 $R_n(x)$ を評価すると

$$|R_n(x)| = \frac{|x|^n}{n!}\left|\sin\left(\theta x + \frac{n\pi}{2}\right)\right| \leq \frac{|x|^n}{n!} \to 0 \quad (n \to \infty).$$

よって，すべての実数 x に対して $R_n(x) \to 0$ $(n \to \infty)$．さらに，マクローリン展開式を偶数項と奇数項に分けて計算すると

$$\begin{aligned}
\sin x &= \lim_{n\to\infty} \sum_{k=0}^{n} \frac{\sin\frac{k\pi}{2}}{k!}\, x^k \\
&= \lim_{n\to\infty} \left\{ \sum_{k=0}^{n} \frac{\sin\frac{(2k)\pi}{2}}{(2k)!}\, x^{2k} + \sum_{k=0}^{n} \frac{\sin\frac{(2k+1)\pi}{2}}{(2k+1)!}\, x^{2k+1} \right\} \\
&= \sum_{n=0}^{\infty} \frac{(-1)^n x^{2n+1}}{(2n+1)!}
\end{aligned}$$

となり，(2) の展開式を得る．　□

例 5.　e^x の 6 次までのマクローリン展開を用いて，自然対数の底 e の近似値を求めよ．

解.　例 4 (1) の解で $x = 1$ とすると，

$$e = 1 + \frac{1}{1!} + \frac{1}{2!} + \frac{1}{3!} + \cdots + \frac{1}{(n-1)!} + R_n(1), \quad R_n(1) = \frac{e^\theta}{n!}$$

を満たす $\theta \in (0,1)$ が存在する．よって，$R_7(1)$ を無視すれば

$$e \fallingdotseq 1 + 1 + \frac{1}{2} + \frac{1}{6} + \frac{1}{24} + \frac{1}{120} + \frac{1}{720} = 2.71805556\cdots.$$

ゆえに，$e \fallingdotseq 2.718$ である．　□

この例より e が無理数であることがわかる．実際，1.1 節の例 11 より $2 < e < 3$ なので，$0 < \theta < 1$ より $\dfrac{1}{n!} < R_n(1) < \dfrac{3}{n!}$ となる．e は有理数と仮定すると，$e = \dfrac{p}{q}$ (既約分数) となる自然数 p, q が存在する．ゆえに，$q < n-1$ を満たす 3

2.3 微分の応用 45

以上の自然数 n をとると, $(n-1)!\,e$ は自然数となるが, $\dfrac{1}{n} < (n-1)!\,R_n(1) < \dfrac{3}{n}$ より, $(n-1)!\,R_n(1)$ は自然数でない. よって

$$(n-1)!\,e = (n-1)!\left\{1 + \frac{1}{1!} + \frac{1}{2!} + \frac{1}{3!} + \cdots + \frac{1}{(n-1)!}\right\} + (n-1)!\,R_n(1)$$

より, $(n-1)!\,e$ も自然数でない. これは矛盾である. ゆえに, 背理法から e は無理数である.

問 3. ラグランジュの剰余を評価することで, $\cos x$ のマクローリン展開を求めよ.

2.3 微分の応用

この節では, 平均値の定理を一般化したコーシーの平均値の定理を与え, 不定形の極限を求めるときに大変有効なロピタルの定理について解説する. また, 平均値の定理を応用して関数の極値を求める.

2.3.1 不定形の極限値

ロピタルの定理の証明に必要なコーシーの平均値の定理を紹介する.

●**定理 14.** (コーシー (Cauchy) の平均値の定理)　関数 $f(x)$, $g(x)$ が閉区間 $[a,b]$ で連続, 開区間 (a,b) で微分可能で, $g'(x) \neq 0$ ならば

$$\frac{f(b) - f(a)}{g(b) - g(a)} = \frac{f'(c)}{g'(c)}$$

を満たす $c \in (a,b)$ が存在する.

　証明.　$G(x) = g(x) - g(a)$ とおくと $G(a) = 0$ である. $G(b) = 0$ と仮定すると, $G(a) = G(b) = 0$ なので, ロルの定理より $G'(c) = 0$ を満たす $c \in (a,b)$ が存在する. このとき, $G'(x) = g'(x)$ より $g'(c) = 0$ となり, $g'(x) \neq 0$ に矛盾する. よって背理法より $G(b) \neq 0$, すなわち $g(b) - g(a) \neq 0$ である.

　次に, $k = \dfrac{f(b) - f(a)}{g(b) - g(a)}$ とおく. $F(x) = f(x) - f(a) - k\{g(x) - g(a)\}$ とすると, $F(x)$ は閉区間 $[a,b]$ で連続, 開区間 (a,b) で微分可能である. $F(a) = F(b) = 0$ なので, ロルの定理より $F'(c) = 0$ となる $c \in (a,b)$ が存在する. $F'(x) = f'(x) - kg'(x)$ より, $f'(c) - kg'(c) = 0$ を得る. □

　コーシーの平均値の定理において $g(x) = x$ とすると平均値の定理となる.

46   2. 微　分

さて，例えば，

$$\lim_{x \to 0} \frac{e^{2x} - 1}{x}, \quad \lim_{x \to \infty} \frac{x}{e^x}, \quad \lim_{x \to 0} \left(\frac{1}{x} - \frac{1}{\sin x} \right)$$

などは，形式的な計算では $\frac{0}{0}$, $\frac{\infty}{\infty}$, $\infty - \infty$ となり，極限値を求められない．このような極限を**不定形**という．次のロピタルの定理は不定形の極限値を求める際に大変有効であり，不定形である限り，繰り返しロピタルの定理が適用できる．

●**定理 15.** （ロピタル (l'Hospital) の定理）　関数 $f(x)$, $g(x)$ は a の近くで定義され，a を除いて微分可能で，$g'(x) \neq 0$ とする．ただし，a では定義されていなくてもよい．このとき，$\lim_{x \to a} f(x) = 0$, $\lim_{x \to a} g(x) = 0$ で，$\lim_{x \to a} \frac{f'(x)}{g'(x)}$ が存在するならば，$\lim_{x \to a} \frac{f(x)}{g(x)}$ も存在して，

$$\lim_{x \to a} \frac{f(x)}{g(x)} = \lim_{x \to a} \frac{f'(x)}{g'(x)}$$

が成り立つ．

　証明． $f(a) = g(a) = 0$ と定義すると，$f(x)$, $g(x)$ はともに連続となる．そこで，$x \neq a$ として区間 $[a, x]$ または $[x, a]$ においてコーシーの平均値の定理を用いると，

$$\frac{f(x)}{g(x)} = \frac{f(x) - f(a)}{g(x) - g(a)} = \frac{f'(c)}{g'(c)}$$

を満たす c が a と x の間に存在する．$x \to a$ のとき $c \to a$ なので，

$$\lim_{x \to a} \frac{f(x)}{g(x)} = \lim_{c \to a} \frac{f'(c)}{g'(c)} = \lim_{x \to a} \frac{f'(x)}{g'(x)}$$

となる．　□

　ロピタルの定理は，$\lim_{x \to a} f(x) = \lim_{x \to a} g(x) = \pm\infty$ のときも，さらに $a = \pm\infty$ のときでも成り立つ．また，$\lim_{x \to a+0} \frac{f(x)}{g(x)}$ などの片側極限を求める際にも，ロピタルの定理を用いてよい．

　例 1.　次の極限値をロピタルの定理を用いて求めよ．

(1)　$\displaystyle \lim_{x \to 0} \frac{e^{2x} - 1}{x}$　　　　(2)　$\displaystyle \lim_{x \to \frac{\pi}{2}} \frac{\cos x}{\cos 3x}$　　　　(3)　$\displaystyle \lim_{x \to \infty} \frac{x}{e^x}$

(4)　$\displaystyle \lim_{x \to +0} x \log x$　　　　(5)　$\displaystyle \lim_{x \to 0} \left(\frac{1}{x} - \frac{1}{\sin x} \right)$

2.3 微分の応用 47

解. (1) $\displaystyle\lim_{x\to 0}\frac{e^{2x}-1}{x}=\lim_{x\to 0}\frac{2e^{2x}}{1}=2$

(2) $\displaystyle\lim_{x\to\frac{\pi}{2}}\frac{\cos x}{\cos 3x}=\lim_{x\to\frac{\pi}{2}}\frac{-\sin x}{-3\sin 3x}=-\frac{1}{3}$

(3) $\displaystyle\lim_{x\to\infty}\frac{x}{e^x}=\lim_{x\to\infty}\frac{1}{e^x}=0$

(4) $\displaystyle\lim_{x\to+0}x\log x=\lim_{x\to+0}\frac{\log x}{\frac{1}{x}}=\lim_{x\to+0}\frac{\frac{1}{x}}{-\frac{1}{x^2}}=-\lim_{x\to+0}x=0$

(5) $\displaystyle\lim_{x\to 0}\left(\frac{1}{x}-\frac{1}{\sin x}\right)=\lim_{x\to 0}\frac{\sin x-x}{x\sin x}=\lim_{x\to 0}\frac{\cos x-1}{\sin x+x\cos x}$

$$=-\lim_{x\to 0}\frac{\sin x}{2\cos x-x\sin x}=0\quad\square$$

問 1. 次の極限値を求めよ. ただし, $a>0$, $b>0$ は定数とする.

(1) $\displaystyle\lim_{x\to 0}\frac{2^x-1}{5^x-1}$ 　　　　(2) $\displaystyle\lim_{x\to 0}\frac{1-\cos x}{x}$

(3) $\displaystyle\lim_{x\to 0}\frac{x-\sin^{-1}x}{x^3}$ 　　　　(4) $\displaystyle\lim_{x\to+0}x^x$

(5) $\displaystyle\lim_{x\to\infty}x\left(\frac{\pi}{2}-\tan^{-1}x\right)$ 　　(6) $\displaystyle\lim_{x\to 0}\left(\frac{a^x+b^x}{2}\right)^{\frac{1}{x}}$

2.3.2　関数の極値

具体的な関数の極値や凹凸を調べる際に役に立つ定理を紹介する.

●**定理 16.** 　関数 $f(x)$ は閉区間 $[a,b]$ で連続, 開区間 (a,b) で微分可能とする. このとき次が成り立つ.

(1) (a,b) で $f'(x)=0$ ならば, $[a,b]$ で $f(x)$ は定数関数である.

(2) (a,b) で $f'(x)>0$ ならば, $[a,b]$ で $f(x)$ は狭義単調増加である.

(3) (a,b) で $f'(x)<0$ ならば, $[a,b]$ で $f(x)$ は狭義単調減少である.

証明. 　$a\leqq x_1<x_2\leqq b$ を満たす x_1,x_2 を任意にとり, $[x_1,x_2]$ において平均値の定理を適用すると, $f(x_2)-f(x_1)=(x_2-x_1)f'(c)$ を満たす $c\in(x_1,x_2)$ が存在する.

(1) (a,b) で $f'(x)=0$ ならば $f'(c)=0$ となる. よって, $f(x_1)=f(x_2)$ となり, $f(x)$ は定数関数である.

(2) (a,b) で $f'(x)>0$ ならば $f'(c)>0$ である. $x_1<x_2$ より $f(x_1)<f(x_2)$ となり, $f(x)$ は狭義単調増加である.

48   2. 微　　分

(3)　(a, b) で $f'(x) < 0$ ならば $f'(c) < 0$ である．$x_1 < x_2$ より $f(x_1) > f(x_2)$
となり，$f(x)$ は狭義単調減少である．　□

　関数 $f(x)$ に対して，a を含む開区間 I が存在して，$x \neq a$ を満たす任意の
$x \in I$ に対して $f(a) < f(x)$ のとき，$f(x)$ は a で**極小**になるといい，$f(a)$ を**極
小値**という．同様に，$f(a) > f(x)$ のとき $f(x)$ は a で**極大**になるといい，$f(a)$
を**極大値**という．極小値，極大値を総称して**極値**という．

●**定理 17**．　関数 $f(x)$ が a を含む開区間で定義され，a で微分可能とする．こ
のとき，$f(a)$ が極値ならば $f'(a) = 0$ である．

　証明．　$f(a)$ が極小値のとき，a を含む開区間 I が存在して，$f(x) - f(a) >$
0 $(x \in I, x \neq a)$ である．$f(x)$ は a で微分可能なので，$f'(a) = f'_+(a) = f'_-(a)$.
よって

$$f'_+(a) = \lim_{x \to a+0} \frac{f(x) - f(a)}{x - a} \geqq 0, \quad f'_-(a) = \lim_{x \to a-0} \frac{f(x) - f(a)}{x - a} \leqq 0$$

より，$f'(a) = 0$ を得る．$f(a)$ が極大値のときも同様である．　□

●**定理 18**．　関数 $f(x)$ は a を含む開区間で C^2 級で，$f'(a) = 0$ とする．

(1)　$f''(a) > 0$ ならば $f(a)$ は極小値である．

(2)　$f''(a) < 0$ ならば $f(a)$ は極大値である．

　証明．　(1)　$f''(x)$ は連続なので，$f''(a) > 0$ より，十分小さな $h > 0$ に対し
て開区間 $(a-h, a+h)$ で $f''(x) > 0$ となる．よって，定理 16 (2) より $f'(x)$ は
$[a-h, a+h]$ で狭義単調増加であり，$f'(a) = 0$ より，$(a-h, a)$ で $f'(x) < 0$,
$(a, a+h)$ で $f'(x) > 0$ となる．ゆえに，定理 16 (3) より $[a-h, a]$ で $f(x)$ は狭
義単調減少，定理 16 (2) より $[a, a+h]$ で $f(x)$ は狭義単調増加となる．よって，
$f(a)$ は極小値である．

　(2) も同様に示せる．　□

　関数 $f(x)$ は C^2 級とする．曲線 $y = f(x)$ は，$f''(x) > 0$ となる区間で**下に
凸**といい，$f''(x) < 0$ となる区間で**上に凸**という．曲線 $y = f(x)$ が $x = a$ の前
後で下に凸から上に凸，または上に凸から下に凸に変わる点 $(a, f(a))$ を**変曲
点**という．$(a, f(a))$ が変曲点ならば $f''(a) = 0$ である．

　例 2．　次の関数の極値を求めよ．また，曲線 $y = f(x)$ の凹凸を調べ，変曲
点を求めよ．さらにグラフの概形を描け．

2.3 微分の応用 49

(1) $f(x) = xe^x$　　(2) $f(x) = \dfrac{x^2}{x+1}$　　(3) $f(x) = x\log x$

解. (1) $f'(x) = (x+1)e^x$, $f''(x) = (x+2)e^x$. $f'(x) = 0$ より $x = -1$.
$f''(-1) > 0$ なので $x = -1$ で極小値 $-\dfrac{1}{e}$ をとる. また, 変曲点は $\left(-2, -\dfrac{2}{e^2}\right)$
で, $x > -2$ の範囲で $f''(x) > 0$ なので $f(x)$ は下に凸, $x < -2$ の範囲で
$f''(x) < 0$ なので $f(x)$ は上に凸である. $\displaystyle\lim_{x \to -\infty} f(x) = 0$ より漸近線 $y = 0$ を
もつ.

x	$-\infty$	$\cdots$	-1	$\cdots$	∞
$f'(x)$		$-$	0	$+$	
$f(x)$	0	$\searrow$	極小 $-\dfrac{1}{e}$	$\nearrow$	∞

(2) 定義域は $x \neq -1$ である. $f'(x) = \dfrac{x(x+2)}{(x+1)^2}$, $f''(x) = \dfrac{2}{(x+1)^3}$.
$f'(x) = 0$ より $x = -2, 0$ を得る. $f''(-2) < 0$ より $x = -2$ で極大値 -4,
$f''(0) > 0$ より $x = 0$ で極小値 0 をとる. また, $f''(x) = 0$ とならないので変
曲点はないが, $x < -1$ の範囲で $f''(x) < 0$ なので $f(x)$ は上に凸, $x > -1$ の
範囲で $f''(x) > 0$ なので $f(x)$ は下に凸である. なお, $f(x) = x - 1 + \dfrac{1}{x+1}$ よ
り, 漸近線 $x = -1$, $y = x - 1$ をもつ.

x	$-\infty$	$\cdots$	-2	$\cdots$	-1	$\cdots$	0	$\cdots$	∞
$f'(x)$		$+$	0	$-$		$-$	0	$+$	
$f(x)$	$-\infty$	$\nearrow$	極大 -4	$\searrow$	∞ / $-\infty$	$\searrow$	極小 0	$\nearrow$	∞

(3) 真数条件より定義域は $x > 0$ である. $f'(x) = \log x + 1$, $f''(x) = \dfrac{1}{x}$.
$f'(x) = 0$ より $x = \dfrac{1}{e}$ を得る. $f''\left(\dfrac{1}{e}\right) > 0$ なので $x = \dfrac{1}{e}$ で極小値 $-\dfrac{1}{e}$ をと
る. また, 変曲点はなく, $x > 0$ の範囲で $f''(x) > 0$ なので $f(x)$ は下に凸であ
る. なお, $\displaystyle\lim_{x \to +0} f(x) = 0$ (例 1 (4)), $\displaystyle\lim_{x \to +0} f'(x) = -\infty$ なので, 原点で y 軸に
接するようにグラフの概形を描く. □

x	(0)	$\cdots$	$\dfrac{1}{e}$	$\cdots$	∞
$f'(x)$		$-$	0	$+$	
$f(x)$	(0)	$\searrow$	極小 $-\dfrac{1}{e}$	$\nearrow$	∞

定義域が $x > 0$ であるため x および $f(x)$ の値に括弧をつけた.

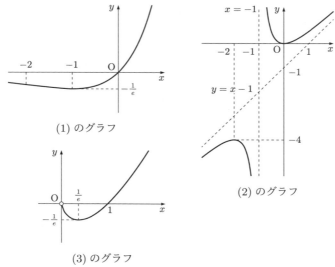

(1) のグラフ

(2) のグラフ

(3) のグラフ

図 2.3　例 2 のグラフ

問 2. 次の問いに答えよ．
(1) $f(x) = \dfrac{x^2 - x + 1}{x^2 + x + 1}$ の極値を求めよ．
(2) $g(x) = 2x - \sin^{-1} x$ の最大値と最小値を求めよ．

問 3. 次の問いに答えよ．
(1) 半径 r の球に内接する直円柱の体積の最大値を求めよ．
(2) 第 1 象限内の定点 $A(a, b)$ を通る直線を考える．この直線の第 1 象限にある部分の長さの最小値を求めよ．

問 4. $x > 0$ のとき，$1 - x < e^{-x} < 1 - x + \dfrac{x^2}{2}$ を示せ．

2.3.3　速度と加速度

x 軸上を運動する点 P の座標 x は時刻 t の関数 $x(t)$ で表せる．このとき $\dfrac{dx}{dt}$ を**速度**といい，v や $\dot{x}$ で表し，$|v|$ を**速さ**という．また，$\dfrac{d^2x}{dt^2}$ を**加速度**といい，α や $\ddot{x}$，$\dot{v}$ で表す．$|\alpha|$ を**加速度の大きさ**という．

xy 平面内を運動する点 $P(x, y)$ も $x = x(t)$，$y = y(t)$ のように時刻 t の関数で表せる．**速度** $\vec{v} = (v_x, v_y)$ の成分は $v_x = \dot{x}$，$v_y = \dot{y}$ であり，**速さ**は $|\vec{v}| = \sqrt{v_x^2 + v_y^2}$ となる．また，**加速度** $\vec{\alpha} = (\alpha_x, \alpha_y)$ の成分は $\alpha_x = \ddot{x} = \dot{v}_x$，

演習問題 2   51

$\alpha_y = \ddot{y} = \dot{v}_y$ であり，**加速度の大きさは** $|\vec{\alpha}| = \sqrt{\alpha_x^2 + \alpha_y^2}$ となる．xyz 空間内を運動する点についても同様である．

例 3. x 軸上を運動する点 P の座標 x が時刻 t の関数として $x(t) = 4\sin 2t + 3\cos 2t$ で表せるとき，速さ $|v|$ と加速度 α を x で表せ．

解. 三角関数の合成より

$$x = 5\left(\frac{4}{5}\sin 2t + \frac{3}{5}\cos 2t\right) = 5\sin(2t + \beta), \quad \tan\beta = \frac{3}{4}.$$

よって，$v = \dot{x} = 10\cos(2t + \beta)$ となり，

$$\left(\frac{x}{5}\right)^2 + \left(\frac{v}{10}\right)^2 = \sin^2(2t + \beta) + \cos^2(2t + \beta) = 1$$

を得る．よって，速さは $|v| = 2\sqrt{25 - x^2}$ となる．また，加速度は $\alpha = \dot{v} = -20\sin(2t + \beta) = -4x$ となる．   □

問 5. 楕円 $\dfrac{x^2}{a^2} + \dfrac{y^2}{b^2} = 1$ 上を運動する点 P(x, y) に対して，次の問いに答えよ．ただし，$a > 0$，$b > 0$ は定数とする．

(1) 点 P の速度 $\vec{v}$ を x, y で表し，$\dfrac{\dot{x}^2}{a^2} + \dfrac{\dot{y}^2}{b^2} = 1$ を満たすことを示せ．

(2) 点 P の加速度 $\vec{\alpha}$ を x, y で表し，$\ddot{x}^2 + \ddot{y}^2 = x^2 + y^2$ を満たすことを示せ．

──────────────── 演 習 問 題 2 ────────────────

1. 関数 $f(x) = \begin{cases} x^2 \sin\dfrac{1}{x} & (x \neq 0) \\ 0 & (x = 0) \end{cases}$ に対して次の問いに答えよ．

(1) $f(x)$ の $x = 0$ における微分係数 $f'(0)$ を求めよ．

(2) $x \neq 0$ とき，$f(x)$ の導関数を求めよ．

(3) $f'(x)$ は $x = 0$ で連続でないことを示せ．

2. 偶関数 $f(x)$ が $x = 0$ で微分可能のとき，$f'(0)$ を求めよ．

3. 関数 $f(x)$ が $x = a$ で微分可能のとき，次の式を示せ．

$$\lim_{h \to 0} \frac{f(a+h) - f(a-h)}{h} = 2f'(a)$$

4. 次の関数を微分せよ．

(1) $\sqrt{\dfrac{1 - \sqrt{x}}{1 + \sqrt{x}}}$ (2) $\sqrt[3]{\dfrac{x-1}{x+1}}$ (3) $\dfrac{\sqrt{1-x^2} - \sqrt{1+x^2}}{\sqrt{1-x^2} + \sqrt{1+x^2}}$

(4) $\sqrt{\dfrac{1-\cos x}{1+\cos x}}$ (5) $\tan^{-1}\sqrt{\dfrac{1+x}{1-x}}$ (6) $\tan^{-1}x+\tan^{-1}\dfrac{1}{x}$

(7) $\dfrac{\tan x+\cot x}{\tan x-\cot x}$ (8) x^{x^x} $(x>0)$ (9) $(\sin x)^{\sin^{-1}x}$

5. 次の曲線の指定された点または t に対応する点における接線と法線の方程式を求めよ．ただし，$a>0$ は定数とする．

(1) $y=\sin^{-1}x$, 点 $\left(\dfrac{1}{2},\dfrac{\pi}{6}\right)$

(2) $x=\dfrac{a(1-t^2)}{1+t^2}$, $y=\dfrac{2at}{1+t^2}$, $t=\dfrac{1}{3}$

(3) $x=\dfrac{3at}{1+t^3}$, $y=\dfrac{3at^2}{1+t^3}$, $t=1$

6. 次の関数の n 次導関数を求めよ．

(1) $y=\dfrac{x^3}{x+1}$ (2) $y=\sin^3 x$ (3) $y=x^3\cos x$

7. 次の関数の 4 次までのマクローリン展開を求めよ．また，剰余項 $R_5(x)$ を求めよ．

(1) $f(x)=\sin^2 x$ (2) $f(x)=\cosh x$ (3) $f(x)=\sqrt{1+x}$

8. 関数 $f(x)=\tan^{-1}x$ に対して，次の問いに答えよ．

(1) ライプニッツの定理を用いて次の式を示せ．

$$(1+x^2)f^{(n+1)}(x)+2nxf^{(n)}(x)+n(n-1)f^{(n-1)}(x)=0$$

(2) $f^{(n)}(0)$ を求めよ．

(3) $f(x)$ の 5 次までのマクローリン展開を求めよ．ただし，剰余項は $R_6(x)$ とせよ．

9. $y=f(x)$ に対して $S\begin{pmatrix}y\\x\end{pmatrix}=\dfrac{2y'y'''-3(y'')^2}{2(y')^2}$ とおく．$g(x)=\dfrac{ax+b}{cx+d}$ $(ad-bc\neq 0)$ のとき，次の問いに答えよ．

(1) $y=g(x)$ ならば $S\begin{pmatrix}y\\x\end{pmatrix}=0$ を示せ．

(2) $z=g(y)$ ならば $S\begin{pmatrix}z\\x\end{pmatrix}=S\begin{pmatrix}y\\x\end{pmatrix}$ を示せ．

10. 自然数 n に対して $P_n(x)=\dfrac{1}{2^n n!}\dfrac{d^n}{dx^n}(x^2-1)^n$ とおき，**ルジャンドル** (Legendre) **の多項式**という．このとき次の問いに答えよ．

(1) $P_1(x)$, $P_2(x)$, $P_3(x)$ を求めよ．

(2) $(x^2-1)P_n''(x)+2xP_n'(x)-n(n+1)P_n(x)=0$ を示せ．

演習問題 2   53

11. 次の極限値を求めよ．ただし，定数 a, b は $0 < a < b$ である．

(1) $\displaystyle \lim_{x \to -\infty} x \sin \frac{1}{x}$

(2) $\displaystyle \lim_{x \to \frac{\pi}{2}} (\tan x - \sec x)$

(3) $\displaystyle \lim_{x \to 0} \frac{e^x + \log \dfrac{1-x}{e}}{\tan x - x}$

(4) $\displaystyle \lim_{x \to 0} \frac{(1+x)^{\frac{1}{x}} - e}{x}$

(5) $\displaystyle \lim_{x \to 1} \frac{1}{1-x} \left(\frac{1-x^b}{1-x^a} - \frac{b}{a} \right)$

(6) $\displaystyle \lim_{x \to \infty} \left(\frac{\pi}{2} - \tan^{-1} x \right)^{\frac{1}{x}}$

12. 次の関数の極値を求めよ．また，グラフの概形を描け．

(1) $f(x) = \dfrac{x^3}{x^2 - 1}$

(2) $f(x) = xe^{-2x}$

(3) $f(x) = x\sqrt{3x - x^2}$

(4) $f(x) = x^x \quad (x > 0)$

13. 半径 r の球に内接する直円錐のうち，体積が最大となる直円錐の高さを求めよ．

14. 楕円 $\dfrac{x^2}{a^2} + \dfrac{y^2}{b^2} = 1$ の接線が x 軸，y 軸と交わる点をそれぞれ A，B とするとき，線分 AB の長さの最小値を求めよ．ただし，a, b は定数で $0 < b < a$ とする．

15. 次の不等式を示せ．

(1) $0 < x < \dfrac{\pi}{2}$ のとき $\sin x + \tan x > 2x$.

(2) $0 < x \leqq 1$ のとき $\dfrac{1}{4}(\pi - x) > \tan^{-1} \sqrt{1-x}$.

16. 点 O を通る 2 直線のなす角を θ $(0 < \theta < \pi)$ とし，この 2 直線に沿って A 君は速度 v で O に近づき，B 君は速度 w で O から遠ざかるとする．A 君と B 君の距離が最小になるとき，点 O から A 君までの距離を OA，点 O から B 君までの距離を OB とする．このとき次を示せ．

$$\frac{\mathrm{OA}}{\mathrm{OB}} = \frac{w + v \cos \theta}{v + w \cos \theta}$$

17. 点 O を座標の原点とする xy 平面において，x 軸上の定点を A $(a, 0)$ $(a > 0)$ とする．y 軸上を速さ v で等速運動する点 P $(0, vt)$ に対して，$\angle \mathrm{OAP}$ を $\theta(t)$ とする．このとき，$\dfrac{d\theta}{dt}$ は線分 AP の長さの 2 乗に反比例することを示せ．

3
積　　分

　微積分はニュートンとライプニッツという 2 人の天才によりこの世にもたら
された．彼らは，曲線の接線を求める問題と図形の面積を求める問題とが互い
に逆問題の関係にあるとの発想から，今日では微分積分学の基本定理と称され
る基本原理「微分と積分は互いに逆演算である」ことを発見した．今日用いら
れている微分記号や積分記号はライプニッツの創作とされる．

　この章で学ぶ積分は，図形の面積や体積を求めるときや，微分方程式の解を
求めるとき，さらにはラプラス変換，フーリエ変換などの積分変換を用いて自
然現象や工学現象を解明するときに，その力を発揮する．

3.1　不 定 積 分

　この節では，微分の逆演算である不定積分を学ぶ．不定積分は，定積分の計
算や微分方程式の解法に役に立つ．

3.1.1　不定積分の定義

　与えられた関数 $f(x)$ に対して，

$$F'(x) = f(x)$$

となる関数 $F(x)$ を $f(x)$ の**原始関数**という．原始関数がつねに存在するか否か
は自明ではない．しかし，3.2 節で学ぶ定理 8 (微分積分学の基本定理) より，

少なくとも連続関数はつねに原始関数をもつ. そこで, 以下では原始関数の存在を仮定して議論を進める.

●**定理 1.** $F(x)$ が $f(x)$ の一つの原始関数ならば, $f(x)$ のすべての原始関数は $F(x) + C$ で表される. ただし, C は任意の定数とする.

証明. $F(x)$, $G(x)$ を $f(x)$ の原始関数とすると,

$$\{G(x) - F(x)\}' = G'(x) - F'(x) = f(x) - f(x) = 0.$$

よって, 平均値の定理より $G(x) - F(x)$ は定数.

逆に, $F(x) + C$ が $f(x)$ の原始関数であることは明らか. □

関数 $f(x)$ の原始関数を $\displaystyle\int f(x)\,dx$ で表し, これを $f(x)$ の**不定積分**という. 定理 1 より, $F(x)$ が $f(x)$ の一つの原始関数ならば,

$$\int f(x)\,dx = F(x) + C \quad (C \text{ は任意定数})$$

となる. このとき, $f(x)$ を**被積分関数**, x を**積分変数**, C を**積分定数**といい, $f(x)$ の不定積分を求めることを, $f(x)$ を**積分する**という. 不定積分を求める問題では, 今後, 積分定数 C は省略する. また, 記号を簡単にするため, $\displaystyle\int 1\,dx$ を $\displaystyle\int dx$, $\displaystyle\int \frac{1}{f(x)}\,dx$ を $\displaystyle\int \frac{dx}{f(x)}$ とかく.

3.1.2 不定積分の基本公式

不定積分の定義より, 関係式 $\displaystyle\int f(x)\,dx = F(x)$ が成り立つことを確かめるには, $F'(x) = f(x)$ を示せばよい. それゆえ, 第 2 章で得られた微分公式から次の基本公式が直ちに得られる.

●**公式 1.** (**基本公式**) p, a, A は定数とする. このとき次が成り立つ.

(1) $\displaystyle\int x^p\,dx = \frac{x^{p+1}}{p+1} \quad (p \neq -1)$ (2) $\displaystyle\int \frac{dx}{x} = \log|x|$

(3) $\displaystyle\int e^x\,dx = e^x$ (4) $\displaystyle\int a^x\,dx = \frac{a^x}{\log a} \quad (a > 0, a \neq 1)$

(5) $\displaystyle\int \cos x\,dx = \sin x$ (6) $\displaystyle\int \sin x\,dx = -\cos x$

(7) $\displaystyle\int \frac{dx}{\cos^2 x} = \tan x$ (8) $\displaystyle\int \frac{dx}{\sin^2 x} = -\frac{1}{\tan x}$

3.1 不定積分   57

(9) $\displaystyle\int \frac{dx}{\sqrt{a^2 - x^2}} = \sin^{-1}\frac{x}{a}$ $(a > 0)$

(10) $\displaystyle\int \frac{dx}{x^2 + a^2} = \frac{1}{a}\tan^{-1}\frac{x}{a}$ $(a > 0)$

(11) $\displaystyle\int \frac{dx}{\sqrt{x^2 + A}} = \log\left|x + \sqrt{x^2 + A}\right|$ $(A \neq 0)$

これらの公式は形が単純なので，積分の計算力向上のためにも，記憶しておくことが望ましい．また，次の積分公式も覚えておくと便利である．

●**公式 2.** $F(x)$ は $f(x)$ の原始関数，a, b, p は定数とする．

(1) $\displaystyle\int f(ax + b)\,dx = \frac{1}{a}F(ax + b)$ $(a \neq 0)$

(2) $\displaystyle\int \frac{f'(x)}{f(x)}\,dx = \log|f(x)|$

(3) $\displaystyle\int f(x)^p f'(x)\,dx = \frac{1}{p + 1}f(x)^{p+1}$ $(p \neq -1)$

証明. 上式の右辺を合成関数の微分公式を用いて微分すれば，左辺の被積分関数と一致する．よって，不定積分の定義より成り立つ． □

例 1. 次の積分は公式 1 と公式 2 を用いて計算できる．

(1) $\displaystyle\int \frac{dx}{\sin^2(3x + 2)} = \frac{1}{3}\left(-\frac{1}{\tan(3x + 2)}\right) = -\frac{1}{3\tan(3x + 2)}$

(2) $\displaystyle\int \frac{x}{x^2 + 1}\,dx = \frac{1}{2}\int \frac{(x^2 + 1)'}{x^2 + 1}\,dx = \frac{1}{2}\log(x^2 + 1)$

(3) $\displaystyle\int x\sqrt{x^2 - 1}\,dx = \frac{1}{2}\int (x^2 - 1)^{\frac{1}{2}}(x^2 - 1)'\,dx = \frac{1}{3}(x^2 - 1)^{\frac{3}{2}}$ □

問 1. 次の関数を積分せよ．

(1) $\dfrac{1}{\cos^2(3x + 1)}$ (2) $\dfrac{1}{\sqrt{4 - (2x + 1)^2}}$ (3) $\dfrac{1}{x^2 + 4x + 6}$

(4) $\tan x$ (5) $\dfrac{1 + \cos x}{x + \sin x}$ (6) $x^2(x^3 + 1)^{\frac{5}{2}}$

(7) $\dfrac{x + 1}{\sqrt{x^2 + 2x + 3}}$ (8) $\dfrac{(\log x)^7}{x}$ (9) $\dfrac{x}{\sqrt{1 - x^2}}$

58   3. 積　分

3.1.3　不定積分の性質

ここで紹介する積分の線形性，部分積分法，置換積分法と，公式 1，公式 2 を組み合わせれば，多くの関数の不定積分が計算できる．

●**定理 2. (線形性)**　次が成り立つ．この性質を積分の線形性という．

(1)　$\displaystyle \int \{f(x) \pm g(x)\}\, dx = \int f(x)\, dx \pm \int g(x)\, dx$

(2)　$\displaystyle \int k f(x)\, dx = k \int f(x)\, dx$　　（k は定数）

証明．　(1)　右辺を微分すると $f(x) \pm g(x)$ となる．よって，不定積分の定義より (1) が成り立つ．(2) も同様に示せる．　□

例 2.　次の積分は線形性を用いて計算できる．

(1)　$\displaystyle \int (4x^3 - 3x^2 + 2)\, dx = 4 \int x^3\, dx - 3 \int x^2\, dx + 2 \int dx = x^4 - x^3 + 2x$

(2)　$\displaystyle \int \left(\sin \frac{x}{2} + \cos \frac{x}{2} \right)^2 dx = \int \left(1 + 2 \sin \frac{x}{2} \cos \frac{x}{2} \right) dx$

$$= \int (1 + \sin x)\, dx = x - \cos x \quad □$$

問 2.　次の関数を積分せよ．

(1)　$(x-3)(2x-1)$　　(2)　$\left(x + \dfrac{1}{x} \right)^2$　　(3)　$\dfrac{(x-1)(\sqrt{x}-2)}{x^2}$

(4)　$\left(e^x + e^{-x} \right)^2$　　(5)　$2^{x+1} + 3^{x+1}$　　(6)　$\dfrac{1}{\cos^2 x \sin^2 x}$

(7)　$\cos^2 \dfrac{x}{2}$　　(8)　$\sin^3 x$　　(9)　$\sin x \cos 2x$

(10)　$\dfrac{1}{\tan^2 x}$　　(11)　$\dfrac{x + \sqrt{x^2-1}}{x - \sqrt{x^2-1}}$　　(12)　$\dfrac{\sqrt{1+x^2} + \sqrt{1-x^2}}{\sqrt{1-x^4}}$

●**定理 3. (置換積分法)**　関数 $f(x)$ は連続で，$\varphi(t)$ は微分可能な関数とする．$x = \varphi(t)$ とおくと，

$$\int f(x)\, dx = \int f(\varphi(t)) \varphi'(t)\, dt$$

が成り立つ．

証明．　$F(x)$ を $f(x)$ の原始関数とする．$x = \varphi(t)$ を $F(x)$ に代入した式を t で微分すると，合成関数の微分公式より，

3.1 不定積分 59

$$\frac{d}{dt}F(\varphi(t)) = \frac{dF}{dx}\frac{dx}{dt} = f(\varphi(t))\varphi'(t).$$

よって，不定積分の定義より，

$$\int f(\varphi(t))\varphi'(t)\,dt = F(\varphi(t)) = F(x) = \int f(x)\,dx$$

となり，置換積分法の公式が成り立つ． □

定理 3 より，$x = \varphi(t)$ とおいて置換積分するときは，$x = \varphi(t)$ と $dx = \varphi'(t)\,dt$ を $\int f(x)\,dx$ の x と dx に形式的に代入して計算してよい．

例 3. $I = \displaystyle\int \sqrt{a^2 - x^2}\,dx$ を求めよ．ただし，$a > 0$ は定数とする．

解. $x = a\sin t \left(-\dfrac{\pi}{2} \leqq t \leqq \dfrac{\pi}{2}\right)$ とおくと，$dx = a\cos t\,dt$．このとき，$\cos t \geqq 0$ なので，$\sqrt{a^2 - x^2} = a\sqrt{\cos^2 t} = a\cos t$．よって

$$I = a^2 \int \cos^2 t\,dt = \frac{a^2}{2} \int (\cos 2t + 1)\,dt = \frac{a^2}{2}(\sin t \cos t + t).$$

そこで，$\sin t = \dfrac{x}{a}$，$\cos t = \dfrac{\sqrt{a^2 - x^2}}{a}$，$t = \sin^{-1}\dfrac{x}{a}$ を代入して，

$$I = \frac{1}{2}\left(x\sqrt{a^2 - x^2} + a^2 \sin^{-1}\frac{x}{a}\right). \quad \square$$

置換積分法は，$\varphi^{-1}(x) = t$ とおく形で利用されることも多い．

例 4. $I = \displaystyle\int \frac{dx}{x^2 + 2x + 2}$ を求めよ．

解. $x^2 + 2x + 2 = (x+1)^2 + 1$ なので，$x + 1 = t$ とおくと $dx = dt$．よって

$$I = \int \frac{dx}{(x+1)^2 + 1} = \int \frac{dt}{t^2 + 1} = \tan^{-1} t = \tan^{-1}(x+1). \quad \square$$

問 3. かっこ内の置換を用いて，次の関数を積分せよ．

(1) $\dfrac{x^2}{(2x+1)^2}$ $\quad(2x + 1 = t)$ (2) $\dfrac{x}{\sqrt{x^4 - 2}}$ $\quad(x^2 = t)$

(3) $\dfrac{1}{x^2 + x + 1}$ $\quad\left(x + \dfrac{1}{2} = t\right)$ (4) $x^3\sqrt{1 + x^2}$ $\quad(\sqrt{1 + x^2} = t)$

(5) $\cos^3 x \sin^2 x$ $\quad(\sin x = t)$ (6) $(x+1)\sqrt{2x - 3}$ $\quad(\sqrt{2x - 3} = t)$

(7) $\dfrac{(\log x)^2}{x}$ $\quad(\log x = t)$ (8) $\dfrac{1}{(1 + x^2)^{\frac{3}{2}}}$ $\quad(x = \tan t)$

60　　　　　　　　　　　　　　　　　　　　　　　　　　　3. 積　　分

(9)　$\dfrac{1}{x^2\sqrt{x^2-1}}$　$\left(\dfrac{1}{x^2}=t\right)$　　　(10) $\dfrac{\sin^{-1}x}{\sqrt{1-x^2}}$　$(\sin^{-1}x=t)$

●定理 4.（部分積分法）　関数 $f(x)$, $g(x)$ が微分可能ならば,

$$\int f(x)g'(x)\,dx = f(x)g(x) - \int f'(x)g(x)\,dx$$

が成り立つ.

　　証明.　積の微分公式より,

$$\{f(x)g(x)\}' = f'(x)g(x) + f(x)g'(x).$$

よって, 不定積分の定義より,

$$f(x)g(x) = \int f'(x)g(x)\,dx + \int f(x)g'(x)\,dx.\quad \square$$

　　例 5.　次の積分は部分積分法を用いて計算できる.

(1)　$\displaystyle\int x\log|x|\,dx = \int \left(\dfrac{x^2}{2}\right)' \log|x|\,dx = \dfrac{x^2}{2}\log|x| - \int \dfrac{x^2}{2}(\log|x|)'\,dx$

$$= \dfrac{x^2}{2}\log|x| - \int \dfrac{x^2}{2}\cdot\dfrac{1}{x}\,dx = \dfrac{x^2}{2}\log|x| - \dfrac{x^2}{4}$$

(2)　$\displaystyle\int \dfrac{x}{\cos^2 x}\,dx = \int x\,(\tan x)'\,dx = x\tan x - \int \tan x\,dx$

$$= x\tan x + \int \dfrac{-\sin x}{\cos x}\,dx = x\tan x + \log|\cos x|\quad \square$$

部分積分法を用いて, 同じ積分形を引き出す計算法も役に立つ.

　　例 6.　$A\neq 0$, $a>0$ は定数とする. このとき次を示せ.

(1)　$\displaystyle\int \sqrt{x^2+A}\,dx = \dfrac{1}{2}\left(x\sqrt{x^2+A} + A\log\left|x+\sqrt{x^2+A}\right|\right)$

(2)　$\displaystyle\int \sqrt{a^2-x^2}\,dx = \dfrac{1}{2}\left(x\sqrt{a^2-x^2} + a^2\sin^{-1}\dfrac{x}{a}\right)$

　　解.　(1) の左辺を I とすると, 部分積分法より,

$$I = x\sqrt{x^2+A} - \int \dfrac{x^2}{\sqrt{x^2+A}}\,dx = x\sqrt{x^2+A} - \int \dfrac{x^2+A-A}{\sqrt{x^2+A}}\,dx$$

$$= x\sqrt{x^2+A} - I + A\int \dfrac{dx}{\sqrt{x^2+A}}$$

$$= x\sqrt{x^2+A} - I + A\log\left|x+\sqrt{x^2+A}\right|.$$

3.1 不定積分　　　　　　　　　　　　　　　　　　　　　　　61

上式を I について解けば，(1) を得る．(2) も同様．　□

　問 4.　次の関数を積分せよ．

(1)　$x^2 e^x$

(2)　$(x-2)\cos 3x$

(3)　$e^x \cos x$

(4)　$\dfrac{\log x}{x^2}$

(5)　$\log(x^2+1)$

(6)　$(\log x)^2$

(7)　$x\tan^{-1} x$

(8)　$\sin^{-1} x$

(9)　$\tan^{-1} x$

(10)　$\sqrt{x^2+2x+2}$

(11)　$\sqrt{1-4x-x^2}$

(12)　$\dfrac{x^2}{\sqrt{x^2+2}}$

　問 5.　$I = \displaystyle\int e^{ax}\sin bx\,dx,\ \ J = \int e^{ax}\cos bx\,dx$ のとき，関係式

$$I = \frac{1}{b}\left(-e^{ax}\cos bx + aJ\right), \quad J = \frac{1}{b}\left(e^{ax}\sin bx - aI\right)$$

を示せ．ただし，a, b は 0 でない定数とする．また，I, J を求めよ．

　問 6.　$I_n = \displaystyle\int \frac{dx}{(x^2+A)^n}$ ($A \neq 0$, n は自然数) は，漸化式

$$I_n = \frac{1}{2(n-1)A}\left\{\frac{x}{(x^2+A)^{n-1}} + (2n-3)I_{n-1}\right\} \quad (n \geqq 2)$$

を満たすことを示せ．また，この漸化式を用いて $\displaystyle\int \frac{dx}{(x^2+1)^2}$ を求めよ．

3.1.4　標準的な計算手法

　不定積分の計算は，具体的な関数の積分公式と置換積分法や部分積分法などを組み合わせて行う．以下では，積分計算を効率よく行うための標準的な技法をいくつか紹介する．

I.　有理関数の積分

　整式 $P(x)$, $Q(x)$ の分数式 $\dfrac{P(x)}{Q(x)}$ で表される関数を**有理関数**という．有理関数は，$P(x)$ を $Q(x)$ で割った商 ($P(x)$ の次数が $Q(x)$ の次数より低い場合は，この商は 0 である) と，次の 2 つの形の分数式

$$\frac{A}{(x-a)^k} \quad (k\ は自然数), \qquad \frac{Bx+C}{(x^2+bx+c)^l} \quad (l\ は自然数,\ b^2-4c<0)$$

の有限個の和に分解できる．この分解を**部分分数分解**という．例えば，分子の次数が分母の次数より低い分数式

$$\frac{P(x)}{(x-a)^m(x^2+bx+c)^n}$$

を部分分数に分解するには，これを

$$\frac{A_1}{x-a} + \frac{A_2}{(x-a)^2} + \cdots + \frac{A_m}{(x-a)^m}$$
$$+ \frac{B_1 x + C_1}{x^2 + bx + c} + \frac{B_2 x + C_2}{(x^2 + bx + c)^2} + \cdots + \frac{B_n x + C_n}{(x^2 + bx + c)^n}$$

とおいて，未定係数 $A_1, \cdots, A_m$, $B_1, \cdots, B_n$, $C_1, \cdots, C_n$ の値を決定すればよい．有理関数の積分計算では，被積分関数を部分分数に分解して計算する方法がよく用いられる．

例 7. $\displaystyle\int \frac{dx}{x^2 - a^2} = \frac{1}{2a} \log \left| \frac{x-a}{x+a} \right|$. ただし，$a > 0$ は定数とする．

解. 被積分関数を部分分数に分解して，

$$\int \frac{dx}{x^2 - a^2} = \frac{1}{2a} \int \left(\frac{1}{x-a} - \frac{1}{x+a} \right) dx$$
$$= \frac{1}{2a} \left(\log|x-a| - \log|x+a| \right) = \frac{1}{2a} \log \left| \frac{x-a}{x+a} \right|. \quad \square$$

例 8. 次の積分を求めよ．

(1) $\displaystyle\int \frac{x+1}{x^2 - 3x + 2} \, dx$　　　　　(2) $\displaystyle\int \frac{dx}{x^3 - 1}$

解. (1) 被積分関数を部分分数に分解するために

$$\frac{x+1}{x^2 - 3x + 2} = \frac{x+1}{(x-2)(x-1)} = \frac{A}{x-2} + \frac{B}{x-1}$$

とおく．両辺に $(x-2)(x-1)$ をかけて分母を払うと，

$$x + 1 = A(x-1) + B(x-2) = (A+B)x - (A+2B).$$

最左辺と最右辺を比較すると，$A + B = 1$, $A + 2B = -1$. よって，$A = 3$, $B = -2$ を得る (係数比較法). あるいは，最左辺と中辺に $x = 2$, $x = 1$ を代入して，A, B を求めてもよい (代入法). 以上より

$$\int \frac{x+1}{x^2 - 3x + 2} \, dx = \int \left(\frac{3}{x-2} - \frac{2}{x-1} \right) dx$$
$$= 3 \log|x-2| - 2 \log|x-1| = \log \frac{|x-2|^3}{(x-1)^2}.$$

(2) 被積分関数の分母を因数分解すると，$x^3 - 1 = (x-1)(x^2 + x + 1)$. $x^2 + x + 1$ は実数の範囲内で因数分解できないので，

$$\frac{1}{x^3 - 1} = \frac{1}{(x-1)(x^2 + x + 1)} = \frac{A}{x-1} + \frac{Bx + C}{x^2 + x + 1}$$

3.1 不定積分 63

とおいて, $A = \dfrac{1}{3}$, $B = -\dfrac{1}{3}$, $C = -\dfrac{2}{3}$ を得る. よって

$$\int \frac{dx}{x^3 - 1} = \frac{1}{3} \int \frac{dx}{x - 1} - \frac{1}{3} \int \frac{x + 2}{x^2 + x + 1}\, dx$$

$$= \frac{1}{3} \log|x - 1| - \frac{1}{6} \int \frac{(2x + 1) + 3}{x^2 + x + 1}\, dx$$

$$= \frac{1}{3} \log|x - 1| - \frac{1}{6} \log(x^2 + x + 1) - \frac{1}{2} \int \frac{dx}{\left(x + \frac{1}{2}\right)^2 + \frac{3}{4}}$$

$$= \frac{1}{6} \log \frac{(x - 1)^2}{x^2 + x + 1} - \frac{1}{\sqrt{3}} \tan^{-1} \frac{2x + 1}{\sqrt{3}}. \quad \square$$

問 7. 次の関数を積分せよ.

(1) $\dfrac{1}{(x + 1)(x + 3)}$ (2) $\dfrac{3x^2 - x + 1}{x(x - 1)^2}$ (3) $\dfrac{1}{x^3 + 1}$

(4) $\dfrac{1}{x^4 - 1}$ (5) $\dfrac{x + 1}{x(x^2 + 1)}$ (6) $\dfrac{x - 2}{(x - 1)^2(x^2 - x + 1)}$

(7) $\dfrac{x^4}{x^3 + 1}$ (8) $\dfrac{x^3}{(x - 1)(x - 2)}$ (9) $\dfrac{x^5}{x^4 + x^2 - 2}$

(10) $\dfrac{1}{x^4 + 3x^2 - 4}$ (11) $\dfrac{e^x}{e^{2x} - 1}$ (12) $\dfrac{1}{e^x + 4e^{-x} + 5}$

II. 無理関数や三角関数を含む積分

無理関数や三角関数を含む式の積分は, 変数をうまく置換すると有理関数の積分に帰着できる. 以下によく用いられる置換方法をまとめる. $R(X, Y)$ は X, Y の有理関数, すなわち, $R(X, Y) = \dfrac{X^2 Y + 1}{X^2 - 3XY}$ のように, 分母, 分子がともに X, Y の整式で表される関数とする. また, a, b, c, p, q, r, s は定数とする.

(1) $\quad I = \displaystyle\int R\left(x, \sqrt[n]{\frac{px + q}{rx + s}}\right) dx \quad (ps - qr \neq 0, \ n \text{ は自然数})$

$\sqrt[n]{\dfrac{px + q}{rx + s}} = t$ とおくと, $x = \dfrac{-q + st^n}{p - rt^n}$, $dx = \dfrac{n(ps - qr)t^{n-1}}{(p - rt^n)^2}\, dt$. よって

$$I = \int R\left(\frac{-q + st^n}{p - rt^n}, t\right) \frac{n(ps - qr)t^{n-1}}{(p - rt^n)^2}\, dt$$

となり, I は t の有理関数の積分に帰着できる.

(2) $\quad I = \displaystyle\int R\left(x, \sqrt{ax^2 + bx + c}\right) dx \quad (a \neq 0, \ b^2 - 4ac \neq 0)$

- $a > 0$ のときは, $\sqrt{ax^2 + bx + c} = t - \sqrt{a}x$,

- $a < 0$ のときは，$ax^2 + bx + c = 0$ の実数解を α, β $(\alpha < \beta)$ とし，

$$\sqrt{\frac{x - \alpha}{\beta - x}} = t \quad \text{または} \quad \sqrt{\frac{\beta - x}{x - \alpha}} = t$$

とおくと，I は t の有理関数の積分に帰着できる (問 8).

(3) $\quad I = \displaystyle\int R\left(\sin x, \cos x\right) dx$

$\tan \dfrac{x}{2} = t$ とおくと，$dx = \dfrac{2\,dt}{1 + t^2}$. また，$1 + t^2 = 1 + \tan^2 \dfrac{x}{2} = \dfrac{1}{\cos^2 \frac{x}{2}}$ なので，$\sin x$ と $\cos x$ は

$$\sin x = 2 \sin \frac{x}{2} \cos \frac{x}{2} = 2 \tan \frac{x}{2} \cos^2 \frac{x}{2} = \frac{2t}{1 + t^2},$$

$$\cos x = 2 \cos^2 \frac{x}{2} - 1 = \frac{2}{1 + t^2} - 1 = \frac{1 - t^2}{1 + t^2}$$

と表せる．よって，I は t の有理関数の積分に帰着できる．

問 8. $\quad I = \displaystyle\int R\left(x, \sqrt{ax^2 + bx + c}\right) dx$ は有理関数の積分に帰着できることを示せ．

例 9. 次の関数を積分せよ．

(1) $\quad \sqrt{\dfrac{2 + x}{2 - x}}$ $\qquad$ (2) $\quad \dfrac{1}{\sqrt{(x - 1)(2 - x)}}$ $\qquad$ (3) $\quad \dfrac{1 + \sin x}{1 + \cos x}$

解. (1) $\quad \sqrt{\dfrac{2 + x}{2 - x}} = t$ とおくと，$x = \dfrac{2(t^2 - 1)}{t^2 + 1}$, $dx = \dfrac{8t}{(t^2 + 1)^2}\, dt$. よって

$$\int \sqrt{\frac{2 + x}{2 - x}}\, dx = \int t \cdot \frac{8t}{(t^2 + 1)^2}\, dt = 8 \int \frac{(t^2 + 1) - 1}{(t^2 + 1)^2}\, dt$$

$$= 8 \left\{ \int \frac{dt}{t^2 + 1} - \int \frac{dt}{(t^2 + 1)^2} \right\}$$

$$= 8 \left\{ \tan^{-1} t - \frac{1}{2} \left(\frac{t}{t^2 + 1} + \tan^{-1} t \right) \right\} \quad (\text{問 6})$$

$$= 4 \tan^{-1} \sqrt{\frac{2 + x}{2 - x}} - \sqrt{4 - x^2}.$$

(2) $\quad \sqrt{(x - 1)(2 - x)} = (2 - x)\sqrt{\dfrac{x - 1}{2 - x}}$ なので，$\sqrt{\dfrac{x - 1}{2 - x}} = t$ とおくと，

$x = \dfrac{2t^2 + 1}{t^2 + 1}$, $dx = \dfrac{2t}{(t^2 + 1)^2}\, dt$, $\sqrt{(x - 1)(2 - x)} = \dfrac{t}{t^2 + 1}$. よって

$$\int \frac{dx}{\sqrt{(x - 1)(2 - x)}} = \int \frac{t^2 + 1}{t} \cdot \frac{2t}{(t^2 + 1)^2}\, dt = 2 \int \frac{dt}{t^2 + 1}$$

3.1 不定積分   65

$$= 2 \tan^{-1} t = 2 \tan^{-1} \sqrt{\frac{x-1}{2-x}}.$$

(3) $\tan \dfrac{x}{2} = t$ とおくと, $dx = \dfrac{2\,dt}{1+t^2}$, $\sin x = \dfrac{2t}{1+t^2}$, $\cos x = \dfrac{1-t^2}{1+t^2}$.
よって

$$\int \frac{1+\sin x}{1+\cos x}\,dx = \int \frac{1+t^2+2t}{1+t^2}\,dt = \int \left(1 + \frac{2t}{1+t^2}\right) dt$$

$$= t + \log(1+t^2) = \tan \frac{x}{2} - 2\log \left|\cos \frac{x}{2}\right|. \quad \square$$

問 9. 次の積分を求めよ.

(1) $\dfrac{1}{x\sqrt{1-x}}$ (2) $\sqrt{\dfrac{x-1}{x+1}}$ (3) $\dfrac{1}{x\sqrt{x^2+x+1}}$

(4) $\dfrac{1}{x\sqrt{4x-3-x^2}}$ (5) $\dfrac{1}{\cos x}$ (6) $\dfrac{\sin x}{1+\sin x}$

Ⅲ. その他のよく用いられる置換

$R(X)$ が X の有理関数のとき, 次の積分も右側に与えた置換で t の有理関数
の積分に帰着できる. 実際の計算ではこれらの置換もよく用いられる.

(1) $\displaystyle\int R(e^x) e^x\,dx$ $e^x = t, \;\; e^x\,dx = dt$

(2) $\displaystyle\int R(\log x)\,\frac{dx}{x}$ $\log x = t, \;\; \dfrac{dx}{x} = dt$

(3) $\displaystyle\int R(\sin x)\cos x\,dx$ $\sin x = t, \;\; \cos x\,dx = dt$

(4) $\displaystyle\int R(\cos x)\sin x\,dx$ $\cos x = t, \;\; \sin x\,dx = -dt$

(5) $\displaystyle\int R(\tan x)\,dx$ $\tan x = t, \;\; dx = \dfrac{dt}{1+t^2}$

問 10. 次の関数を積分せよ.

(1) $\dfrac{e^x - e^{-x}}{e^x + e^{-x}}$ (2) $\dfrac{(\log x + 3)^5}{x}$ (3) $\dfrac{\cos x}{1+\sin^2 x}$

(4) $\dfrac{\cos^2 x \sin x}{3\cos^2 x + \sin^2 x}$ (5) $\dfrac{1}{1+\tan x}$ (6) $\dfrac{\tan^2 x}{3+\tan^2 x}$

3.2 定積分

高等学校の教科書では，関数 $f(x)$ の定積分は，その原始関数 $F(x)$ を用いて，
$$\int_a^b f(x)\,dx = \Big[F(x)\Big]_a^b = F(b) - F(a)$$
で定義されている．この節では，定積分を原始関数とは無関係に定義し，その性質を調べた後，一度途絶えた定積分と原始関数との関係を再び結びつける微分積分学の基本定理を述べる．これにより，どのような連続関数も原始関数をもつことや，図形の面積や体積が定積分で計算できることがわかる．

3.2.1 定積分の定義

関数 $f(x)$ は閉区間 $[a,b]$ で有界，すなわち，定数 m, M が存在して，すべての $x \in [a,b]$ に対して $m \leqq f(x) \leqq M$ が成り立つとする．$[a,b]$ を n 個の小区間に分割した分点を
$$a = x_0 < x_1 < x_2 < \cdots < x_{n-1} < x_n = b$$
とする．この分割を Δ で表し，$|\Delta| = \max_{1 \leqq i \leqq n}(x_i - x_{i-1})$ を**分割の幅**という．各小区間 $[x_{i-1}, x_i]$ から任意に点 ξ_i $(i=1,2,\cdots,n)$ をとり，分割 Δ と点の組 $\{\xi_i\}$ に関する $f(x)$ の**リーマン (Riemann) 和**を
$$S(\Delta) = \sum_{i=1}^n f(\xi_i)(x_i - x_{i-1})$$
とおく．$f(x)$ が正のときは，$S(\Delta)$ は図 3.1 の小長方形の面積の和を表している．

$|\Delta| \to 0$ として分割を限りなく細かくするとき，分割 Δ の仕方や点 $\{\xi_i\}$ のとり方に関係なく，$S(\Delta)$ が一定の値に限りなく近づくならば，$f(x)$ は $[a,b]$ で**積分可能**といい，その極限値を $\int_a^b f(x)\,dx$ で表し，$f(x)$ の a から b までの**定積分**という．すなわち，

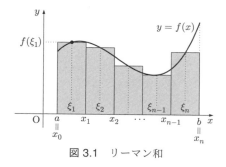

図 3.1　リーマン和

$$\int_a^b f(x)\,dx = \lim_{|\Delta| \to 0} S(\Delta)$$

3.2 定積分 67

である．また，a, b をそれぞれ定積分の**下端**，**上端**，$f(x)$ を**被積分関数**，x を**積分変数**といい，定積分を求めることを，$f(x)$ を a から b まで**積分する**という．
定義より明らかに

$$m(b-a) \leqq \int_a^b f(x)\,dx \leqq M(b-a)$$

が成り立つ．

例 1. 関数 $f(x) = k$ （k は定数）は積分可能で，$\int_a^b k\,dx = k(b-a)$ となる．

証明. 閉区間 $[a, b]$ の任意の分割 $\Delta: a = x_0 < x_1 < \cdots < x_n = b$ と任意の点 $\xi_i \in [x_{i-1}, x_i]$ に対して，

$$S(\Delta) = \sum_{i=1}^n f(\xi_i)(x_i - x_{i-1}) = \sum_{i=1}^n k(x_i - x_{i-1}) = k(b-a).$$

よって，$S(\Delta)$ は分割 Δ の仕方や点 $\{\xi_i\}$ のとり方によらず一定値 $k(b-a)$ なので，$f(x) = k$ は $[a, b]$ で積分可能で，$\int_a^b k\,dx = k(b-a)$ となる．　□

例 2. 関数 $f(x) = \begin{cases} 1 & (x \text{ は有理数}) \\ 0 & (x \text{ は無理数}) \end{cases}$ は区間 $[0, 1]$ で積分可能でない．

証明. $[0, 1]$ の分割 $\Delta: 0 = x_0 < x_1 < \cdots < x_{n-1} < x_n = 1$ において，各小区間 $[x_{i-1}, x_i]$ から選ぶ点 ξ_i をすべて有理数とすると，

$$S(\Delta) = \sum_{i=1}^n f(\xi_i)(x_i - x_{i-1}) = \sum_{i=1}^n (x_i - x_{i-1}) = 1.$$

一方，点 ξ_i をすべて無理数とすると，$S(\Delta) = 0$．よって，$|\Delta| \to 0$ のとき，$S(\Delta)$ は一定の値に近づかないので，$f(x)$ は積分可能でない．　□

関数の積分可能性について，次の定理が知られている．

●**定理 5.** （**定積分の存在性**）　関数 $f(x)$ は閉区間 $[a, b]$ で連続ならば積分可能で，分割 Δ の仕方や点 $\{\xi_i\}$ のとり方によらず，

$$\int_a^b f(x)\,dx = \lim_{|\Delta| \to 0} \sum_{i=1}^n f(\xi_i)(x_i - x_{i-1})$$

が成り立つ．

定理 5 において，$[a, b]$ の n 等分を分割 Δ とすれば，分点は $x_i = a + \dfrac{i(b-a)}{n}$

で, $|\Delta| = \dfrac{b-a}{n}$ となる. そこで, $\xi_i = x_i$ あるいは $\xi_i = x_{i-1}$ とすると, $n \to \infty$ のとき $|\Delta| \to 0$ なので, **区分求積公式**

$$\int_a^b f(x)\,dx = \lim_{n \to \infty} \frac{b-a}{n} \sum_{i=1}^{n} f\left(a + \frac{i(b-a)}{n}\right)$$

$$= \lim_{n \to \infty} \frac{b-a}{n} \sum_{i=0}^{n-1} f\left(a + \frac{i(b-a)}{n}\right)$$

を得る.

問 1. 区分求積公式を用いて定積分 $\displaystyle\int_0^1 x^2\,dx$ を求めよ.

3.2.2 定積分の性質

ここでは, 定積分の基本性質を紹介する. 次の定理の (1) と (2) を**線形性**, (3) を**加法性**, (4) を**単調性**, (5) を**絶対値不等式**という.

●**定理 6.** 関数 $f(x)$, $g(x)$ は閉区間 $[a,b]$ で連続とする.

(1) $\displaystyle\int_a^b \{f(x) \pm g(x)\}\,dx = \int_a^b f(x)\,dx \pm \int_a^b g(x)\,dx$

(2) $\displaystyle\int_a^b kf(x)\,dx = k\int_a^b f(x)\,dx$ (k は定数)

(3) 任意の $c \in (a,b)$ に対して, $\displaystyle\int_a^b f(x)\,dx = \int_a^c f(x)\,dx + \int_c^b f(x)\,dx.$

(4) $[a,b]$ で $f(x) \geqq g(x)$ ならば $\displaystyle\int_a^b f(x)\,dx \geqq \int_a^b g(x)\,dx$. さらに, ある点 $c \in [a,b]$ で $f(c) > g(c)$ ならば $\displaystyle\int_a^b f(x)\,dx > \int_a^b g(x)\,dx.$

(5) $\left|\displaystyle\int_a^b f(x)\,dx\right| \leqq \int_a^b |f(x)|\,dx$

証明. (4) の前半を示す. 分割 $\Delta : a = x_0 < x_1 < x_2 < \cdots < x_{n-1} < x_n = b$ と点 $\xi_i \in [x_{i-1}, x_i]$ に対して,

$$\sum_{i=1}^{n} f(\xi_i)(x_i - x_{i-1}) \geqq \sum_{i=1}^{n} g(\xi_i)(x_i - x_{i-1}).$$

よって, $|\Delta| \to 0$ とすれば, 不等式が得られる.

(1), (2), (3) の証明も同様. また, (5) は $-|f(x)| \leqq f(x) \leqq |f(x)|$ と (4) より明らか.

3.2 定 積 分

最後に (4) の後半を示す. (1) より $g(x)$ が恒等的に 0 の場合に示せばよい. $f(x)$ は $x = c$ で連続なので, c を含む小区間 $[\alpha, \beta]$ で $f(x) > 0$ となる. よって

$$\int_a^b f(x)\,dx \geqq \int_\alpha^\beta f(x)\,dx \geqq (\beta - \alpha) \cdot \min_{x \in [\alpha, \beta]} f(x) > 0$$

となる. □

定積分の定義では $a < b$ を仮定したが, $a \geqq b$ のときも

$$\int_a^b f(x)\,dx = \begin{cases} -\displaystyle\int_b^a f(x)\,dx & (a > b) \\ 0 & (a = b) \end{cases}$$

と定めると便利である. これにより, 定積分 $\displaystyle\int_a^b f(x)\,dx$ は a, b の大小に関係なく定義され, 定理 6 は (4) と (5) を除いて a, b, c の大小に関係なく成り立つ.

●**定理 7.** (平均値の定理)   関数 $f(x)$ が閉区間 $[a, b]$ で連続ならば,

$$\int_a^b f(x)\,dx = f(c)(b - a)$$

を満たす $c \in (a, b)$ が存在する.

証明. $f(x)$ の $[a, b]$ における最小値を m, 最大値を M とする (最大値・最小値の定理). $m = M$ のときは $f(x)$ は定数関数なので, 例 1 より任意の $c \in (a, b)$ に対して成り立つ. $m < M$ のときは, 例 1 と定理 6 (4) より,

$$m < \frac{1}{b-a}\int_a^b f(x)\,dx < M.$$

$f(x)$ は連続なので, 中間値の定理より, $f(c) = \dfrac{1}{b-a}\displaystyle\int_a^b f(x)\,dx$ を満たす $c \in (a, b)$ が存在する. □

問 2.   関数 $f(x)$, $g(x)$ が閉区間 $[a, b]$ で連続で, $g(x) \geqq 0$ ならば,

$$\int_a^b f(x)g(x)\,dx = f(c)\int_a^b g(x)\,dx$$

を満たす $c \in [a, b]$ が存在することを示せ.

3.2.3 微分積分学の基本定理

次の定理により, 積分は微分の逆演算であることや, 連続関数の定積分は原始関数を求めて計算できることがわかる.

70   3. 積　　分

●定理 8.　(微分積分学の基本定理)　　関数 $f(x)$ は閉区間 $[a,b]$ で連続とする.

(1)　$F(x) = \displaystyle\int_a^x f(t)\,dt$ $(a \leqq x \leqq b)$ とおくと，$F(x)$ は $[a,b]$ で微分可能で，$F'(x) = f(x)$ が成り立つ. すなわち，$F(x)$ は $f(x)$ の原始関数である.

(2)　$G(x)$ を $f(x)$ の任意の原始関数とすると，

$$\int_a^b f(x)\,dx = G(b) - G(a)$$

が成り立つ. 今後，$G(b) - G(a)$ を簡単に $\big[G(x)\big]_a^b$ とかく.

証明.　(1)　$[a,b]$ 内の点 $x,\ x + h\ (h \neq 0)$ に対して，定理 6 と定理 7 より，

$$\frac{1}{h}\{F(x+h) - F(x)\} = \frac{1}{h}\left\{\int_a^{x+h} f(t)\,dt - \int_a^x f(t)\,dt\right\}$$
$$= \frac{1}{h}\int_x^{x+h} f(t)\,dt = f(c)$$

を満たす c ($h > 0$ のときは $c \in (x, x+h)$，$h < 0$ のときは $c \in (x+h, x)$) が存在する. $h \to 0$ とすると $c \to x$ なので，$f(x)$ の連続性より $f(c) \to f(x)$ を得る. ゆえに，$F(x)$ は微分可能で，$F'(x) = f(x)$ が成り立つ.

(2)　$G(x)$ と $\displaystyle\int_a^x f(t)\,dt$ はともに $f(x)$ の原始関数なので，定理 1 より $G(x) = \displaystyle\int_a^x f(t)\,dt + C$ (C は定数). よって，$G(b) - G(a) = \displaystyle\int_a^b f(x)\,dx$ を得る.　□

例 3.　定積分は原始関数を求めて計算できる.

(1)　$\displaystyle\int_0^1 \frac{x}{\sqrt{x^2+1}}\,dx = \left[\sqrt{x^2+1}\right]_0^1 = \sqrt{2} - 1$

(2)　$\displaystyle\int_0^{\frac{1}{2}} \frac{dx}{\sqrt{1-x^2}} = \left[\sin^{-1} x\right]_0^{\frac{1}{2}} = \sin^{-1}\frac{1}{2} - \sin^{-1} 0 = \frac{\pi}{6}$

例 4.　$\dfrac{d}{dx}\displaystyle\int_{-1}^{x^2} \sqrt{1-t^2}\,dt = 2x\sqrt{1-x^4}$　$(x \in [-1,1])$

解.　$f(t) = \sqrt{1-t^2}$ は $[-1,1]$ で連続なので，微分積分学の基本定理より，

$$F(x) = \int_{-1}^x \sqrt{1-t^2}\,dt$$

は $[-1,1]$ で微分可能. よって，合成関数の微分公式を用いて計算すると，

$$\frac{d}{dx}\int_{-1}^{x^2} \sqrt{1-t^2}\,dt = \frac{d}{dx}F(x^2) = 2xF'(x^2) = 2x\sqrt{1-x^4}.\quad □$$

3.2 定積分   71

問 3. 次の定積分を求めよ.

(1) $\displaystyle\int_0^1 (2x-1)^8\,dx$ (2) $\displaystyle\int_0^1 x\sqrt[3]{x}\,dx$ (3) $\displaystyle\int_0^1 2^x\,dx$

問 4. 次の関数を微分せよ.

(1) $\displaystyle\int_1^x \frac{dt}{\sqrt{t^2+1}}$ (2) $\displaystyle\int_x^{x^2} e^t\cos t\,dt$ (3) $\displaystyle\int_1^{x^2+1} (t-x)e^t\,dt$

微分積分学の基本定理より，連続関数はつねに原始関数をもつ．しかし，それらは必ずしも初等関数 (有理関数，無理関数，三角関数，逆三角関数，指数関数，対数関数およびこれらを有限回組み合わせて得られる関数) で表せるとは限らない．例えば

$$e^{x^2},\quad \frac{e^x}{x},\quad \frac{1}{\log x},\quad \frac{\sin x}{x},\quad \sin x^2,\quad x^x$$

などの原始関数は初等関数で表せないことが知られている.

3.2.4 定積分の計算

定積分の計算でも，置換積分法と部分積分法が役に立つ.

●定理 9. (置換積分法) 関数 $f(x)$ は閉区間 $[a,b]$ で連続とする．$x=\varphi(t)$ とおき，$a=\varphi(\alpha),\ b=\varphi(\beta)$ となる α,β を選ぶ．α と β の大小に応じて，$[\alpha,\beta]$ または $[\beta,\alpha]$ で $\varphi(t)$ が C^1 級で，$\varphi(t)$ の値域が $[a,b]$ に含まれるならば，

$$\int_a^b f(x)\,dx = \int_\alpha^\beta f(\varphi(t))\varphi'(t)\,dt$$

が成り立つ.

証明. 定理 8 の (1) より $f(x)$ の原始関数が存在するので，それを $F(x)$ とする．定理 3 より $F(\varphi(t))$ は $f(\varphi(t))\varphi'(t)$ の原始関数なので，定理 8 の (2) より，

$$\int_\alpha^\beta f(\varphi(t))\varphi'(t)\,dt = \Big[F(\varphi(t))\Big]_\alpha^\beta = F(\varphi(\beta))-F(\varphi(\alpha))$$

$$= F(b)-F(a) = \int_a^b f(x)\,dx. \quad \square$$

例 5. $I=\displaystyle\int_{-a}^a \sqrt{a^2-x^2}\,dx$ を求めよ．ただし，$a>0$ は定数とする.

解. $\sqrt{a^2-x^2}$ は偶関数なので，$I=2\displaystyle\int_0^a \sqrt{a^2-x^2}\,dx$．$x=a\sin t$ とおくと，$dx=a\cos t\,dt$．x が 0 から a まで動くとき，t は 0 から $\dfrac{\pi}{2}$ まで動く．こ

の t の範囲で $\cos t \geqq 0$ なので，$\sqrt{a^2 - x^2} = a\sqrt{\cos^2 t} = a\cos t$. よって

$$I = 2\int_0^{\frac{\pi}{2}} a^2 \cos^2 t \, dt = 2a^2 \left[\frac{t}{2} + \frac{\sin 2t}{4}\right]_0^{\frac{\pi}{2}} = \frac{\pi}{2}a^2. \quad \square$$

例 6. $\displaystyle\int_0^1 \frac{dx}{e^x + e^{-x}}$ を求めよ．

解. $e^x = t$ とおくと，$dx = \dfrac{dt}{t}$. ここで，x が 0 から 1 まで動くとき，t は 1 から e まで動くので，

$$\int_0^1 \frac{dx}{e^x + e^{-x}} = \int_1^e \frac{dt}{t^2 + 1} = \left[\tan^{-1} t\right]_1^e = \tan^{-1} e - \frac{\pi}{4}. \quad \square$$

●**定理 10.** (**部分積分法**) 関数 $f(x)$，$g(x)$ が閉区間 $[a, b]$ で C^1 級ならば，

$$\int_a^b f(x)g'(x)\,dx = \left[f(x)g(x)\right]_a^b - \int_a^b f'(x)g(x)\,dx$$

が成り立つ．

証明. 定理 4 より，$f(x)g(x)$ は $f'(x)g(x) + f(x)g'(x)$ の原始関数なので，

$$\int_a^b f'(x)g(x)\,dx + \int_a^b f(x)g'(x)\,dx$$
$$= \int_a^b \{f'(x)g(x) + f(x)g'(x)\}\,dx = \left[f(x)g(x)\right]_a^b$$

となり，部分積分法の公式を得る． $\square$

例 7. $\displaystyle\int_1^2 x\log x\,dx = \left[\frac{x^2}{2}\log x\right]_1^2 - \int_1^2 \frac{x^2}{2}\frac{1}{x}\,dx$

$$= 2\log 2 - \frac{1}{2}\left[\frac{x^2}{2}\right]_1^2 = 2\log 2 - \frac{3}{4}.$$

例 8. 次の公式を示せ．

$$I_n = \int_0^{\frac{\pi}{2}} \sin^n x\,dx = \int_0^{\frac{\pi}{2}} \cos^n x\,dx$$

$$= \begin{cases} \dfrac{n-1}{n}\cdot\dfrac{n-3}{n-2}\cdot\cdots\cdot\dfrac{3}{4}\cdot\dfrac{1}{2}\cdot\dfrac{\pi}{2} & (n \text{ は偶数}, \ n \geqq 2) \\[2mm] \dfrac{n-1}{n}\cdot\dfrac{n-3}{n-2}\cdot\cdots\cdot\dfrac{4}{5}\cdot\dfrac{2}{3} & (n \text{ は奇数}, \ n \geqq 3) \end{cases}$$

3.2 定積分

証明. $x = \dfrac{\pi}{2} - t$ とおくと，$dx = -dt$ で，x が 0 から $\dfrac{\pi}{2}$ まで動くとき，t は $\dfrac{\pi}{2}$ から 0 まで動く．よって

$$\int_0^{\frac{\pi}{2}} \cos^n x \, dx = -\int_{\frac{\pi}{2}}^0 \cos^n \left(\frac{\pi}{2} - t \right) dt = \int_0^{\frac{\pi}{2}} \sin^n t \, dt.$$

また，部分積分法より，$n \geqq 2$ のとき，

$$\begin{aligned}
I_n &= \int_0^{\frac{\pi}{2}} \cos^{n-1} x \cos x \, dx \\
&= \left[\cos^{n-1} x \sin x \right]_0^{\frac{\pi}{2}} - \int_0^{\frac{\pi}{2}} (n-1) \cos^{n-2} x \cdot (-\sin x) \sin x \, dx \\
&= (n-1) \int_0^{\frac{\pi}{2}} \cos^{n-2} x (1 - \cos^2 x) \, dx \\
&= (n-1) I_{n-2} - (n-1) I_n.
\end{aligned}$$

よって，漸化式 $I_n = \dfrac{n-1}{n} I_{n-2}$ を得る．ここで，$I_0 = \dfrac{\pi}{2}$，$I_1 = 1$ なので，漸化式より公式が得られる．　□

問 5. 次の定積分を求めよ．

(1) $\displaystyle\int_1^2 x(x-1)^7 \, dx$
(2) $\displaystyle\int_0^1 \frac{x^2}{\sqrt{x+1}} \, dx$
(3) $\displaystyle\int_1^e \frac{(\log x)^2}{x} \, dx$

(4) $\displaystyle\int_0^1 \frac{x}{\sqrt{2-x}} \, dx$
(5) $\displaystyle\int_0^{\frac{\pi}{2}} \frac{dx}{2 + 3\sin x}$
(6) $\displaystyle\int_0^1 e^{2x} \sqrt{1 + e^x} \, dx$

(7) $\displaystyle\int_{\frac{\pi}{3}}^{\frac{\pi}{2}} \frac{dx}{\sin x}$
(8) $\displaystyle\int_0^3 \frac{x^2}{(x+3)^2} \, dx$
(9) $\displaystyle\int_0^\pi \sin^3 x \cos^4 x \, dx$

(10) $\displaystyle\int_0^{\frac{\pi}{2}} x \sin x \, dx$
(11) $\displaystyle\int_1^3 x (\log x)^2 \, dx$
(12) $\displaystyle\int_0^{\frac{\pi}{2}} x^2 \cos x \, dx$

(13) $\displaystyle\int_0^1 x^2 e^{-x} \, dx$
(14) $\displaystyle\int_0^\pi e^{-x} \sin x \, dx$
(15) $\displaystyle\int_0^1 \cos^{-1} x \, dx$

問 6. $I_n = \displaystyle\int_0^{\frac{\pi}{4}} \tan^n x \, dx$ (n は自然数) は，漸化式

$$I_n = \frac{1}{n-1} - I_{n-2} \quad (n \geqq 3)$$

を満たすことを示せ．また，この漸化式を用いて，I_6，I_7 を求めよ．

定理 5 の直後で紹介した区分求積公式は，級数の和の計算に役に立つ．

例 9. $\displaystyle\lim_{n \to \infty} \sum_{i=1}^n \frac{1}{n+i}$ を求めよ．

解. 関数 $f(x) = \dfrac{1}{1+x}$ は区間 $[0,1]$ で連続. よって, 区分求積公式より,

$$\lim_{n\to\infty} \sum_{i=1}^{n} \frac{1}{n+i} = \lim_{n\to\infty} \frac{1}{n} \sum_{i=1}^{n} \frac{1}{1+\frac{i}{n}}$$
$$= \int_0^1 \frac{dx}{1+x} = \Big[\log|1+x|\Big]_0^1 = \log 2. \quad \square$$

問 7. 次の極限値を求めよ.

(1) $\displaystyle\lim_{n\to\infty} \sum_{i=1}^{n} \frac{\sqrt{n^2-i^2}}{n^2}$ (2) $\displaystyle\lim_{n\to\infty} \frac{1}{n} \sum_{i=1}^{n} \frac{i}{n} \sin \frac{i\pi}{n}$

(3) $\displaystyle\lim_{n\to\infty} \frac{1}{n\sqrt{n}} \sum_{i=1}^{n} \sqrt{i}$ (4) $\displaystyle\lim_{n\to\infty} n \sum_{i=1}^{n} \frac{1}{4n^2-i^2}$

3.3 広義積分

3.2 節では, 閉区間 $[a,b]$ で有界な連続関数 $f(x)$ の定積分 $\displaystyle\int_a^b f(x)\,dx$ を取り扱った. ここでは, $f(x)$ が $[a,b]$ で有界でなかったり, $[a,b]$ 内に不連続点をもつ場合や, 積分範囲が無限区間の場合でも定積分が計算できるように定義を拡張する.

3.3.1 広義積分の定義

以下では, a は実数または $-\infty$, b は実数または ∞ で, $a < b$ とする.

(1) 関数 $f(x)$ が区間 $(a,b]$ $(b < \infty)$ で連続な場合: $f(x)$ は $(a,b]$ に含まれる任意の有界閉区間 $[\alpha, b]$ で連続なので, 定理 5 より定積分 $\displaystyle\int_\alpha^b f(x)\,dx$ が存在する. そこで, $f(x)$ の $(a,b]$ における**広義積分**を, 次式の右辺が極限値をもつとき,

$$\int_a^b f(x)\,dx = \lim_{\alpha\to a+0} \int_\alpha^b f(x)\,dx$$

で定義し, 広義積分は**収束する**という. ただし, $a = -\infty$ のときは, $a+0 = -\infty$ とする. また, 極限値をもたないときは, 広義積分は**発散する**といい, 特に, ∞ や $-\infty$ に発散するとき

$$\int_a^b f(x)\,dx = \infty, \qquad \int_a^b f(x)\,dx = -\infty$$

3.3 広義積分 75

とかく. なお, $f(x)$ が $(a,b]$ で有界ならば, $f(a)$ の値をどのように定めても, $f(x)$ は $[a,b]$ で積分可能で, $f(x)$ の $(a,b]$ における広義積分は, $f(x)$ の $[a,b]$ における定積分と一致する. それゆえ, 広義積分を表すのに, 通常の定積分と同じ記号が用いられる.

(2) 関数 $f(x)$ が区間 $[a,b)$ $(a > -\infty)$ で連続な場合: (1) と同様に広義積分を

$$\int_a^b f(x)\, dx = \lim_{\beta \to b-0} \int_a^\beta f(x)\, dx$$

で定義する. ただし, $b = \infty$ のとき, $b - 0 = \infty$ とする.

次の (3) と (4) では, 右辺の広義積分がすべて収束するとき, 広義積分は収束するといい, 右辺で左辺の広義積分を定める. 一方, 右辺の広義積分の少なくとも一つが発散するときは, 広義積分は発散するという.

(3) 関数 $f(x)$ が開区間 (a,b) で連続な場合: (a,b) 内の点 c を任意に選んで,

$$\int_a^b f(x)\, dx = \int_a^c f(x)\, dx + \int_c^b f(x)\, dx$$

で定義する. 実際, 定理 6 の (3) より, $\displaystyle\int_a^b f(x)\, dx$ の値は c の選び方に無関係に定まる. また, この広義積分を

$$\int_a^b f(x)\, dx = \lim_{\alpha \to a+0} \left\{ \lim_{\beta \to b-0} \int_\alpha^\beta f(x)\, dx \right\}$$
$$= \lim_{\beta \to b-0} \left\{ \lim_{\alpha \to a+0} \int_\alpha^\beta f(x)\, dx \right\}$$

で計算してもよい.

(4) 関数 $f(x)$ が開区間 (a,b) 内の有限個の点 $c_1 < c_2 < \cdots < c_k$ を除いて連続な場合: 開区間 $(a,c_1), (c_1,c_2), \cdots, (c_k,b)$ における広義積分を用いて,

$$\int_a^b f(x)\, dx = \int_a^{c_1} f(x)\, dx + \int_{c_1}^{c_2} f(x)\, dx + \cdots + \int_{c_k}^b f(x)\, dx$$

で定義する.

広義積分 $\displaystyle\int_a^b f(x)\, dx$ は, a, b がともに実数のときは**特異積分**, $a = -\infty$ または $b = \infty$ のときは**無限積分**ともよばれる.

例 1. $\displaystyle\int_{-1}^1 \frac{dx}{\sqrt{1-x^2}}$ を求めよ.

解. 被積分関数 $\dfrac{1}{\sqrt{1-x^2}}$ は区間 $(-1,1)$ で連続である．ここで

$$\int_{-1}^{0}\frac{dx}{\sqrt{1-x^2}}=\lim_{\alpha\to-1+0}\int_{\alpha}^{0}\frac{dx}{\sqrt{1-x^2}}=\lim_{\alpha\to-1+0}\Big[\sin^{-1}x\Big]_{\alpha}^{0}$$
$$=-\sin^{-1}(-1)=\frac{\pi}{2}.$$

同様にして，$\displaystyle\int_{0}^{1}\frac{dx}{\sqrt{1-x^2}}=\frac{\pi}{2}$．よって

$$\int_{-1}^{1}\frac{dx}{\sqrt{1-x^2}}=\int_{-1}^{0}\frac{dx}{\sqrt{1-x^2}}+\int_{0}^{1}\frac{dx}{\sqrt{1-x^2}}=\pi.\quad\square$$

例 2. $\displaystyle\int_{0}^{1}\frac{dx}{x^p}=\begin{cases}\dfrac{1}{1-p}&(0<p<1)\\[2mm]\infty&(p\geqq1)\end{cases}$ を示せ．

証明. 任意の $\alpha\in(0,1)$ に対して，

$$I(\alpha)=\int_{\alpha}^{1}\frac{dx}{x^p}=\begin{cases}\dfrac{1}{1-p}\left(1-\alpha^{1-p}\right)&(p\neq1)\\[2mm]-\log\alpha&(p=1)\end{cases}$$

となる．よって，$\alpha\to+0$ とすると，$0<p<1$ のときは，$\alpha^{1-p}\to0$ より $I(\alpha)\to\dfrac{1}{1-p}$．また，$p\geqq1$ のときは $I(\alpha)\to\infty$．$\quad\square$

例 3. $\displaystyle\int_{-\infty}^{\infty}\frac{dx}{x^2+4}$ を求めよ．

解. 被積分関数 $\dfrac{1}{x^2+4}$ は区間 $(-\infty,\infty)$ で連続である．ここで

$$\int_{-\infty}^{0}\frac{dx}{x^2+4}=\lim_{\alpha\to-\infty}\int_{\alpha}^{0}\frac{dx}{x^2+4}=\lim_{\alpha\to-\infty}\left[\frac{1}{2}\tan^{-1}\frac{x}{2}\right]_{\alpha}^{0}$$
$$=-\frac{1}{2}\lim_{\alpha\to-\infty}\tan^{-1}\frac{\alpha}{2}=\frac{\pi}{4}.$$

同様にして，$\displaystyle\int_{0}^{\infty}\frac{dx}{x^2+4}=\frac{\pi}{4}$．よって

$$\int_{-\infty}^{\infty}\frac{dx}{x^2+4}=\int_{-\infty}^{0}\frac{dx}{x^2+4}+\int_{0}^{\infty}\frac{dx}{x^2+4}=\frac{\pi}{2}.\quad\square$$

3.3 広義積分   77

問 1. 次の広義積分の収束・発散を調べ，収束する場合はその値を求めよ．

(1) $\displaystyle\int_0^2 \frac{dx}{\sqrt[3]{x}}$ (2) $\displaystyle\int_0^2 \frac{dx}{\sqrt{2-x}}$ (3) $\displaystyle\int_0^1 \frac{\log x}{x}\, dx$

(4) $\displaystyle\int_1^2 \frac{dx}{\sqrt{(x-1)(2-x)}}$ (5) $\displaystyle\int_0^{\frac{\pi}{2}} \frac{dx}{\sin x \cos x}$ (6) $\displaystyle\int_0^3 \frac{dx}{\sqrt{|x(x-2)|}}$

問 2. $\displaystyle\int_1^\infty \frac{dx}{x^p} = \begin{cases} \dfrac{1}{p-1} & (p>1) \\[2mm] \infty & (p \le 1) \end{cases}$ を示せ．

問 3. 次の広義積分の収束・発散を調べ，収束する場合はその値を求めよ．ただし，$a > 0$，b は定数とする．

(1) $\displaystyle\int_1^\infty \frac{dx}{x(1+x^2)}$ (2) $\displaystyle\int_0^\infty \frac{x^3}{1+x^4}\, dx$ (3) $\displaystyle\int_0^\infty x e^{-x^2}\, dx$

(4) $\displaystyle\int_1^\infty \frac{dx}{x\sqrt{x^2-1}}$ (5) $\displaystyle\int_0^\infty \frac{\log(1+x^2)}{x^2}\, dx$ (6) $\displaystyle\int_0^\infty e^{-ax} \sin bx\, dx$

3.3.2 重要な広義積分

次の広義積分

$$\Gamma(s) = \int_0^\infty e^{-x} x^{s-1}\, dx \quad (s > 0),$$

$$B(p,q) = \int_0^1 x^{p-1}(1-x)^{q-1}\, dx \quad (p > 0,\ q > 0)$$

は，それぞれかっこ内の範囲で収束することが知られている．そこで，$s > 0$ で定義された $\Gamma(s)$ や，$p > 0$，$q > 0$ で定義された $B(p,q)$ を関数と考え，$\Gamma(s)$ を**ガンマ関数**，$B(p,q)$ を**ベータ関数**という．ガンマ関数やベータ関数は，特別な s や p, q の値に対してしか関数値を計算できないが，応用上さまざまな分野で利用されている**特殊関数**である．

問 4. 次の値を求めよ．

(1) $\Gamma(1)$ (2) $\Gamma(3)$ (3) $B\left(\dfrac{1}{2}, \dfrac{1}{2}\right)$ (4) $B\left(\dfrac{1}{2}, 3\right)$

問 5. 次の等式 (1)–(4) を示せ．ただし，s, p, q は実数，m, n は自然数とする．

(1) $\Gamma(s+1) = s\Gamma(s)\ (s > 0)$. 特に，$\Gamma(n) = (n-1)!$

(2) $B(p,q) = \dfrac{q-1}{p} B(p+1, q-1)\ (p > 0,\ q > 1)$

(3) $B(m,n) = \dfrac{\Gamma(m)\Gamma(n)}{\Gamma(m+n)}$

(4) $\quad B(p,q) = 2\int_0^{\frac{\pi}{2}} \sin^{2p-1}\theta \cos^{2q-1}\theta \, d\theta \quad (x = \sin^2\theta \text{ とおく})$

3.4 定積分の応用

定積分は平面図形の面積,曲線の長さ,回転体の体積の計算に応用される.

3.4.1 面　積

平面図形の面積をどのように定義するかは,長方形や三角形の場合を除けば一般には難しい.ここでは,関数 $f(x)$ が閉区間 $[a,b]$ で連続で, $f(x) \geqq 0$ の場合に,曲線 $y = f(x)$, 直線 $x = a$, $x = b$, および x 軸が囲む図形 D の面積の定義を紹介する.

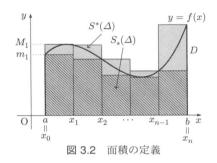

図 3.2　面積の定義

まず,定積分を定義するときと同じように, $[a,b]$ の分割 $\Delta: a = x_0 < x_1 < x_2 < \cdots < x_{n-1} < x_n = b$ を考える.ここでは,各小区間 $[x_{i-1}, x_i]$ $(i = 1, 2, \cdots, n)$ における $f(x)$ の最小値を m_i,最大値を M_i とし,

$$S_*(\Delta) = \sum_{i=1}^n m_i(x_i - x_{i-1}), \quad S^*(\Delta) = \sum_{i=1}^n M_i(x_i - x_{i-1})$$

とおく.このとき, $S_*(\Delta)$ と $S^*(\Delta)$ はそれぞれ,図形 D を内側と外側から近似する有限個の長方形の面積の和なので,図形 D の面積を S とすれば

$$S_*(\Delta) \leqq S \leqq S^*(\Delta)$$

が成り立つはずである (図 3.2 を参照). よって, $|\Delta| \to 0$ のとき, $S_*(\Delta)$ と $S^*(\Delta)$ が同じ極限値に収束すれば,

$$S = \lim_{|\Delta| \to 0} S_*(\Delta) = \lim_{|\Delta| \to 0} S^*(\Delta)$$

となる.この極限値を図形 D の**面積**と定める.定理 5 より, $S_*(\Delta)$ と $S^*(\Delta)$ はともに $\int_a^b f(x)\,dx$ に収束するので,

$$S = \int_a^b f(x)\,dx$$

3.4 定積分の応用　　79

となる．すなわち，図形 D の面積は定積分 $\displaystyle\int_a^b f(x)\,dx$ で計算できる．

このように図形の面積は，長方形などの基本図形の有限個の和で図形を近似したときの極限で定義される．

●**定理 11.**　**(面積の公式)**　関数 $f(x)$, $g(x)$ が閉区間 $[a,b]$ で連続で，$f(x) \geqq g(x)$ ならば，曲線 $y = f(x)$, $y = g(x)$, 直線 $x = a$, $x = b$ が囲む図形の面積 S は

$$S = \int_a^b \left\{ f(x) - g(x) \right\} dx$$

となる．

証明．　定数 $m > 0$ を選び，$[a,b]$ で $f(x) + m \geqq g(x) + m \geqq 0$ とすると，

$$S = \int_a^b \left\{ f(x) + m \right\} dx - \int_a^b \left\{ g(x) + m \right\} dx = \int_a^b \left\{ f(x) - g(x) \right\} dx. \quad \square$$

一般に，曲線 C 上の点 $\mathrm{P}(x,y)$ の座標が，媒介変数 t を用いて $x = f(t)$, $y = g(t)$ の形に表されるとき，これを曲線 C の**媒介変数表示**といい，変数 t を**媒介変数**または**パラメータ**という．また，曲線 C が，極座標 (r,θ) の方程式 $F(r,\theta) = 0$ や $r = f(\theta)$ で表されるとき，その方程式を**極方程式**という．

以下では，媒介変数表示された曲線や極方程式が表す曲線が囲む図形の面積を求めることにする．そこで，円，楕円，放物線，双曲線の他によく用いられる平面曲線をここでまとめて紹介しておく (図 3.3)．以下では，$a > 0$ は定数とする．

アステロイドの媒介変数表示は $x = a\cos^3 t$, $y = a\sin^3 t$ で，レムニスケートを表す方程式は $(x^2 + y^2)^2 - 2a^2(x^2 - y^2) = 0$ となる．また，カルジオイドを表す方程式は $(x^2 + y^2)(x^2 + y^2 - 2ax) - a^2 y^2 = 0$，その媒介変数表示は $x = a(1 + \cos\theta)\cos\theta$, $y = a(1 + \cos\theta)\sin\theta$ であり，デカルトの正葉線を表す方程式は $x^3 + y^3 - 3axy = 0$，その極方程式は $r = \dfrac{3a\sin\theta\cos\theta}{\sin^3\theta + \cos^3\theta}$ となる．

例 1.　楕円 $\dfrac{x^2}{a^2} + \dfrac{y^2}{b^2} = 1$ $(a > 0,\ b > 0)$ で囲まれる図形の面積 S を求めよ．

解．　楕円の上半分を表す曲線は $y = \dfrac{b}{a}\sqrt{a^2 - x^2}$ である．よって，図形の対称性より，

$$S = 4\int_0^a \frac{b}{a}\sqrt{a^2 - x^2}\,dx = \frac{4b}{a} \cdot \frac{\pi}{4} a^2 = \pi ab$$

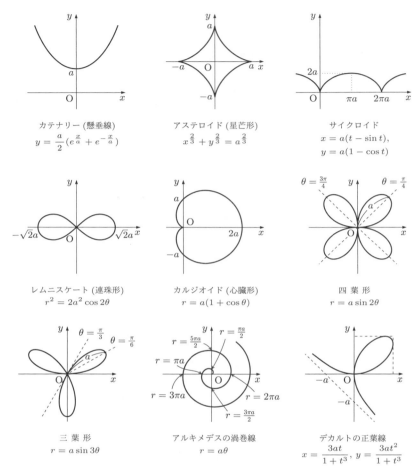

図 3.3　平面曲線の例

となる (3.2 節の例 5 をみよ).

また，楕円を $x = a\cos t$, $y = b\sin t$ $(0 \leqq t \leqq 2\pi)$ と媒介変数表示して，$x = a\cos t$ とおいた置換積分でも計算できる．実際，$dx = -a\sin t\,dt$ で，x が 0 から a まで動くとき，t は $\dfrac{\pi}{2}$ から 0 まで動くので，

$$S = 4\int_0^a y\,dx = 4\int_{\frac{\pi}{2}}^0 (b\sin t)\cdot(-a\sin t)\,dt = 4ab\int_0^{\frac{\pi}{2}} \sin^2 t\,dt = \pi ab. \quad \square$$

3.4 定積分の応用

問 1. 次の曲線，直線，軸が囲む図形の面積を求めよ．

(1) $y = (x^2 - 1)(x^2 - 3)$, $y = 3$　　(2) $y^2 = x$, $y = x - 1$

(3) $y = \dfrac{8}{x^2 + 4}$, $y = \dfrac{x}{2}$, y 軸　　(4) $\sqrt{\dfrac{x}{2}} + \sqrt{\dfrac{y}{3}} = 1$, x 軸, y 軸

(5) $x = 2t^2$, $y = 3t^3$, $x = 1$

問 2. サイクロイド $x = a(t - \sin t)$, $y = a(1 - \cos t)$ $(0 \leqq t \leqq 2\pi)$ と x 軸が囲む図形の面積 S を求めよ．ただし，$a > 0$ は定数とする．

面積を定義する際の基本図形として長方形の代わりに扇形を用いると，極方程式が表す曲線と，極を通る半直線が囲む面積を求める公式が得られる．

● **定理 12.** **(極方程式の面積の公式)** 極座標 (r, θ) において，関数 $f(\theta)$ が閉区間 $[\alpha, \beta]$ で連続で $f(\theta) \geqq 0$ ならば，曲線 $r = f(\theta)$ と半直線 $\theta = \alpha$, $\theta = \beta$ が囲む図形の面積 S は

$$S = \frac{1}{2} \int_\alpha^\beta f(\theta)^2 \, d\theta$$

となる．

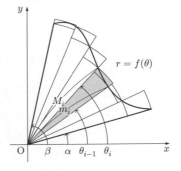

図 3.4　極方程式の面積

証明． $[\alpha, \beta]$ の分割 $\Delta: \alpha = \theta_0 < \theta_1 < \cdots < \theta_n = \beta$ に対して，ξ_i を $[\theta_{i-1}, \theta_i]$ の任意の点とする．扇形図形

$$\{(r, \theta) \mid 0 \leqq r \leqq f(\xi_i), \theta_{i-1} \leqq \theta \leqq \theta_i\}$$

を基本図形とすると，その面積は

$$\pi f(\xi_i)^2 \cdot \frac{\theta_i - \theta_{i-1}}{2\pi} = \frac{f(\xi_i)^2 (\theta_i - \theta_{i-1})}{2}.$$

よって，$f(\theta)$ の $[\theta_{i-1}, \theta_i]$ における最小値を m_i, 最大値を M_i とすると，図 3.4 より，

$$S_*(\Delta) = \frac{1}{2} \sum_{i=1}^n m_i^2 (\theta_i - \theta_{i-1}) \leqq S \leqq \frac{1}{2} \sum_{i=1}^n M_i^2 (\theta_i - \theta_{i-1}) = S^*(\Delta).$$

$|\Delta| \to 0$ のとき，$S_*(\Delta)$, $S^*(\Delta)$ はともに $\dfrac{1}{2} \displaystyle\int_\alpha^\beta f(\theta)^2 \, d\theta$ に収束するので，公式が得られる．　□

例 2. カルジオイド $r = a(1 + \cos \theta)$ が囲む図形の面積 S を求めよ．ただし，$a > 0$ は定数とする．

解. 図形の対称性を考慮すれば，極方程式の面積の公式より，
$$S = 2 \cdot \frac{1}{2} \int_0^\pi a^2(1+\cos\theta)^2\, d\theta = a^2 \int_0^\pi \left(1 + 2\cos\theta + \cos^2\theta\right) d\theta$$
$$= a^2 \int_0^\pi \left(1 + 2\cos\theta + \frac{1+\cos 2\theta}{2}\right) d\theta = \frac{3\pi a^2}{2}. \qquad \square$$

問 3. 次の曲線が囲む図形の面積を求めよ．ただし，$a > 0$ は定数とする．
(1) レムニスケート $r^2 = 2a^2 \cos 2\theta$
(2) 四葉形 $r = a\sin 2\theta$
(3) デカルトの正葉線 $r = \dfrac{3a\sin\theta\cos\theta}{\sin^3\theta + \cos^3\theta}$

3.4.2 曲線の長さ

平面上の 2 点 A, B を結ぶ曲線を C とする．C 上に点 $A = P_0$, P_1, $\cdots$, P_{n-1}, $P_n = B$ をとり，C を線分 P_0P_1, P_1P_2, $\cdots$, $P_{n-1}P_n$ がつくる折れ線で近似する．線分 $P_{i-1}P_i$ の長さを $\overline{P_{i-1}P_i}$ で表す．分点の数を増やして，$\max_{1 \leq i \leq n} \overline{P_{i-1}P_i} \to 0$ とするとき，その仕方によらず折れ線の長さ $\sum_{i=1}^n \overline{P_{i-1}P_i}$ が一定の値に限りなく近づくならば，その極限値で**曲線 C の長さ**を定める．曲線 C の長さ L は，曲線の表現の仕方に応じて，次の公式で計算できる．

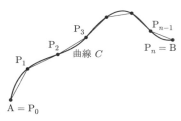

図 3.5 曲線の長さ

●**定理 13.** (**曲線の長さの公式**) 次の各形式で表された曲線 C の長さを L とするとき，次が成り立つ．ただし，$x(t)$, $y(t)$, $f(x)$, $f(\theta)$ はすべて定義域で C^1 級の関数である．

(1) $C: x = x(t), y = y(t) \ (\alpha \leq t \leq \beta)$ のとき，$L = \displaystyle\int_\alpha^\beta \sqrt{x'(t)^2 + y'(t)^2}\, dt$.

(2) $C: y = f(x) \ (a \leq x \leq b)$ のとき，$L = \displaystyle\int_a^b \sqrt{1 + f'(x)^2}\, dx$.

(3) $C: r = f(\theta) \ (\alpha \leq \theta \leq \beta)$ のとき，$L = \displaystyle\int_\alpha^\beta \sqrt{f(\theta)^2 + f'(\theta)^2}\, d\theta$.

証明. (1) 曲線 C 上の分点 P_i $(i = 0, 1, \cdots, n)$ に対応する区間 $[\alpha, \beta]$ の分

3.4 定積分の応用

割を $\Delta: \alpha = t_0 < t_1 < \cdots < t_{n-1} < t_n = \beta$ とすると，平均値の定理より

$$x(t_i) - x(t_{i-1}) = x'(\xi_i)(t_i - t_{i-1}), \quad y(t_i) - y(t_{i-1}) = y'(\eta_i)(t_i - t_{i-1})$$

となる $\xi_i, \eta_i \in (t_{i-1}, t_i)$ が存在する．よって

$$\sum_{i=1}^{n} \overline{\mathrm{P}_{i-1}\mathrm{P}_i} = \sum_{i=1}^{n} \sqrt{\left\{x(t_i) - x(t_{i-1})\right\}^2 + \left\{y(t_i) - y(t_{i-1})\right\}^2}$$
$$= \sum_{i=1}^{n} \sqrt{x'(\xi_i)^2 + y'(\eta_i)^2}\,(t_i - t_{i-1}).$$

ここで $\sqrt{x'(t)^2 + y'(t)^2}$ は連続なので，$\displaystyle\max_{1 \leqq i \leqq n} \overline{\mathrm{P}_{i-1}\mathrm{P}_i} \to 0$，すなわち，$|\Delta| \to 0$ とすると，定理 5 より

$$\sum_{i=1}^{n} \overline{\mathrm{P}_{i-1}\mathrm{P}_i} \to \int_{\alpha}^{\beta} \sqrt{x'(t)^2 + y'(t)^2}\;dt$$

となり，公式が得られる．

(2) (1) で $x = t,\ y = f(t)\ (a \leqq t \leqq b)$ とおけばよい．

(3) (1) で $x = f(\theta)\cos\theta,\ y = f(\theta)\sin\theta$ とおけばよい．　□

例 3.　次の各曲線の長さ L を求めよ．ただし，$a > 0$ は定数とする．

(1)　アステロイド $x = a\cos^3 t,\ y = a\sin^3 t$ の全周

(2)　カテナリー $y = \dfrac{a}{2}\left(e^{\frac{x}{a}} + e^{-\frac{x}{a}}\right)$ の $x = 0$ から $x = a$ まで

(3)　アルキメデスの渦巻線 $r = a\theta$ の $\theta = 0$ から $\theta = 1$ まで

解.　(1)　アステロイド曲線の対称性より，$t = 0$ から $t = \dfrac{\pi}{2}$ までの長さを 4 倍すればよい．$x'(t) = -3a\cos^2 t\sin t,\ y'(t) = 3a\sin^2 t\cos t$ なので，

$$\sqrt{x'(t)^2 + y'(t)^2} = 3a\sqrt{\cos^2 t\sin^2 t} = 3a\cos t\sin t\ \left(0 \leqq t \leqq \frac{\pi}{2}\right).$$

ゆえに

$$L = 4\int_0^{\frac{\pi}{2}} 3a\cos t\sin t\,dt = 6a\int_0^{\frac{\pi}{2}} \sin 2t\,dt = 6a\left[-\frac{\cos 2t}{2}\right]_0^{\frac{\pi}{2}} = 6a.$$

(2)　　　$y' = \dfrac{1}{2}\left(e^{\frac{x}{a}} - e^{-\frac{x}{a}}\right), \quad 1 + (y')^2 = \dfrac{1}{4}\left(e^{\frac{x}{a}} + e^{-\frac{x}{a}}\right)^2.$

したがって，

$$L = \int_0^a \frac{1}{2}\left(e^{\frac{x}{a}} + e^{-\frac{x}{a}}\right)dx = \frac{a}{2}\left[e^{\frac{x}{a}} - e^{-\frac{x}{a}}\right]_0^a = \frac{a}{2}\left(e - e^{-1}\right).$$

(3) $f(\theta) = a\theta$ $(0 \leqq \theta \leqq 1)$ とおくと, $f'(\theta) = a$, $f(\theta)^2 + f'(\theta)^2 = a^2(\theta^2 + 1)$. ゆえに

$$L = a\int_0^1 \sqrt{\theta^2 + 1}\, d\theta = \frac{a}{2}\left[\theta\sqrt{\theta^2+1} + \log\left|\theta + \sqrt{\theta^2+1}\right|\right]_0^1$$
$$= \frac{a}{2}\left\{\sqrt{2} + \log\left(1 + \sqrt{2}\right)\right\}. \quad \square$$

問 4. 次の曲線の長さを求めよ．ただし，$a > 0$ は定数とする.
(1) サイクロイド $x = a(t - \sin t)$, $y = a(1 - \cos t)$ $(0 \leqq t \leqq 2\pi)$
(2) 半円 $y = \sqrt{a^2 - x^2}$
(3) カルジオイド $r = a(1 + \cos\theta)$ の全周

3.4.3 立体の体積

立体の体積も，面積の場合と同様に，直方体などの基本立体の有限個の和で立体を近似したときの極限で定義される．例えば，断面積が与えられた立体の体積は，基本立体として断面積を底辺とする円柱を用いて，その計算公式を導くことができる (図 3.6 を参照).

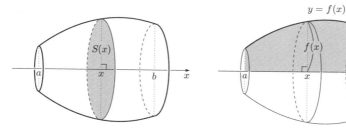

図 3.6 断面積と立体の体積　　図 3.7 回転体の体積

● **定理 14.** (**断面積が与えられた立体の体積**)　x 軸に垂直な平面による断面積が $S(x)$ である立体の体積 V は, $S(x)$ が区間 $[a, b]$ で連続ならば,

$$V = \int_a^b S(x)\, dx$$

となる.

例 4.　楕円球 $\dfrac{x^2}{a^2} + \dfrac{y^2}{b^2} + \dfrac{z^2}{c^2} = 1$ $(a > 0,\ b > 0,\ c > 0)$ が囲む立体の体積 V を求めよ.

3.4 定積分の応用 85

解. 楕円球を x 軸と直交する平面で切った断面は楕円

$$\frac{y^2}{b^2} + \frac{z^2}{c^2} = 1 - \frac{x^2}{a^2}$$

なので，その面積 $S(x)$ は，例 1 より，$S(x) = \pi bc \left(1 - \frac{x^2}{a^2}\right)$ $(-a \leqq x \leqq a)$.
よって，定理 14 より

$$S = \int_{-a}^{a} \pi bc \left(1 - \frac{x^2}{a^2}\right) dx = 2\pi bc \int_0^a \left(1 - \frac{x^2}{a^2}\right) dx = \frac{4\pi}{3} abc. \quad \square$$

問 5. 次の立体の体積を求めよ．ただし，$a > 0$，$b > 0$，$c > 0$ は定数とする．

(1) 平面 $\frac{x}{a} + \frac{y}{b} + \frac{z}{c} = 1$ と座標面が囲む立体

(2) 一辺の長さが a の正三角錐

●**定理 15.** (回転体の体積)　関数 $f(x)$ は区間 $[a, b]$ で連続で $f(x) \geqq 0$ とする．
曲線 $y = f(x)$，直線 $x = a$，$x = b$ および x 軸が囲む図形を，x 軸の周りに回
転してできる回転体の体積 V は

$$V = \pi \int_a^b f(x)^2 dx$$

となる．

証明. 図 3.7 より，回転体を x 軸に垂直な平面で切った断面積は $\pi f(x)^2$ な
ので，定理 14 より回転体の体積の公式が得られる．　$\square$

例 5. アステロイド $x^{\frac{2}{3}} + y^{\frac{2}{3}} = a^{\frac{2}{3}}$ を x 軸の周りに回転してできる回転体の
体積 V を求めよ．ただし，$a > 0$ は定数とする．

解. 図 3.3 より，曲線 $y = (a^{\frac{2}{3}} - x^{\frac{2}{3}})^{\frac{3}{2}}$ $(0 \leqq x \leqq a)$ と x 軸，y 軸が囲む図
形を x 軸の周りに回転してできる回転体の体積を 2 倍すればよい．よって

$$V = 2\pi \int_0^a y^2 dx = 2\pi \int_0^a (a^{\frac{2}{3}} - x^{\frac{2}{3}})^3 dx = \frac{32}{105} \pi a^3. \quad \square$$

問 6. 楕円 $\frac{x^2}{a^2} + \frac{y^2}{b^2} = 1$ を x 軸の周りに回転してできる楕円球の体積を求めよ．た
だし，$a > 0$，$b > 0$ は定数とする．

問 7. 次の図形を x 軸の周りに回転してできる回転体の体積を求めよ．ただし，a, b
は定数で，$b > a > 0$ とする．

(1) カテナリー $y = \frac{a}{2}\left(e^{\frac{x}{a}} + e^{-\frac{x}{a}}\right)$，2 直線 $x = a$，$x = -a$，x 軸が囲む部分

86   3. 積　　分

(2)　円 $x^2 + (y - b)^2 = a^2$ が囲む部分

(3)　サイクロイド $x = a(t - \sin t),\ y = a(1 - \cos t)\ (0 \leqq t \leqq 2\pi)$ と x 軸が囲む部分

———————————————————— 演 習 問 題 3 ————————————————————

1. 次の関数を積分せよ.

(1)　$\left(\sqrt{x} - \dfrac{1}{\sqrt{x}} \right)^2$

(2)　$(1 - x)\sqrt[3]{x}$

(3)　$\dfrac{2}{1 - x^2} + \dfrac{3}{\sqrt{1 - x^2}}$

(4)　$x\sqrt[3]{x + 1}$

(5)　$\dfrac{2x + 3}{(x + 2)(x + 1)^2}$

(6)　$\dfrac{x^5 - x^2 + 1}{x^3 - 1}$

(7)　$\dfrac{1}{x^4 + x^2 + 1}$

(8)　$x^2 \log x$

(9)　$e^x \sin x$

(10)　$\dfrac{1}{x^2\sqrt{1 - x^2}}$

(11)　$\dfrac{1}{x\,(\log x)^3}$

(12)　$\sqrt{e^{2x} + 1}$

(13)　$(\sin^{-1} x)^2$

(14)　$\dfrac{1}{x + \sqrt{x - 1}}$

(15)　$\dfrac{\sin(\log x)}{x}$

(16)　$\dfrac{1}{x} \sqrt{\dfrac{x}{x - 1}}$

(17)　$\dfrac{x^2}{(x^2 + 2)^{\frac{5}{2}}}$

(18)　$\dfrac{1}{(1 - x^2)^{\frac{5}{2}}}$

(19)　$\dfrac{1}{x\sqrt{x^2 - x + 1}}$

(20)　$\dfrac{1}{\sqrt{2 + x - x^2}}$

(21)　$\dfrac{1}{1 + 2\cos x}$

2.　$I_n = \displaystyle\int (\sin x)^n\, dx\ (n = 0, \pm 1, \pm 2, \cdots)$ は，漸化式

$$I_n = \frac{1}{n}\left\{ -(\sin x)^{n-1}\cos x + (n - 1)I_{n-2} \right\}\quad (n \neq 0)$$

を満たすことを示せ. ただし，$(\sin x)^0 = 1$ とする. また，この漸化式を用いて，$\displaystyle\int \sin^4 x\, dx$ と $\displaystyle\int \frac{dx}{\sin^4 x}$ を求めよ.

3.　次の定積分を求めよ.

(1)　$\displaystyle\int_1^{e^2} \frac{\log x + 1}{x}\, dx$

(2)　$\displaystyle\int_0^1 x\sqrt{x + 1}\, dx$

(3)　$\displaystyle\int_0^1 \frac{x^2}{\sqrt{x + 1}}\, dx$

(4)　$\displaystyle\int_0^2 x\sqrt{4 - x^2}\, dx$

(5)　$\displaystyle\int_0^1 \frac{dx}{x^2 + x + 1}$

(6)　$\displaystyle\int_1^2 \frac{dx}{\sqrt{x + 1} - \sqrt{x - 1}}$

(7)　$\displaystyle\int_0^1 \frac{x^2}{(x^2 + 1)^3}\, dx$

(8)　$\displaystyle\int_1^2 \frac{dx}{x\sqrt{x^2 + x + 1}}$

(9)　$\displaystyle\int_1^e \cos(\log x)\, dx$

(10)　$\displaystyle\int_0^1 x^2 \tan^{-1} x\, dx$

(11)　$\displaystyle\int_0^{\frac{\pi}{3}} \frac{dx}{1 + \sin x}$

(12)　$\displaystyle\int_0^{\frac{\pi}{2}} x^2 \cos x\, dx$

(13)　$\displaystyle\int_0^3 \frac{dx}{(x^2 + 3)^2}$

(14)　$\displaystyle\int_0^{\frac{\pi}{2}} \frac{dx}{4 + 5\sin x}$

(15)　$\displaystyle\int_0^{\frac{\pi}{3}} \frac{\sin x}{3 + \tan^2 x}\, dx$

演習問題 3   87

4. 次の極限値を求めよ.

(1) $\displaystyle\lim_{n\to\infty}\frac{1}{\sqrt{n}}\sum_{i=1}^{n}\frac{1}{\sqrt{n+i}}$ 　　　　　　(2) $\displaystyle\lim_{n\to\infty}\frac{1}{n}\sum_{i=0}^{n-1}2^{\frac{i}{n}}$

(3) $\displaystyle\lim_{n\to\infty}\sum_{i=0}^{n-1}\frac{1}{\sqrt{n^2-i^2}}$ 　　　　　　(4) $\displaystyle\lim_{n\to\infty}\sum_{i=0}^{n-1}\frac{n}{n^2+i^2}$

(5) $\displaystyle\lim_{n\to\infty}\left\{\left(1+\frac{1^2}{n^2}\right)\left(1+\frac{2^2}{n^2}\right)\cdots\left(1+\frac{n^2}{n^2}\right)\right\}^{\frac{1}{n}}$

5. 次の等式を示せ. ただし, m, n は自然数とする.

(1) $\displaystyle\int_0^{2\pi}\sin mx\cos nx\,dx=0$

(2) $\displaystyle\int_0^{2\pi}\sin mx\sin nx\,dx=\int_0^{2\pi}\cos mx\cos nx\,dx=\begin{cases}0 & (m\neq n)\\ \pi & (m=n)\end{cases}$

6. 自然数 m, n に対して,

$$I(m,n)=\int_0^1 x^m(1-x)^n\,dx$$

とおく. 次の (1), (2) が成り立つことを示せ.

(1) $\displaystyle I(m,n)=\frac{m}{n+1}I(m-1,n+1)$

(2) $\displaystyle I(m,n)=\frac{m!\,n!}{(m+n+1)!}$

7. $f(x)$ が区間 $[a,b]$ で連続な狭義単調増加 (減少) 関数ならば,

$$M(x)=\frac{1}{x-a}\int_a^x f(t)\,dt$$

は $(a,b]$ で微分可能な狭義単調増加 (減少) 関数となることを示せ.

8. 閉区間 $[0,1]$ で連続な関数 $f(x)$ に対して, 次式を示せ.

$$\int_0^\pi xf(\sin x)\,dx=\frac{\pi}{2}\int_0^\pi f(\sin x)\,dx$$

9. 関数 $f(x)$, $g(x)$ は閉区間 $[a,b]$ で連続とする. すべての実数 t に対して $\{tf(x)+g(x)\}^2\geqq 0$ であることを利用して, 次の**シュワルツ (Schwarz) の不等式**を示せ.

$$\left(\int_a^b f(x)g(x)\,dx\right)^2\leqq\int_a^b f(x)^2\,dx\cdot\int_a^b g(x)^2\,dx$$

10. 次の不等式を示せ. ただし, $p>2$ は定数とする.

$$\log\left(1+\sqrt{2}\right)<\int_0^1\frac{dx}{\sqrt{1+x^p}}<1$$

88   3. 積   分

11. 次の広義積分を求めよ.

(1) $\displaystyle\int_0^1 \frac{x}{\sqrt{1-x^2}}\, dx$

(2) $\displaystyle\int_{-1}^1 \sqrt{\frac{1+x}{1-x}}\, dx$

(3) $\displaystyle\int_0^\pi \left(\frac{\cos x}{x} - \frac{\sin x}{x^2}\right) dx$

(4) $\displaystyle\int_0^{\frac{\pi}{2}} \sin x \log(\sin x)\, dx$

(5) $\displaystyle\int_0^3 \frac{dx}{\sqrt{x(3-x)}}$

(6) $\displaystyle\int_0^{\frac{\pi}{2}} \frac{\cos x}{\sqrt{\sin x}}\, dx$

(7) $\displaystyle\int_0^\infty x^2 e^{-x}\, dx$

(8) $\displaystyle\int_{-\infty}^\infty \frac{dx}{1+x^2}$

(9) $\displaystyle\int_0^\infty \frac{x^2}{(x^2+1)(x^2+4)}\, dx$

(10) $\displaystyle\int_0^\infty \frac{dx}{e^x + 4e^{-x} + 5}$

(11) $\displaystyle\int_0^\infty \frac{dx}{\left(x+\sqrt{x^2+1}\right)^2}$

(12) $\displaystyle\int_1^\infty \left(x - \sqrt{x^2-1}\right)^4 dx$

12. 次式を示せ. ただし, a, b, p は定数で, $a < b$, $-\pi < \alpha < \pi$ とする.

(1) $\displaystyle\int_a^b \frac{dx}{\sqrt{(b-x)(x-a)}} = \pi$

(2) $\displaystyle\int_0^\infty \frac{dx}{x^2 + 2x\cos\alpha + 1} = \begin{cases} \dfrac{\alpha}{\sin\alpha} & (\alpha \neq 0) \\ 1 & (\alpha = 0) \end{cases}$

13. 次を示せ. ただし, n は自然数とする.

(1) $\displaystyle\int_0^{\frac{\pi}{2}} \sin^{2n+1} x\, dx < \int_0^{\frac{\pi}{2}} \sin^{2n} x\, dx < \int_0^{\frac{\pi}{2}} \sin^{2n-1} x\, dx$

(2) $\dfrac{1}{2n+1}\left\{\dfrac{2\cdot 4 \cdots 2n}{1\cdot 3 \cdots (2n-1)}\right\}^2 < \dfrac{\pi}{2} < \dfrac{1}{2n}\left\{\dfrac{2\cdot 4 \cdots 2n}{1\cdot 3 \cdots (2n-1)}\right\}^2$

(3) $\sqrt{\pi} = \displaystyle\lim_{n\to\infty} \frac{2^{2n}(n!)^2}{\sqrt{n}\,(2n)!}$ (ウォリス (**Wallis**) の公式)

14. 次の曲線, 直線, 軸が囲む図形の面積を求めよ.

(1) $y = \sin x$, $y = \cos 2x$, $x = 0$, $x = \pi$

(2) $y = x^2$, $\sqrt{x} + \sqrt{y} = 2$, y 軸

(3) $y^2 = 4x$, $x^2 = 4y$

(4) $x = 2t + 1$, $y = 2 - t - t^2$, x 軸

(5) 曲線 $x = t^2$, $y = t^3$, $x = 1$

(6) アステロイド $x = \cos^3 t$, $y = \sin^3 t$

15. 次の曲線, 直線, 軸が囲む図形の面積を求めよ.

(1) $r = 2\sin\theta$, $\theta = \dfrac{\pi}{4}$, $\theta = \dfrac{3\pi}{4}$

演習問題 3   89

(2) $r = \tan\theta,\ \theta = \dfrac{\pi}{6},\ \theta = \dfrac{\pi}{3}$

(3) カルジオイド $r = 1 + \cos\theta,\ \theta = 0,\ \theta = \dfrac{\pi}{2}$

16. 次の曲線の長さを求めよ. ただし, $a > 0,\ b > 0$ は定数とする.

(1) $x = at^2,\ y = 2at$ の $t = 0$ から $t = 1$ まで

(2) $x = t\cos\dfrac{1}{t},\ y = t\sin\dfrac{1}{t}\ (1 \leqq t \leqq 2)$

(3) アルキメデスの渦巻線 $r = a\theta\ (0 \leqq \theta \leqq 2\pi)$

(4) $r = a\sin\theta\ (0 \leqq \theta \leqq \pi)$

17. 次の立体の体積を求めよ. ただし, $a > 0,\ b > 0,\ c > 0$ は定数とする.

(1) $\dfrac{x^2}{a^2} + \dfrac{y^2}{b^2} + \dfrac{z^4}{c^4} = 1$ が囲む立体

(2) 2 つの直円柱面 $x^2 + y^2 = a^2,\ x^2 + z^2 = a^2$ が囲む立体

18. 次の図形を x 軸の周りに回転してできる回転体の体積を求めよ.

(1) $y = \sqrt{x}$ と $y = \dfrac{x}{2}$ が囲む図形

(2) $y = \tan x,\ x$ 軸, $x = \dfrac{\pi}{4}$ が囲む図形

(3) $y = \sqrt{x^2 - 2},\ x$ 軸, $x = 3$ が囲む図形

(4) 曲線 $x = t^2,\ y = t^3,\ x$ 軸, $x = 1$ が囲む図形

(5) 曲線 $x = t - 1,\ y = 4t - t^2,\ x$ 軸, y 軸, $x = 2$ が囲む図形

4

偏 微 分

　1変数関数が表すグラフは平面上の曲線で，その微分は接線の傾きを与える．
2変数関数が表すグラフは空間内の曲面となり，その接平面を表すためには，x
軸と y 軸の2つの方向の微分が必要となる．これらの微分は偏微分とよばれ，
接平面やそれに直交する法線の傾き，2変数関数の極値などの情報を与えてく
れる．また，さまざまな自然現象は偏微分方程式で表される．物質の拡散や熱
伝導を表す拡散方程式，振動や波を記述する波動方程式など，その応用例は豊
富にあり，偏微分を理解することは自然現象を理解するための出発点となる．

4.1　2変数関数の極限と連続性

4.1.1　2変数関数

　一般に，平面内の集合 D の各点 $\mathrm{P}(x, y)$ に対して，ただ一つの実数値 $f(x, y)$
が定まるとき，$f(x, y)$ を D で定義された**関数**といい，D を関数 $f(x, y)$ の**定義**
域という．定義域 D が明示されていない場合は，$f(x, y)$ が定義できない点を
除いた集合をその定義域と考える．関数 $f(x, y)$ は，変数が2つなので，**2変数**
関数という．n 変数関数 $f(x_1, \cdots, x_n)$ $(n \geqq 3)$ などの多変数関数も定義できる
が，これらは2変数の場合とほぼ同様に取り扱える．以下では，2変数を中心
に考える．

集合 D で定義された関数 $f(x,y)$ に対して，集合

$$\{(x,y,z) \mid (x,y) \in D,\ z = f(x,y)\}$$

を関数 $z = f(x,y)$ の**グラフ**という．また，$f(x,y) = c$ を満たす点 (x,y) の集合

$$\{(x,y) \mid f(x,y) = c\}$$

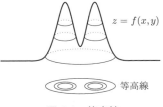

図 4.1　等高線

を $z = c$ に対する**等高線**という．等高線は，平面 $z = c$ と $z = f(x,y)$ の交線を xy 平面に射影したものである．

例 1. 関数 $f(x,y) = \dfrac{1}{x^2 + y^2}$ の定義域と $z = f(x,y)$ のグラフの概形を調べよ．

解． $f(x,y)$ は原点以外の平面上のすべての点で定義できるので，その定義域は $D = \{(x,y) \mid (x,y) \neq (0,0)\}$ である．$c > 0$ のとき，$f(x,y) = c$ とすると，$x^2 + y^2 = \left(\dfrac{1}{\sqrt{c}}\right)^2$ なので，$z = c$ に対する等高線は，原点を中心とする半径 $\dfrac{1}{\sqrt{c}}$ の円となる．これより，グラフの概形がわかる．

極座標 $x = r\cos\theta$，$y = r\sin\theta$ によってグラフの概形がわかる場合もある．いまの場合，$z = \dfrac{1}{r^2}$ なので，$r = 0$ で発散し，

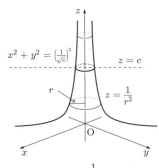

図 4.2　$z = \dfrac{1}{x^2 + y^2}$ のグラフ

$r \to \infty$ のとき，0 に収束する．また，z は θ によらないので，$z = f(x,y)$ のグラフは，xz 平面での曲線 $z = \dfrac{1}{x^2}$ を z 軸中心に回転させたものである．　□

問 1. 次の関数 $f(x,y)$ の定義域と $z = f(x,y)$ のグラフの概形を調べよ．

(1)　$f(x,y) = x - y + 1$　　　　(2)　$f(x,y) = x^2 + y^2$

(3)　$f(x,y) = \sqrt{1 - x^2 - y^2}$　　(4)　$f(x,y) = \dfrac{1}{x^2 - y^2}$

(5)　$f(x,y) = xy$　　　　　　　(6)　$f(x,y) = \log(x^2 + y^2)$

4.1.2 極　限

平面上の 2 点 $P(x,y)$, $A(a,b)$ 間の距離を
$$d(P,A) = \sqrt{(x-a)^2 + (y-b)^2}$$
で表す．D で定義された関数 $f(x,y)$ と平面上の点 $A(a,b)$ に対して，D の点 $P(x,y)$ $(P \neq A)$ が点 A に限りなく近づく，すなわち，$d(P,A) \to 0$ のとき，その近づき方によらず $f(x,y)$ がある一定の値 α に近づくことを，$(x,y) \to (a,b)$ のとき $f(x,y) \to \alpha$，または

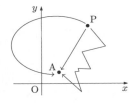

図 4.3　点の近づき方

$$\lim_{(x,y) \to (a,b)} f(x,y) = \alpha$$

などで表し，α を点 (a,b) における $f(x,y)$ の**極限**または**極限値**という．

点 $P(x,y)$ を点 A を極とする極座標 $x = a + r\cos\theta$, $y = b + r\sin\theta$ を用いて表すと，$(x,y) \to (a,b)$ は $r = d(P,A) = \sqrt{(x-a)^2 + (y-b)^2} \to 0$ と同値となる．よって，点 (a,b) における $f(x,y)$ の極限値が存在することを示すには，r と θ に無関係な定数 α と $\lim_{r \to 0} \varepsilon(r) = 0$ を満たす r だけの関数 $\varepsilon(r)$ をみつけて，

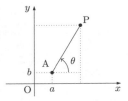

図 4.4　点 A を極とする極座標

$$|f(x,y) - \alpha| = |f(a + r\cos\theta, b + r\sin\theta) - \alpha| \leqq \varepsilon(r)$$

となることを確かめる方法がよく用いられる．このとき，極限値は α となる．

例 2.　次の関数の原点 $(0,0)$ における極限を調べよ．

(1) $\dfrac{x^3}{x^2 + y^2}$　　　(2) $\dfrac{x^2 - y^2}{x^2 + y^2}$　　　(3) $\dfrac{xy^2}{x^2 + y^4}$

解．　(1) と (2) では，$x = r\cos\theta$, $y = r\sin\theta$ とおく．

(1) $\left| \dfrac{x^3}{x^2 + y^2} \right| \leqq r$ なので，$\varepsilon(r) = r$ とすると，$\varepsilon(r)$ は θ を含まない関数で $\lim_{r \to 0} \varepsilon(r) = 0$ を満たす．よって，$\lim_{(x,y) \to (0,0)} \dfrac{x^3}{x^2 + y^2} = 0$.

(2) $\dfrac{x^2 - y^2}{x^2 + y^2} = \cos 2\theta$ なので，$r \to 0$ のとき，極限値が θ に依存する．ゆえ

に，点 (x, y) の原点への近づき方によって極限が異なるので，原点における極限値は存在しない．

(3) $f(x, y) = \dfrac{xy^2}{x^2 + y^4}$ とおく．直線 $y = x$ に沿って点 (x, y) を原点に近づけると，$f(x, y) = \dfrac{x^3}{x^2 + x^4} = \dfrac{x}{1 + x^2} \to 0$ となる．一方，曲線 $y = \sqrt{x}\ (x > 0)$ に沿って近づける場合には，$f(x, y) = \dfrac{x^2}{x^2 + x^2} = \dfrac{1}{2}$ となる．よって，$f(x, y)$ は，点 (x, y) の原点への近づき方によって値が異なるので，原点における極限は存在しない． □

例 2 (3) の極限を，(1) や (2) と同様に極座標を用いて調べる．このとき

$$|f(x, y)| \leqq \frac{r|\cos\theta|}{\cos^2\theta + r^2\sin^4\theta} \tag{4.1}$$

なので，すべての θ に対して，$r \to 0$ のとき $f(x, y)$ は 0 に収束する．ところが，実際には $f(x, y)$ の原点における極限値は存在しない．これは，(4.1) の右辺が θ を含んでいるためである．このように，極座標表示を用いる場合は，$|f(x, y) - \alpha| \leqq \varepsilon(r)$ かつ $\lim\limits_{r \to 0} \varepsilon(r) = 0$ となる θ を含まない関数 $\varepsilon(r)$ をみつけることが重要である．

問 2. 次の関数の原点 $(0, 0)$ における極限を調べよ．

(1) $1 + x^2 - y^3$ (2) $\dfrac{x^3 - y^4}{x^2 + y^2}$ (3) $xy\log(x^2 + y^2)$

(4) $\dfrac{x}{x^2 + y^2}$ (5) $\dfrac{xy}{\sqrt{x^2 + y^2}}$ (6) $\dfrac{y}{x^2 + y}$

関数 $f(x, y)$ に対して，次の極限

$$\lim_{y \to b}\left\{\lim_{x \to a} f(x, y)\right\}, \quad \lim_{x \to a}\left\{\lim_{y \to b} f(x, y)\right\}$$

を **累次極限** という．極限 $\lim\limits_{(x, y) \to (a, b)} f(x, y)$ が存在しても，累次極限が存在するとは限らないし，上の 2 つの累次極限が存在して極限値が相等しくても，極限 $\lim\limits_{(x, y) \to (a, b)} f(x, y)$ が存在するとは限らない．また，2 つの累次極限は存在しても，相等しいとは限らない．

4.1 2変数関数の極限と連続性 95

例 3. 関数 $\dfrac{x^2}{x^2+y^2}$ の原点における極限と累次極限を調べよ.

解. $x = r\cos\theta$, $y = r\sin\theta$ とすると, $\dfrac{x^2}{x^2+y^2} = \cos^2\theta$ となるので, 原点における極限は存在しない. 一方,

$$\lim_{x\to 0}\frac{x^2}{x^2+y^2} = 0 \quad (y \neq 0), \quad \lim_{y\to 0}\frac{x^2}{x^2+y^2} = 1 \quad (x \neq 0)$$

なので $\quad \displaystyle\lim_{y\to 0}\left(\lim_{x\to 0}\frac{x^2}{x^2+y^2}\right) = 0, \quad \lim_{x\to 0}\left(\lim_{y\to 0}\frac{x^2}{x^2+y^2}\right) = 1.$

ゆえに, 累次極限は存在するが, その値は極限の順序によって異なる. □

問 3. 次の関数の原点における極限と累次極限を調べよ.

(1) $\dfrac{xy}{x^2+y^2}$ 　　(2) $\dfrac{y(x-y)}{x^2+y^2}$ 　　(3) $\dfrac{x^2 y}{x^3+y^3}$

(4) $\dfrac{x}{x+y^2}$ 　　(5) $\dfrac{\sqrt{|xy|}}{x+y}$ 　　(6) $\dfrac{2x-3y}{\sqrt{x^2+y^2}}$

2変数関数の極限に対しても, 1変数の場合と同様の性質が成り立つ.

●**定理 1.** $\displaystyle\lim_{(x,y)\to(a,b)} f(x,y) = \alpha$, $\displaystyle\lim_{(x,y)\to(a,b)} g(x,y) = \beta$ のとき, 次が成り立つ.

(1) $\displaystyle\lim_{(x,y)\to(a,b)} \{f(x,y) \pm g(x,y)\} = \alpha \pm \beta$

(2) $\displaystyle\lim_{(x,y)\to(a,b)} kf(x,y) = k\alpha$ （k は定数）

(3) $\displaystyle\lim_{(x,y)\to(a,b)} f(x,y)g(x,y) = \alpha\beta$

(4) $\displaystyle\lim_{(x,y)\to(a,b)} \frac{f(x,y)}{g(x,y)} = \frac{\alpha}{\beta}$ 　（$\beta \neq 0$）

例 4. 次の極限値 (1) $\displaystyle\lim_{(x,y)\to(1,1)} \frac{xy}{x^2+y^2}$, 　(2) $\displaystyle\lim_{(x,y)\to(0,0)} \frac{y\sin x}{x\sin y}$ を求めよ.

解. (1) $\displaystyle\lim_{(x,y)\to(1,1)} xy = 1$, $\displaystyle\lim_{(x,y)\to(1,1)} (x^2+y^2) = 2$ なので,

$$\lim_{(x,y)\to(1,1)} \frac{xy}{x^2+y^2} = \frac{1}{2}.$$

(2) $\displaystyle\lim_{x\to 0} \frac{\sin x}{x} = 1$, $\displaystyle\lim_{y\to 0} \frac{y}{\sin y} = 1$ なので,

$$\lim_{(x,y)\to(0,0)} \frac{y\sin x}{x\sin y} = \lim_{(x,y)\to(0,0)} \frac{\sin x}{x} \cdot \frac{y}{\sin y} = 1. \quad □$$

96　　　　　　　　　　　　　　　　　　　　　　　　　　　　　　　　4. 偏微分

問 4. 次の極限値を求めよ.

(1) $\displaystyle\lim_{(x,y)\to(0,0)} (2x+3y)\cos y$

(2) $\displaystyle\lim_{(x,y)\to(1,1)} e^{x^2+y^2}$

(3) $\displaystyle\lim_{(x,y)\to(0,0)} \sin x \cos y$

(4) $\displaystyle\lim_{(x,y)\to(1,0)} e^{y^2}\log x$

(5) $\displaystyle\lim_{(x,y)\to(2,1)} \dfrac{xy+2\sin\pi y+1}{x^2+y^2}$

(6) $\displaystyle\lim_{(x,y)\to(1,1)} xy\log|xy|$

4.1.3 連 続 関 数

集合 D で定義された関数 $f(x,y)$ と点 $(a,b)\in D$ に対して,

$$\lim_{(x,y)\to(a,b)} f(x,y) = f(a,b)$$

が成り立つとき, $f(x,y)$ は点 (a,b) で**連続**という. また, $f(x,y)$ が D の各点で連続なとき, $f(x,y)$ は D で**連続**という.

●**定理 2.** 関数の連続性について, 以下が成り立つ.

(1) 関数 $f(x,y)$ と $g(x,y)$ が点 (a,b) でともに連続ならば, $f(x,y)\pm g(x,y)$, $kf(x,y)$ (k は定数), $f(x,y)g(x,y)$, $\dfrac{f(x,y)}{g(x,y)}$ は点 (a,b) で連続である. ただし, $\dfrac{f(x,y)}{g(x,y)}$ は, $g(a,b)=0$ となる場合を除く.

(2) 関数 $z=f(x,y)$ が点 (a,b) で連続で, $F(z)$ が $z=f(a,b)$ で連続ならば, 合成関数 $F(f(x,y))$ は点 (a,b) で連続である.

例 5. 次の関数の連続性を調べよ.

(1) $f(x,y) = \sin(2x+y)$

(2) $f(x,y) = \begin{cases} \dfrac{3x^3+5y^3}{x^2+y^2} & (\,(x,y)\neq(0,0)\,) \\ 0 & (\,(x,y)=(0,0)\,) \end{cases}$

解. (1) 関数 $g(x,y)=2x+y$ と $F(z)=\sin z$ は連続なので, 合成関数 $f(x,y)=F(g(x,y))$ は平面上のすべての点で連続である.

(2) 関数 $3x^3+5y^3$ と x^2+y^2 は連続なので, $f(x,y)$ は原点を除いて連続である. 一方, 極座標表示を用いると $|f(x,y)|\leqq 8r$ となり, $\displaystyle\lim_{(x,y)\to(0,0)} f(x,y)=0$. 定義より, $f(0,0)=0$ なので, $f(x,y)$ は原点でも連続である. ゆえに, $f(x,y)$ は平面上のすべての点で連続である. □

4.2 偏微分と全微分　　　　　　　　　　　　　　　　　　　　　　　　　　　97

問 **5.** 次の関数の連続性を調べよ.

(1) $f(x,y) = 1 + xe^{x^2+y^2}$ 　　　　(2) $f(x,y) = \log(1 + x^2 + y^2)$

(3) $f(x,y) = \sin(x+y)\cos(x-y)$ 　(4) $f(x,y) = \dfrac{\sin(x+y)}{1 + \cos^2(x+y)}$

(5) $f(x,y) = \begin{cases} \dfrac{xy}{x^2 + y^2} & (\,(x,y) \neq (0,0)\,) \\ 0 & (\,(x,y) = (0,0)\,) \end{cases}$

(6) $f(x,y) = \begin{cases} (x^2 + y^2)\log(x^2 + y^2) & (\,(x,y) \neq (0,0)\,) \\ 0 & (\,(x,y) = (0,0)\,) \end{cases}$

4.2 偏微分と全微分

4.2.1 偏微分係数

　平面内の集合 D がその各点 $(a,b) \in D$ を中心とする適当な半径 $\varepsilon > 0$ の円の内部 $(x-a)^2 + (y-b)^2 < \varepsilon^2$ を含むとき, D を**開集合**という. 以後, この章では, D はすべて開集合とする.

　D の点 (a,b) に対して, $\{(x,b) \mid a - \varepsilon < x < a + \varepsilon\} \subset D$ となる $\varepsilon > 0$ が存在する. このとき, $f(x,b)$ を x の関数と考えると, その定義域は開区間 $I_a = (a - \varepsilon, a + \varepsilon)$ を含む. そこで, $f(x,b)$ の $a \in I_a$ における微分係数

$$\lim_{h \to 0} \frac{f(a+h, b) - f(a, b)}{h}$$

が存在するとき, $f(x,y)$ は点 (a,b) で x について**偏微分可能**という. また, この微分係数を $f(x,y)$ の点 (a,b) における x についての**偏微分係数**といい,

$$f_x(a,b), \quad \frac{\partial f}{\partial x}(a,b)$$

などで表す. 同様に, 開区間 $I_b = (b - \varepsilon, b + \varepsilon)$ で定義される関数 $f(a,y)$ を y の関数と考えて, $f(a,y)$ の $b \in I_b$ における微分係数

$$\lim_{k \to 0} \frac{f(a, b+k) - f(a, b)}{k}$$

が存在するとき, $f(x,y)$ は点 (a,b) で y について**偏微分可能**という. また, この微分係数を $f(x,y)$ の点 (a,b) における y についての**偏微分係数**といい,

$$f_y(a,b), \quad \frac{\partial f}{\partial y}(a,b)$$

などで表す.

98   4. 偏 微 分

例 1.　次の関数の指定された点における偏微分係数を求めよ.

(1)　$f(x, y) = x^2 y$,　点 $(1, -1)$　　　(2)　$f(x, y) = |xy|$,　　点 $(0, 0)$

(3)　$f(x, y) = \begin{cases} \dfrac{xy}{x^2 + y^2} & ((x, y) \neq (0, 0)) \\ 0 & ((x, y) = (0, 0)) \end{cases}$,　　点 $(0, 0)$

解.　(1)　$f(x, -1) = -x^2$ なので, 定義より $f_x(1, -1)$ は $x = 1$ における $-x^2$ の微分係数に等しい. よって, $f_x(1, -1) = -2 \cdot 1 = -2$. 同様に, $f(1, y) = y$ なので, $f_y(1, -1) = 1$.

(2)　$f(h, 0) = f(0, k) = f(0, 0) = 0$ なので, 定義に基づいて計算すると, $f_x(0, 0) = f_y(0, 0) = 0$.

(3)　$f(h, 0) = f(0, k) = f(0, 0) = 0$ なので, (2) と同様に, $f_x(0, 0) = f_y(0, 0) = 0$.　□

問 1.　次の関数の指定された点における偏微分係数を求めよ.

(1)　$y^2 \sin x$, 点 $(\pi, 1)$　　　　　　　(2)　$xy^2 + x$, 点 $(1, 1)$

(3)　$x^2 - y^2$, 点 $(0, 0)$　　　　　　　(4)　$\sqrt{|xy|}$, 点 $(0, 0)$

(5)　y^x, 点 $(1, 1)$　　　　　　　　　(6)　$\sin^{-1} \dfrac{y}{x}$, 点 $(1, 1)$

4.2.2　偏 導 関 数

関数 $f(x, y)$ が点 (a, b) で x と y について偏微分可能なとき, $f(x, y)$ は点 (a, b) で**偏微分可能**という. また, $f(x, y)$ が集合 D の各点で偏微分可能なとき, $f(x)$ は D で**偏微分可能**という. 関数 $z = f(x, y)$ が D で偏微分可能なとき, D の各点 (x, y) に, その点における x についての偏微分係数 $f_x(x, y)$ を対応させる関数を, $f(x, y)$ の x についての**偏導関数**といい,

$$f_x(x, y), \quad \frac{\partial f}{\partial x}(x, y), \quad f_x, \quad z_x, \quad \frac{\partial z}{\partial x}$$

などで表す. 同様に, y についての**偏導関数**も定義でき, それを

$$f_y(x, y), \quad \frac{\partial f}{\partial y}(x, y), \quad f_y, \quad z_y, \quad \frac{\partial z}{\partial y}$$

などで表す. 偏導関数を求めることを**偏微分**するという. 定義 (または例 1 の計算) からわかるように, x についての偏微分は, y を定数とみなして変数 x の 1 変数関数としての微分を行えばよい. y についての偏微分も同様である.

4.2 偏微分と全微分　　　　　　　　　　　　　　　　　　　　99

例 2. 関数 $f(x, y) = 2xy^2 + 3x$ を偏微分せよ.

解. y を定数とみなして x について微分すると, $f_x = 2y^2 + 3$. 同様に, x を定数とみなして y について微分すると, $f_y = 4xy$.　　□

問 2. 次の関数を偏微分せよ.

(1) $x^2 - y^2$　　　　　(2) $(x + y)^3$　　　　　(3) $\sin(2x + y)$

(4) $\sqrt{1 - x^2 - y^2}$　　(5) $\dfrac{1}{x^2 + y^2}$　　　(6) $\dfrac{x}{x^2 - y^2}$

(7) $\dfrac{x^2}{y}$　　　　　　(8) $e^{x^3 + 2y^2}$　　　　(9) $\tan^{-1} \dfrac{y}{x}$

4.2.3 全 微 分

第 2 章の微分係数の定義より, 1 変数関数 $f(x)$ が点 a で微分可能なことと,

$$f(a + h) - f(a) = Ah + \varepsilon(h)$$

となる定数 A が存在して, $\lim_{h \to 0} \dfrac{\varepsilon(h)}{h} = 0$ を満たすことは同値で, $A = f'(a)$ である. よって, 右辺で $h \to 0$ とすれば, 点 a における $f(x)$ の連続性が導かれる. したがって, 微分可能な 1 変数関数は連続である. ところが, 2 変数関数は偏微分可能な点で連続とは限らない. 例えば, 例 1 (3) の関数 (4.1 節の問 5 も参照) は, 原点で偏微分可能であるが連続でない.

2 変数関数 $f(x, y)$ に対して

$$f(a + h, b + k) - f(a, b) = Ah + Bk + \varepsilon(h, k) \tag{4.2}$$

となる定数 A, B が存在して,

$$\lim_{(h,k) \to (0,0)} \frac{\varepsilon(h, k)}{\sqrt{h^2 + k^2}} = 0 \tag{4.3}$$

を満たすとき, $f(x, y)$ は点 (a, b) で**全微分可能**という. また, $f(x, y)$ が開集合 D の各点で全微分可能なとき, $f(x, y)$ は D で**全微分可能**という.

全微分可能性は, 1 変数の微分可能性と同様に, 連続性を導く. 実際, (4.2) で $(h, k) \to (0, 0)$ とすると,

$$\lim_{(h,k) \to (a,b)} f(a + h, b + k) = f(a, b)$$

を得る. よって, 全微分可能な点 (a, b) で $f(x, y)$ は連続となる. さらに, 全微分可能な点における偏微分可能性も次の定理で保証される.

100   4. 偏微分

●定理 3. 関数 $f(x, y)$ が点 (a, b) で全微分可能で，(4.2) のように表せるとす
る．このとき，$f(x, y)$ は点 (a, b) で連続かつ偏微分可能で，

$$A = f_x(a, b), \ B = f_y(a, b)$$

となる．

　証明．　連続性はすでに示したので，偏微分可能性を示す．(4.2) で $k = 0$ と
すると，

$$\frac{f(a + h, b) - f(a, b)}{h} = A + \frac{\varepsilon(h, 0)}{h}$$

を得る．(4.3) より，$\displaystyle\lim_{h \to 0} \frac{\varepsilon(h, 0)}{h} = 0$ なので，$f(x, y)$ は x について偏微分可能
で，$f_x(a, b) = A$ となる．y についての偏微分可能性も同様に示される．　□

　関数 $z = f(x, y)$ が点 (x, y) で全微分可能なとき，x, y の増分 h, k に対して，
$f(x, y)$ の増分 Δz は，(4.2) と定理 3 より

$$\Delta z = f(x + h, y + k) - f(x, y)$$
$$= f_x(x, y)h + f_y(x, y)k + \varepsilon(h, k)$$

となる．したがって，$|h|, |k|$ が十分小さいとき，Δz は $f_x(x, y)h + f_y(x, y)k$ で
近似される．この近似項を z または f の**全微分**といい，dz または df とかく．
すなわち

$$dz = f_x(x, y)h + f_y(x, y)k \quad \text{または} \quad df = f_x(x, y)h + f_y(x, y)k$$

である．特に，$f(x, y) = x$ で定まる関数 f を x とかくと，$f_x = 1$，$f_y = 0$ な
ので，x の全微分は $dx = 1 \cdot h + 0 \cdot k = h$ となる．同様に，関数 $f(x, y) = y$
の全微分は，$dy = k$ となるので，関数 $z = f(x, y)$ の全微分を

$$dz = f_x(x, y) \, dx + f_y(x, y) \, dy \quad \text{または} \quad df = f_x(x, y) \, dx + f_y(x, y) \, dy$$

で表す．

　関数 $f(x, y)$ が集合 D で偏微分可能で，f_x, f_y がともに連続なとき，$f(x, y)$
は D で C^1 級または D で**連続微分可能**という．

●定理 4. 関数 $f(x, y)$ が集合 D で C^1 級ならば，$f(x, y)$ は D で全微分可能で
ある．

　証明．　点 $(a, b) \in D$ に対して，$|h|, |k|$ を十分小さくとれば，$(a+h, b+k) \in D$
となるので，

4.2 偏微分と全微分

$$R_1(h,k) = f(a+h, b+k) - f(a, b+k) - hf_x(a,b),$$
$$R_2(h,k) = f(a, b+k) - f(a,b) - kf_y(a,b)$$

とおくと，

$$f(a+h, b+k) - f(a,b) = hf_x(a,b) + kf_y(a,b) + R_1(h,k) + R_2(h,k)$$

と表せる．よって，$f(x,y)$ の点 (a,b) での全微分可能性を示すには，

$$\lim_{(h,k)\to(0,0)} \frac{R_1(h,k)}{\sqrt{h^2+k^2}} = \lim_{(h,k)\to(0,0)} \frac{R_2(h,k)}{\sqrt{h^2+k^2}} = 0$$

をいえばよい．

x の関数 $f(x, b+k)$ に平均値の定理を用いれば

$$f(a+h, b+k) - f(a, b+k) = hf_x(a+\theta h, b+k) \quad (0 < \theta < 1)$$

と表せるので，

$$\left|\frac{R_1(h,k)}{\sqrt{h^2+k^2}}\right| = \frac{|h|}{\sqrt{h^2+k^2}} |f_x(a+\theta h, b+k) - f_x(a,b)|.$$

ここで，$\dfrac{|h|}{\sqrt{h^2+k^2}} \leqq 1$ かつ f_x は連続なので，$\displaystyle\lim_{(h,k)\to(0,0)} \frac{R_1(h,k)}{\sqrt{h^2+k^2}} = 0$ を得る．同様に，$\displaystyle\lim_{(h,k)\to(0,0)} \frac{R_2(h,k)}{\sqrt{h^2+k^2}} = 0$ も示せる． □

定理 3 と定理 4 より次が成り立つ．

$$C^1 \text{ 級} \implies \text{全微分可能} \implies \text{連続かつ偏微分可能}.$$

例 3． 次の関数の全微分を求めよ．

(1) $z = xy$ (2) $z = \dfrac{1}{x^2+y^2}$

解． (1) $z_x = y$, $z_y = x$ は連続なので，z は平面で C^1 級．よって，定理 4 より，z は全微分可能で，$dz = y\,dx + x\,dy$．dz は図 4.5 に示す面積に等しい．

(2) z は，$D = \{(x,y) \mid (x,y) \neq (0,0)\}$ で定義された関数で，

$$z_x = \frac{-2x}{(x^2+y^2)^2}, \quad z_y = \frac{-2y}{(x^2+y^2)^2}$$

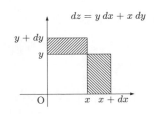

図 4.5　$z = xy$ の増分 dz

は連続なので，z は D で C^1 級．よって，全微分可能で $dz = \dfrac{-2x\,dx - 2y\,dy}{(x^2+y^2)^2}$ となる． □

102　　　　　　　　　　　　　　　　　　　　　　　　　　　4. 偏微分

問 3.　次の関数の全微分を求めよ.

(1)　$z = 2x^2 - 3y^2$　　　(2)　$z = \cos(2x + 3y)$　　　(3)　$z = e^{x^2 + y^2}$

(4)　$z = \sqrt{x^2 + y^2}$　　　(5)　$z = \sin xy$　　　(6)　$z = \log(x^2 + y^2)$

(7)　$z = \dfrac{xy}{x^2 - y^2}$　　　(8)　$z = \dfrac{x^2 - y^2}{x^2 + y^2}$　　　(9)　$z = \dfrac{xy}{\sqrt{x^2 + y^2}}$

4.2.4　合成関数の偏微分

$z = f(x, y)$ は集合 D で定義された関数とする. 開区間 I で定義された関数 $x = x(t)$, $y = y(t)$ に対して, $\{(x(t), y(t)) \mid t \in I\}$ が D に含まれるとき, 合成関数 $z = f(x(t), y(t))$ が定義できる.

●定理 5.　関数 $f(x, y)$ は集合 D で全微分可能で, $x(t)$, $y(t)$ が I で微分可能ならば, 合成関数 $z = f(x(t), y(t))$ は I で t について微分可能で,

$$\frac{dz}{dt} = f_x(x(t), y(t)) \frac{dx}{dt} + f_y(x(t), y(t)) \frac{dy}{dt} \tag{4.4}$$

となる. (4.4) を簡単に

$$\frac{dz}{dt} = \frac{\partial z}{\partial x} \frac{dx}{dt} + \frac{\partial z}{\partial y} \frac{dy}{dt}$$

とかく.

証明.　$x(t)$, $y(t)$ は点 $c \in I$ で微分可能とする. $|\tau|$ を十分小さくとれば, $c + \tau \in I$ となるので, t の増分 τ に対する $x(t)$, $y(t)$ の c における増分を

$$h = x(c + \tau) - x(c), \quad k = y(c + \tau) - y(c)$$

とおく. $f(x, y)$ は全微分可能なので, t の増分 τ に対する $z = f(x(t), y(t))$ の c における増分 Δz は,

$$\begin{aligned}
\Delta z &= f(x(c + \tau), y(c + \tau)) - f(x(c), y(c)) \\
&= f(x(c) + h, y(c) + k) - f(x(c), y(c)) \\
&= f_x(x(c), y(c))h + f_y(x(c), y(c))k + \varepsilon(h, k)
\end{aligned}$$

と表せ, $(h, k) \to (0, 0)$ のとき, $\dfrac{\varepsilon(h, k)}{\sqrt{h^2 + k^2}} \to 0$ となる. よって,

$$\frac{\Delta z}{\tau} = f_x(x(c), y(c)) \frac{h}{\tau} + f_y(x(c), y(c)) \frac{k}{\tau} + \frac{\varepsilon(h, k)}{\tau}. \tag{4.5}$$

ここで, $x(t)$, $y(t)$ は $t = c$ で微分可能なので, $\displaystyle\lim_{\tau \to 0} \frac{h}{\tau} = x'(c)$, $\displaystyle\lim_{\tau \to 0} \frac{k}{\tau} = y'(c)$.

4.2 偏微分と全微分 103

さらに，$\tau \to 0$ のとき $(h, k) \to (0, 0)$ なので，

$$\left| \frac{\varepsilon(h, k)}{\tau} \right| = \left| \frac{\varepsilon(h, k)}{\sqrt{h^2 + k^2}} \right| \sqrt{\left(\frac{h}{\tau} \right)^2 + \left(\frac{k}{\tau} \right)^2} \to 0.$$

したがって，(4.5) より $z = f(x(t), y(t))$ は $t = c$ で微分可能で，(4.4) が成り立つ．□

問 4. 次の関数 $f(x, y)$ と微分可能な関数 $x(t)$，$y(t)$ により得られる合成関数 $z = f(x(t), y(t))$ に対して，$\dfrac{dz}{dt}$ を $x'(t)$，$y'(t)$ を用いて表せ．

(1)　$f(x, y) = x^2 y$ (2)　$f(x, y) = \log(x^2 + y^2)$

(3)　$f(x, y) = \dfrac{xy}{x^2 + y^2}$ (4)　$f(x, y) = \sqrt{1 - x^2 - y^2}$

例 4. 関数 $f(x, y)$ が全微分可能で，$y = y(x)$ が微分可能ならば，合成関数 $z = f(x, y(x))$ は微分可能で，

$$\frac{dz}{dx} = f_x(x, y) + f_y(x, y) y'(x)$$

となることを示せ．

解.　$x = t$，$y = y(t)$ として定理 5 を使えばよい．　□

問 5. 関数 $f(x, y)$ が全微分可能なとき，次の関数 $y = y(x)$ と $f(x, y)$ の合成関数 $z = f(x, y(x))$ に対して，$\dfrac{dz}{dx}$ を f_x，f_y を用いて表せ．

(1)　$y = 2x + 1$ (2)　$y = x^2$

(3)　$y = \sqrt{1 - x^2}$ (4)　$y = xe^{x^2}$

2 変数関数 $x = x(u, v)$ と $y = y(u, v)$ の定義域に属する点 (u, v) に対して，$(x(u, v), y(u, v)) \in D$ であるとする．このとき，合成関数 $z = f(x(u, v), y(u, v))$ の u についての偏微分は，v を定数とみなして，u について微分すればよい．v についての偏微分も同様なので，定理 5 をそれぞれの変数に適用すれば，次の定理を得る．

●**定理 6.** 関数 $f(x, y)$ が全微分可能で，$x(u, v)$，$y(u, v)$ が偏微分可能ならば，合成関数 $z = f(x(u, v), y(u, v))$ は偏微分可能で，

$$\frac{\partial z}{\partial u} = f_x(x(u, v), y(u, v)) \frac{\partial x}{\partial u} + f_y(x(u, v), y(u, v)) \frac{\partial y}{\partial u},$$

$$\frac{\partial z}{\partial v} = f_x(x(u, v), y(u, v)) \frac{\partial x}{\partial v} + f_y(x(u, v), y(u, v)) \frac{\partial y}{\partial v}$$

104　　　　　　　　　　　　　　　　　　　　　　　　　　　　　　4. 偏微分

となる．これらを簡単に

$$\frac{\partial z}{\partial u} = \frac{\partial z}{\partial x}\frac{\partial x}{\partial u} + \frac{\partial z}{\partial y}\frac{\partial y}{\partial u}, \qquad \frac{\partial z}{\partial v} = \frac{\partial z}{\partial x}\frac{\partial x}{\partial v} + \frac{\partial z}{\partial y}\frac{\partial y}{\partial v}$$

とかく．

例 5. 関数 $z = f(x, y)$ が全微分可能で，$x = u + v$，$y = u - v$ のとき，

$$z_u = z_x + z_y, \qquad z_v = z_x - z_y$$

を示せ．

解. 定理 6 より，$z_u = z_x x_u + z_y y_u = z_x + z_y$．$z_v$ も同様． □

なお，1 変数の場合の逆関数の微分公式 $\dfrac{dx}{dy} = 1 \left/ \dfrac{dy}{dx}\right.$ のような計算は偏微分では行えない．実際，次の問 6 では，$\dfrac{\partial x}{\partial r} = \cos\theta$ であるが，$r = \sqrt{x^2 + y^2}$ より $\dfrac{\partial r}{\partial x} = \dfrac{x}{\sqrt{x^2 + y^2}} = \dfrac{x}{r} = \cos\theta$ なので，$\dfrac{\partial r}{\partial x} = 1 \left/ \dfrac{\partial x}{\partial r}\right.$ は成り立たない．

問 6. 関数 $z = f(x, y)$ が全微分可能で，$x = r\cos\theta$，$y = r\sin\theta$ のとき，

$$z_r = z_x \cos\theta + z_y \sin\theta, \qquad z_\theta = -z_x r\sin\theta + z_y r\cos\theta$$

を示せ．

問 7. 関数 $z = f(x, y)$ が全微分可能なとき，次の $x(u, v)$，$y(u, v)$ と $f(x, y)$ との合成関数 $z = f(x(u, v), y(u, v))$ に対して，z_u, z_v を z_x, z_y を用いて表せ．

(1)　$x = 2u + 3v$，　$y = 2u - 3v$　　　(2)　$x = u^2 + v^2$，　$y = u^2 - v^2$

(3)　$x = ue^v$，　$y = ve^u$　　　　　　　(4)　$x = u\cosh v$，　$y = u\sinh v$

4.2.5　接平面と法線の方程式

集合 D で連続な関数 $z = f(x, y)$ に対して，空間内の点の集合

$$\{(x, y, f(x, y)) \mid (x, y) \in D\}$$

は一つの曲面を表す．$z = f(x, y)$ が点 (a, b) で全微分可能ならば，(a, b) の十分近くの任意の点 $(x, y) \in D$ に対して，

$$f(x, y) = f(a, b) + f_x(a, b)(x - a) + f_y(a, b)(y - b) + \varepsilon(x - a, y - b) \qquad (4.6)$$

と表すことができ，

$$\lim_{(x,y)\to(a,b)} \frac{\varepsilon(x - a, y - b)}{\sqrt{(x - a)^2 + (y - b)^2}} = 0$$

4.2 偏微分と全微分

を満たす．このとき，(4.6) の $\varepsilon(x-a, y-b)$ を無視して得られる関数

$$z = f(a,b) + f_x(a,b)(x-a) + f_y(a,b)(y-b) \tag{4.7}$$

が表す平面は，点 $(a, b, f(a,b))$ を通る．この平面を曲面 $z = f(x,y)$ の点 $A(a, b, f(a,b))$ における**接平面**，(4.7) を**接平面の方程式**という．

点 $P(x, y, z)$ を (4.7) が表す接平面上の点とすると，2 つのベクトル $\overrightarrow{AP} = (x-a, y-b, z-f(a,b))$ と $\boldsymbol{n} = (f_x(a,b), f_y(a,b), -1)$ は直交する．点 A を通り，ベクトル $\boldsymbol{n}$ に平行な直線を，曲面 $z = f(x,y)$ の点 A における**法線**という．

点 $Q(x, y, z)$ を法線上の点とすると，法線の定義より，$\overrightarrow{AQ} = k\boldsymbol{n}$ (k は定数) となる．よって，点 A における**法線の方程式**は

$$\frac{x-a}{f_x(a,b)} = \frac{y-b}{f_y(a,b)} = \frac{z-f(a,b)}{-1}$$

で与えられる．ただし，$f_x(a,b) = 0$ のときは，法線は 2 平面

$$x = a, \quad \frac{y-b}{f_y(a,b)} = \frac{z-f(a,b)}{-1}$$

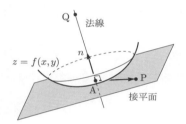

図 4.6 接平面と法線

の交線となる．$f_y(a,b) = 0$ のときも同様である．また，$f_x(a,b) = f_y(a,b) = 0$ の場合は，法線は 2 平面

$$x = a, \qquad y = b$$

の交線となる．

例 6. 曲面 $z = x^2 + 3y$ の点 $(1, 1, 4)$ における接平面と法線の方程式を求めよ．

解． $z_x = 2x$, $z_y = 3$ より，$z_x(1,1) = 2$, $z_y(1,1) = 3$．よって，接平面の方程式は $z = 4 + 2(x-1) + 3(y-1)$．また，法線の方程式は $\dfrac{x-1}{2} = \dfrac{y-1}{3} = \dfrac{z-4}{-1}$ となる．□

問 8. 次の曲面の指定された点における接平面と法線の方程式を求めよ．
(1) $z = 2xy^2$, 点 $(1, 1, 2)$ (2) $z = x^2 + y^2$, 点 $(1, 1, 2)$
(3) $z = \dfrac{x^2}{2} + \dfrac{y^2}{3}$, 点 $(2, 3, 5)$ (4) $z = \sqrt{9 - x^2 - y^2}$, 点 $(1, 2, 2)$

4.3 高次偏導関数

4.3.1 高次偏導関数

関数 $f(x, y)$ が偏微分可能で，その偏導関数 f_x, f_y も偏微分可能なとき，それらを偏微分して

$$(f_x)_x, \quad (f_x)_y, \quad (f_y)_x, \quad (f_y)_y$$

が得られる．これらを **2 次偏導関数**といい，

$$(f_x)_x \text{ を } f_{xx}, \quad \frac{\partial}{\partial x}\left(\frac{\partial f}{\partial x}\right), \quad \frac{\partial^2 f}{\partial x^2}, \qquad (f_x)_y \text{ を } f_{xy}, \quad \frac{\partial}{\partial y}\left(\frac{\partial f}{\partial x}\right), \quad \frac{\partial^2 f}{\partial y \partial x}$$

などで表す．また，$z = f(x, y)$ のときは，

$$(f_x)_x \text{ を } z_{xx}, \quad \frac{\partial}{\partial x}\left(\frac{\partial z}{\partial x}\right), \quad \frac{\partial^2 z}{\partial x^2}, \qquad (f_x)_y \text{ を } z_{xy}, \quad \frac{\partial}{\partial y}\left(\frac{\partial z}{\partial x}\right), \quad \frac{\partial^2 z}{\partial y \partial x}$$

などで表す．高次偏導関数も同様に定義して，

$$(f_{xx})_y \text{ を } f_{xxy}, \quad \frac{\partial^3 f}{\partial y \partial x^2}, \qquad (f_{xxy})_y \text{ を } f_{xxyy}, \quad \frac{\partial^4 f}{\partial y^2 \partial x^2}$$

などで表す．

例 1. 関数 $f(x, y) = xy^2 + \sin xy$ の 2 次偏導関数を求めよ．

解. $f_x = y^2 + y\cos xy$, $f_y = 2xy + x\cos xy$ なので，

$$f_{xx} = -y^2\sin xy, \qquad\qquad\qquad f_{xy} = 2y - xy\sin xy + \cos xy,$$
$$f_{yx} = 2y - xy\sin xy + \cos xy, \qquad f_{yy} = 2x - x^2\sin xy. \qquad \square$$

問 1. 次の関数の 2 次偏導関数を求めよ．

(1) $(2x + y)^2$ (2) $\cosh(x + y)$ (3) $e^x \log y^2$

(4) $\dfrac{1}{x^2 + y^2}$ (5) $\dfrac{x}{\sqrt{x^2 + y^2}}$ (6) $\dfrac{x}{x^2 - y^2}$

関数 $f(x, y)$ の n 次偏導関数がすべて連続なとき，$f(x, y)$ は $\boldsymbol{C^n}$ **級**という．定理 3, 定理 4 より，C^n 級関数の n 次までのすべての偏導関数は連続となる．

例 2. 関数 $f(x, y) = \begin{cases} \dfrac{xy(x^2 + 2y^2)}{x^2 + y^2} & ((x, y) \neq (0, 0)) \\ 0 & ((x, y) = (0, 0)) \end{cases}$ に対して，$f_{xy}(0, 0)$, $f_{yx}(0, 0)$ を求めよ．

4.3 高次偏導関数

解. $y \neq 0$ のときは,

$$f_x(0, y) = \lim_{h \to 0} \frac{f(h, y) - f(0, y)}{h} = \lim_{h \to 0} \frac{y(h^2 + 2y^2)}{h^2 + y^2} = 2y.$$

また, $f(h, 0) = f(0, 0) = 0$ より, $f_x(0, 0) = 0$. よって,

$$f_{xy}(0, 0) = \lim_{k \to 0} \frac{f_x(0, k) - f_x(0, 0)}{k} = \lim_{k \to 0} \frac{2k - 0}{k} = 2.$$

同様に, $f_y(x, 0) = x \ (x \neq 0)$, $f_y(0, 0) = 0$ なので, $f_{yx}(0, 0) = 1$. $\square$

問 2. 例 2 の関数 $f(x, y)$ に対して, 次を示せ.
(1) $f(x, y)$ は C^1 級である.
(2) f_{xy} は原点で連続でない.

例 2 より, 一般には $f_{xy} = f_{yx}$ が成り立つとは限らない. 次の定理は, 偏微分の順序を交換するための十分条件を与える.

●**定理 7. (シュワルツ (Schwarz) の定理)** 関数 $f(x, y)$ は偏微分可能とする. このとき, f_{xy} が存在して連続ならば, f_{yx} も存在して $f_{xy} = f_{yx}$ となる. また, f_{yx} が存在して連続ならば, f_{xy} も存在して $f_{xy} = f_{yx}$ となる.

証明. 前半を示す. $f(x, y)$ の定義域 D 内の点 (a, b) に対して, $|h|, |k|$ を十分小さくとれば, 点 $(a + h, b + k) \in D$ となる. $g(x) = f(x, b + k) - f(x, b)$ は微分可能なので, 平均値の定理より

$$g(a + h) - g(a) = hg'(a + h\theta_1)$$

を満たす $\theta_1 \in (0, 1)$ が存在する. $g'(x) = f_x(x, b + k) - f_x(x, b)$ を用いて上式を書き換えて,

$$f(a + h, b + k) - f(a + h, b) - f(a, b + k) + f(a, b)$$
$$= h\{f_x(a + h\theta_1, b + k) - f_x(a + h\theta_1, b)\}$$

を得る. 上式の左辺を $\Delta(h, k)$ おく. 今度は y の関数 $f_x(a + h\theta_1, y)$ に平均値の定理を適用して上式の右辺を書き換えると,

$$\Delta(h, k) = hk f_{xy}(a + h\theta_1, b + k\theta_2)$$

を満たす $\theta_2 \in (0, 1)$ が存在する. f_{xy} は連続なので, f_y の点 (a, b) における x についての偏微分係数を計算すると,

$$f_{yx}(a,b) = \lim_{h \to 0} \frac{f_y(a+h,b) - f_y(a,b)}{h}$$

$$= \lim_{h \to 0} \frac{1}{h} \left(\lim_{k \to 0} \frac{f(a+h,b+k) - f(a+h,b)}{k} - \lim_{k \to 0} \frac{f(a,b+k) - f(a,b)}{k} \right)$$

$$= \lim_{h \to 0} \lim_{k \to 0} \frac{\Delta(h,k)}{hk} = \lim_{h \to 0} \lim_{k \to 0} f_{xy}(a+h\theta_1, b+k\theta_2)$$

$$= f_{xy}(a,b)$$

を得る．よって，f_y は点 (a,b) で x について偏微分可能で，$f_{yx}(a,b) = f_{xy}(a,b)$ となる．□

例 3. 関数 $f(x,y) = \begin{cases} \exp\left(-\dfrac{1}{x^2+y^2}\right) & (\,(x,y) \neq (0,0)\,) \\ 0 & (\,(x,y) = (0,0)\,) \end{cases}$ に対して，f_{xy} が連続であることを示し，f_{yx} を求めよ．

解. まず，原点以外の点で f_{xy} の連続性を調べるために，$(x,y) \neq (0,0)$ とする．このとき，

$$f_{xy} = \frac{4xy(1 - 2x^2 - 2y^2)}{(x^2+y^2)^4} \exp\left(-\frac{1}{x^2+y^2}\right)$$

なので，f_{xy} は原点以外で連続である．

次に，原点での連続性を調べる．$k \neq 0$ のとき，$f_x(0,k) = 0$．また

$$f_x(0,0) = \lim_{h \to 0} \frac{f(h,0) - f(0,0)}{h} = \lim_{h \to 0} \frac{e^{-\frac{1}{h^2}}}{h} = 0$$

なので，

$$f_{xy}(0,0) = \lim_{k \to 0} \frac{f_x(0,k) - f_x(0,0)}{k} = 0.$$

一方，$x = r\cos\theta$, $y = r\sin\theta$ とすると，

$$|f_{xy}(x,y)| \leqq \left| \frac{4}{r^6} - \frac{8}{r^4} \right| e^{-\frac{1}{r^2}} \to 0 \quad (r \to 0)$$

なので，$\displaystyle\lim_{(x,y) \to (0,0)} f_{xy}(x,y) = f_{xy}(0,0)$．よって，$f_{xy}$ は原点でも連続である．

以上より，f_{xy} は平面上のすべての点で連続となる．よって，定理 7 より f_{yx} は計算せずに

$$f_{yx} = f_{xy} = \begin{cases} \dfrac{4xy(1 - 2x^2 - 2y^2)}{(x^2+y^2)^4} \exp\left(-\dfrac{1}{x^2+y^2}\right) & (\,(x,y) \neq (0,0)\,) \\ 0 & (\,(x,y) = (0,0)\,) \end{cases}$$

4.3 高次偏導関数 109

となる．もちろん f_{yx} を直接計算して求めてもよい．　□

問3. 次の関数 $f(x, y)$ に対して，f_{xy} の連続性を調べよ．

(1) $f(x, y) = x^2 + y^3$ 　　　　(2) $f(x, y) = y^2 e^{x^2}$

(3) $f(x, y) = \sin^{-1} xy$ 　　　(4) $f(x, y) = \dfrac{1}{\sqrt{x^2 + y^2}}$

(5) $f(x, y) = \begin{cases} \exp\left(-\dfrac{1}{\sqrt{x^2+y^2}}\right) & (\,(x,y) \neq (0,0)\,) \\ 0 & (\,(x,y) = (0,0)\,) \end{cases}$

関数 $z = f(x, y)$ が C^n 級のとき，定理7を繰り返し用いれば，n 次までのすべての偏導関数はその偏微分の順序によらず

$$\frac{\partial^m f}{\partial x^k \partial y^{m-k}} \qquad (1 \le m \le n,\ 0 \le k \le m)$$

と表せる．ただし，$\dfrac{\partial^m f}{\partial x^0 \partial y^m} = \dfrac{\partial^m f}{\partial y^m}$，$\dfrac{\partial^m f}{\partial x^m \partial y^0} = \dfrac{\partial^m f}{\partial x^m}$ とする．

問4. 関数 $f(x)$ が2回微分可能なとき，$z = f(x + at) + f(x - at)$ は**波動方程式**

$$\frac{\partial^2 z}{\partial t^2} = a^2 \frac{\partial^2 z}{\partial x^2}$$

を満たすことを示せ．ただし，$a \neq 0$ は定数とする．

C^n 級関数 $f(x, y)$ に対して，f の n 次までの偏導関数の1次結合

$$\sum_{i,j} a_{ij} \frac{\partial^{i+j} f}{\partial x^i \partial y^j} = \sum_{i,j} a_{ij} f_{\underbrace{y \cdots y}_{j\ 個} \underbrace{x \cdots x}_{i\ 個}} \qquad (a_{ij} \text{ は定数で，} 1 \le i + j \le n)$$

を $\displaystyle\sum_{i,j} a_{ij} \left(\frac{\partial}{\partial x}\right)^i \left(\frac{\partial}{\partial y}\right)^j f$ で表し，$\displaystyle\sum_{i,j} a_{ij} \left(\frac{\partial}{\partial x}\right)^i \left(\frac{\partial}{\partial y}\right)^j$ を**微分演算子**という．例えば，

$$\frac{\partial}{\partial x} + \frac{\partial}{\partial y}, \quad \frac{\partial}{\partial x} + \left(\frac{\partial}{\partial y}\right)^2, \quad \left(\frac{\partial}{\partial x}\right)^2 + \left(\frac{\partial}{\partial y}\right)^2$$

などは微分演算子である．高次の偏導関数は，微分演算子を用いると見通しよく計算できる．

例4. 微分演算子 $\left(\dfrac{\partial}{\partial x}\right)^2 + \left(\dfrac{\partial}{\partial y}\right)^2$ を**ラプラシアン**といい，Δ で表す．すなわち，C^2 級関数 f に対して $\Delta f = f_{xx} + f_{yy}$ が成り立つ．

$\Delta f = 0$ を満たす関数 $f(x, y)$ を**調和関数**という．

110   4. 偏 微 分

例 5. C^2 級関数 $f(x, y)$ に対して，$z(r, \theta) = f(r\cos\theta, r\sin\theta)$ とおくとき，

$$\Delta f = z_{rr} + \frac{1}{r}z_r + \frac{1}{r^2}z_{\theta\theta}$$

を示せ．これを利用して，$\log(x^2 + y^2)$ は調和関数であることを示せ．

解. 合成関数の微分法より，

$$z_r = f_x\cos\theta + f_y\sin\theta, \quad z_\theta = -f_x r\sin\theta + f_y r\cos\theta.$$

f は C^2 級なので，$f_{xy} = f_{yx}$．よって

$$z_{rr} = \frac{\partial}{\partial r}\big(f_x\cos\theta + f_y\sin\theta\big) = \frac{\partial f_x}{\partial r}\cos\theta + \frac{\partial f_y}{\partial r}\sin\theta$$

$$= \big(f_{xx}\cos\theta + f_{xy}\sin\theta\big)\cos\theta + \big(f_{yx}\cos\theta + f_{yy}\sin\theta\big)\sin\theta$$

$$= f_{xx}\cos^2\theta + 2f_{xy}\sin\theta\cos\theta + f_{yy}\sin^2\theta.$$

同様に，

$$z_{\theta\theta} = -\frac{\partial}{\partial\theta}\big(f_x r\sin\theta\big) + \frac{\partial}{\partial\theta}\big(f_y r\cos\theta\big)$$

$$= -\left\{\left(\frac{\partial f_x}{\partial\theta}\right)r\sin\theta + f_x\frac{\partial}{\partial\theta}\big(r\sin\theta\big)\right\}$$

$$\quad + \left\{\left(\frac{\partial f_y}{\partial\theta}\right)r\cos\theta + f_y\frac{\partial}{\partial\theta}\big(r\cos\theta\big)\right\}$$

$$= -\big\{f_{xx}(-r\sin\theta) + f_{xy}r\cos\theta\big\}r\sin\theta - f_x r\cos\theta$$

$$\quad + \big\{f_{yx}(-r\sin\theta) + f_{yy}r\cos\theta\big\}r\cos\theta + f_y(-r\sin\theta)$$

$$= f_{xx}r^2\sin^2\theta - 2f_{xy}r^2\sin\theta\cos\theta + f_{yy}r^2\cos^2\theta - rz_r.$$

以上の計算結果を整理すれば，求める式を得る．

$f(x, y) = \log(x^2 + y^2)$ のときは，$z(r, \theta) = \log r^2$ なので，

$$z_r = 2r^{-1}, \quad z_{rr} = -2r^{-2}, \quad z_{\theta\theta} = 0$$

を得る．よって $\Delta f = 0$ となり，f は調和関数である．　□

問 5. 次の関数は調和関数であることを示せ．

(1)　$2x - y + 1$　　　　(2)　$x^2 - y^2$　　　　(3)　$x^3 - 3xy^2$

(4)　$e^x\cos y$　　　　(5)　$\cosh x\sin y$　　　　(6)　$\dfrac{y}{x^2 + y^2}$

(7)　$\log\sqrt{x^2 + y^2}$　　(8)　$\sin^{-1}\left(\dfrac{2xy}{x^2 + y^2}\right)$　　(9)　$\tan^{-1}\dfrac{y}{x}$

4.3 高次偏導関数　　111

微分演算子の計算では，$\dfrac{\partial}{\partial x}$ や $\dfrac{\partial}{\partial y}$ を文字として，普通の数式のように展開したり，因数分解したりできる．例えば，C^2 級関数 f と実数 h, k に対して，

$$\left(h\frac{\partial}{\partial x} + k\frac{\partial}{\partial y}\right)f = hf_x + kf_y,$$

$$\left(h\frac{\partial}{\partial x} + k\frac{\partial}{\partial y}\right)^2 f = \left(h^2\frac{\partial^2}{\partial x^2} + 2hk\frac{\partial}{\partial x}\frac{\partial}{\partial y} + k^2\frac{\partial^2}{\partial y^2}\right)f$$

$$= h^2 f_{xx} + 2hk f_{xy} + k^2 f_{yy}$$

となる．

4.3.2 テイラーの定理

C^n 級関数 $z = f(x, y)$ に対して，$x = a + ht$, $y = b + kt$ とおくと，合成関数の微分法より

$$\frac{dz}{dt} = hf_x + kf_y = \left(h\frac{\partial}{\partial x} + k\frac{\partial}{\partial y}\right)f,$$

$$\frac{d^2z}{dt^2} = \frac{d}{dt}(hf_x + kf_y) = h^2 f_{xx} + 2hk f_{xy} + k^2 f_{yy} = \left(h\frac{\partial}{\partial x} + k\frac{\partial}{\partial y}\right)^2 f.$$

以下同様に，$\dfrac{d^m z}{dt^m}$ $(1 \leqq m \leqq n)$ を計算すると，

$$\frac{d^m z}{dt^m} = \sum_{r=0}^{m} {}_m\mathrm{C}_r h^{m-r} k^r \left(\frac{\partial}{\partial x}\right)^{m-r} \left(\frac{\partial}{\partial y}\right)^r f = \left(h\frac{\partial}{\partial x} + k\frac{\partial}{\partial y}\right)^m f.$$

●定理 8.　(テイラーの定理)　関数 $f(x, y)$ が集合 D で C^n 級で，D 内の 2 点 (a, b), $(a + h, b + k)$ を結ぶ線分が D に含まれるならば，

$$f(a+h, b+k) = f(a, b) + \sum_{m=1}^{n-1}\frac{1}{m!}\left(h\frac{\partial}{\partial x} + k\frac{\partial}{\partial y}\right)^m f(a, b)$$

$$+ \frac{1}{n!}\left(h\frac{\partial}{\partial x} + k\frac{\partial}{\partial y}\right)^n f(a + \theta h, b + \theta k)$$

を満たす $\theta \in (0, 1)$ が存在する．

　証明．　$g(t) = f(a + ht, b + kt)$ とおくと，$g^{(m)}(0)$ は $\dfrac{d^m z}{dt^m}$ の $t = 0$ での値に等しいので，

$$g^{(m)}(0) = \left(h\frac{\partial}{\partial x} + k\frac{\partial}{\partial y}\right)^m f(a, b)$$

となる．一方，マクローリンの定理より

$$g(t) = g(0) + \sum_{m=1}^{n-1} \frac{g^{(m)}(0)}{m!} t^m + \frac{g^{(n)}(\theta t)}{n!} t^n$$

を満たす $\theta \in (0,1)$ が存在する．この式で，$t = 1$ とすると結論を得る．　□

例 6.　テイラーの定理で $n = 1$ とすると，

$$f(a+h, b+k) = f(a,b) + \left(h \frac{\partial}{\partial x} + k \frac{\partial}{\partial y} \right) f(a + \theta h, b + \theta k)$$

を満たす $\theta \in (0,1)$ が存在する．これを**平均値の定理**という．関数 $f(x,y) = e^{x^2+y^2}$ に平均値の定理を適用せよ．

解.　$f_x = 2x e^{x^2+y^2}$, $f_y = 2y e^{x^2+y^2}$ なので，平均値の定理より，

$$e^{(a+h)^2+(b+k)^2} = e^{a^2+b^2} + 2 \left\{ h(a + \theta h) + k(b + \theta k) \right\} e^{(a+\theta h)^2+(b+\theta k)^2}$$

を満たす $\theta \in (0,1)$ が存在する．　□

問 6.　テイラーの定理で $a = b = 0$, $h = x$, $k = y$ とおいたものをマクローリンの定理という．$n = 2$ のとき，次の関数にマクローリンの定理を適用せよ．

(1)　$\sqrt{1 - x^2 - y^2}$　　　　(2)　$\sin(x+y)$　　　　(3)　$\cosh(x+y)$

(4)　$\log(1 - x^2 - y^2)$　　(5)　$f(x,y) = \begin{cases} \exp\left(-\dfrac{1}{x^2 + y^2} \right) & (\,(x,y) \neq (0,0)\,) \\ 0 & (\,(x,y) = (0,0)\,) \end{cases}$

問 7.　C^2 級関数 $f(x,y)$ に対して，

$$f(a+h, b+k) = f(a,b) + h f_x(a,b) + k f_y(a,b)$$
$$+ \frac{1}{2} \left\{ h^2 f_{xx}(a,b) + 2hk f_{xy}(a,b) + k^2 f_{yy}(a,b) \right\} + \varepsilon(h,k)$$

と表すとき，$\varepsilon(h,k)$ は $\displaystyle \lim_{(h,k) \to (0,0)} \frac{\varepsilon(h,k)}{h^2 + k^2} = 0$ を満たすことを示せ．

4.4　偏微分の応用

4.4.1　陰関数定理

　一般に，2 変数 x, y の関係式 $F(x,y) = 0$ において，x と y は任意の値をとることはできない．すなわち，x と y の間には何らかの関係が成り立つ．関数 $y = f(x)$ に対して $F(x, f(x)) = 0$ がある区間で成り立つとき，$y = f(x)$ を

4.4 偏微分の応用　　113

$F(x, y) = 0$ の**陰関数**という. 関係式 $F(x, y) = 0$ の陰関数 $y = f(x)$ は 1 つとは限らない. 例えば, $F(x, y) = x^2 + y^2 - 1$ とすると, 関係式 $F(x, y) = 0$ は円の方程式である. この場合, $y = \sqrt{1 - x^2}$ と $y = -\sqrt{1 - x^2}$ はともに $F(x, y) = 0$ の陰関数となる.

次の定理は, $F(a, b) = 0$ を満たす点 (a, b) の近くで陰関数がただ一つ定まることを保証する.

●**定理 9.**　(**陰関数定理**)　関数 $F(x, y)$ は点 (a, b) を含む集合 D で C^1 級で,

$$F(a, b) = 0, \qquad F_y(a, b) \neq 0$$

を満たすとする. このとき, a を含む開区間 I が存在して,

$$b = f(a), \qquad F(x, f(x)) = 0, \qquad F_y(x, f(x)) \neq 0 \qquad (x \in I)$$

を満たす I 上の連続関数 $y = f(x)$ がただ一つ定まる. さらに, $f(x)$ は I で C^1 級で

$$f'(x) = -\frac{F_x(x, f(x))}{F_y(x, f(x))} \tag{4.8}$$

となる. また, $F(x, y)$ が C^r 級ならば $y = f(x)$ も C^r 級である.

$F(x, y) = 0$ の陰関数 $y = f(x)$ の存在とその微分可能性を仮定すれば, 合成関数の微分法を用いて $F(x, f(x)) = 0$ の両辺を x で微分して,

$$F_x(x, f(x)) + F_y(x, f(x))f'(x) = 0$$

となる. よって, (4.8) は直ちに得られる. この方法は**陰関数の微分法**とよばれ, 陰関数の導関数を実際に計算するときに用いられる.

例 1.　点 $(1, 2)$ を中心とする半径 1 の円の方程式 $(x - 1)^2 + (y - 2)^2 = 1$ から定まる陰関数 $y = y(x)$ に対して, $\dfrac{dy}{dx}$ を求めよ.

解.　$F(x, y) = (x - 1)^2 + (y - 2)^2 - 1$ とおくと, $F_y(x, y) = 2(y - 2)$. よって, $F(x, y)$ は 2 点 $(0, 2)$, $(2, 2)$ を除く円周上の点 (a, b) で定理 9 の仮定を満たす. ゆえに, 陰関数定理より, a を含む開区間 I が存在して, $F(x, y) = 0$ を満たす I 上で微分可能な関数 $y = y(x)$ がただ一つ定まる. y の微分を求めるために, 円の方程式の両辺を x で微分すると $x - 1 + (y - 2)y' = 0$. したがって, $y' = -\dfrac{x - 1}{y - 2}$.　□

114   4. 偏微分

問 1. 次の方程式から定まる陰関数 y に対して，$\dfrac{dy}{dx}$ を求めよ．

(1) $x^2 - 2x + 2y^2 = 0$ (2) $x^2 + 2xy - 2y^2 = 1$

(3) $x^3 + 3xy + y^3 = 1$ (4) $\sinh(x + y) = 1$

4.4.2 極値問題

平面内の開集合 D で定義された関数 $z = f(x, y)$ が，点 $(a, b) \in D$ を中心とする十分小さな円の内部の (a, b) 以外のすべての点 (x, y) で $f(a, b) > f(x, y)$ となるとき，$f(x, y)$ は点 (a, b) で**極大**になるといい，$f(a, b)$ を**極大値**という．同様に，$f(a, b) < f(x, y)$ のとき，$f(x, y)$ は点 (a, b) で**極小**になるといい，$f(a, b)$ を**極小値**という．極大値と極小値をあわせて**極値**という．

●**定理 10.** 関数 $f(x, y)$ が点 (a, b) で極値をとり，その点で偏微分可能ならば，

$$f_x(a, b) = f_y(a, b) = 0$$

が成り立つ．

証明. $g(x) = f(x, b)$ とおく．$f(x, y)$ が点 (a, b) で極大になるとする．このとき，点 (a, b) を中心とする十分小さな円の内部の (a, b) 以外のすべての点 (x, y) で $f(a, b) > f(x, y)$ なので，$g(a) > g(x)$．よって，$g(x)$ は a で極大になる．ゆえに，$f_x(a, b) = g'(a) = 0$．極小の場合も同様にして $f_x(a, b) = 0$ が成り立つ．$f_y(a, b) = 0$ の場合も同様である． □

定理 10 は極値をもつための必要条件であって十分条件ではない．例えば，$f(x, y) = x^2 - y^2$ とすると，$f_x(0, 0) = f_y(0, 0) = 0$ であるが，原点以外の点では $f(0, y) < 0$ かつ $f(x, 0) > 0$ なので，$f(0, 0)$ は極値でない．

次の定理は，極値をもつための十分条件を与える．

●**定理 11.** 関数 $f(x, y)$ が C^2 級で，$f_x(a, b) = f_y(a, b) = 0$ とする．

$$A = f_{xx}(a, b),\ B = f_{xy}(a, b),\ C = f_{yy}(a, b),\ D = B^2 - AC$$

とおく．このとき，次が成り立つ．

(1) $D < 0$ かつ $A > 0$ ならば，$f(a, b)$ は極小値．

(2) $D < 0$ かつ $A < 0$ ならば，$f(a, b)$ は極大値．

(3) $D > 0$ ならば，$f(a, b)$ は極値でない．

4.4 偏微分の応用 115

定理 11 において，$D < 0$ のときは $B^2 < AC$ なので，$A \neq 0$, $C \neq 0$ で，A と C の符号が一致する．$D = 0$ のときは，定理 11 を用いて極値を調べることはできない．

証明． $|h|, |k|$ が十分小さいときの $R = f(a+h, b+k) - f(a, b)$ の符号を調べればよい．$f_x(a, b) = f_y(a, b) = 0$ なので，テイラーの定理 (4.3 節の問 7) より

$$R = \frac{1}{2}\left(Ah^2 + 2Bhk + Ck^2\right) + \varepsilon(h, k) \tag{4.9}$$

となり，$\varepsilon(h, k)$ は

$$\lim_{(h,k) \to (0,0)} \frac{\varepsilon(h, k)}{h^2 + k^2} = 0 \tag{4.10}$$

を満たす．

(1) $D < 0$, $A > 0$ のとき，$\varepsilon_0 = \min\left\{\dfrac{|D|}{4A}, \dfrac{|D|}{4C}\right\}$ とおくと，(4.10) より，$|h|, |k|$ を十分小さくとると，$\left|\dfrac{\varepsilon(h, k)}{h^2 + k^2}\right| < \varepsilon_0$ となる．このとき，

$$Ah^2 + 2Bhk + Ck^2 = A\left(h + \frac{Bk}{A}\right)^2 - \frac{D}{A}k^2 \geqq \frac{|D|}{A}k^2,$$

$$Ah^2 + 2Bhk + Ck^2 = C\left(k + \frac{Bh}{C}\right)^2 - \frac{D}{C}h^2 \geqq \frac{|D|}{C}h^2.$$

ここで，$\dfrac{|D|}{4A}k^2 + \dfrac{|D|}{4C}h^2 \geqq \varepsilon_0(h^2 + k^2)$ なので，上の不等式から

$$\frac{1}{2}\left(Ah^2 + 2Bhk + Ck^2\right) \geqq \varepsilon_0(h^2 + k^2).$$

よって，$|h|, |k|$ が十分小さいとき，

$$R = \frac{1}{2}\left(Ah^2 + 2Bhk + Ck^2\right) + \varepsilon(h, k)$$

$$\geqq \left(\varepsilon_0 - \left|\frac{\varepsilon(h, k)}{h^2 + k^2}\right|\right)(h^2 + k^2) > 0$$

となり，$f(a, b)$ は極小値である．

(2) $D < 0$, $A < 0$ のときは，(1) と同様にして，$f(a, b)$ は極大値である．

(3) $D > 0$ とする．まず，$A \neq 0$ の場合を考える．$Ah^2 + 2Bhk + Ck^2 = 0$ を h について解くと，2 つの実数解 $h_{\pm}(k) = \dfrac{-B \pm \sqrt{D}}{A}k$ を得る．$h(k) = h_+(k) + \delta|k|$ (δ は実数) を

$$R = \frac{A}{2}(h - h_+(k))(h - h_-(k)) + \varepsilon(h, k)$$

116   4. 偏 微 分

の h に代入して整理すると，

$$R = \left\{ \frac{A\delta}{2}\left(\delta + 2\frac{\sqrt{D}}{A}\right) + \frac{\varepsilon(h(k),k)}{k^2}\right\}k^2 \tag{4.11}$$

となる．$k \to 0$ のとき $(h(k),k) \to (0,0)$ なので，(4.10) より

$$\left|\frac{\varepsilon(h(k),k)}{k^2}\right| = \frac{h(k)^2 + k^2}{k^2}\left|\frac{\varepsilon(h(k),k)}{h(k)^2 + k^2}\right|$$

$$\leqq \left\{\left(\frac{-B+\sqrt{D}}{A}\right)^2 + 2|\delta|\frac{|B|+\sqrt{D}}{|A|} + \delta^2 + 1\right\} \cdot \left|\frac{\varepsilon(h(k),k)}{h(k)^2 + k^2}\right| \to 0.$$

ゆえに，$|k|$ を十分小さくとれば，(4.11) より，R の符号は $A\delta\left(\delta + \dfrac{2\sqrt{D}}{A}\right)$ と一致する．特に，$|\delta| < \dfrac{2\sqrt{D}}{|A|}$ のときは，δ の正負が逆転すると R の正負も逆転する．以上より，R の符号が点 (a,b) の近くで変化するので，$f(a,b)$ は極値でない．

$A = 0$，$C \neq 0$ のときは，$A \neq 0$ の場合と同様の証明により，$f(a,b)$ は極値でない．

$A = C = 0$ のときは $B \neq 0$．(4.9) に $h = k \ (\neq 0)$ を代入すると，$\dfrac{R}{k^2} = B + \dfrac{\varepsilon(k,k)}{k^2}$．$k \to 0$ のとき $\dfrac{\varepsilon(k,k)}{k^2} \to 0$ なので，$|k|$ を十分小さくとれば，R と B の正負が一致する．一方，$h = -k \ (\neq 0)$ を代入すると，十分小さな $|k|$ に対して，R と B の正負が逆転することがわかる．よって，R の符号は点 (a,b) の近くで変化するので，$f(a,b)$ は極値でない．　□

例 2.　関数 $f(x,y) = x^3 + 3xy + y^3$ の極値を調べよ．

解.　$f_x = 3x^2 + 3y$，$f_y = 3x + 3y^2$ より，$f_{xx} = 6x$，$f_{xy} = 3$，$f_{yy} = 6y$. 定理 10 より，$f_x = f_y = 0$ となる点 $(0,0)$，$(-1,-1)$ が極値を与える候補となる．

原点 $(0,0)$ では $A = 0$，$B = 3$，$C = 0$，$D = 9 > 0$ なので，定理 11 より，$f(0,0)$ は極値でない．

点 $(-1,-1)$ では，$A = -6$，$B = 3$，$C = -6$，$D = -27 < 0$ となり，$f(-1,-1) = 1$ は極大値．　□

例 3.　関数 $f(x,y) = x^4 + y^2$ の極値を調べよ．

解.　$f_x = 4x^3$，$f_y = 2y$ なので，$f_x = f_y = 0$ となる点 $(0,0)$ が極値を与える候補となる．ところが，$f_{xx} = 12x^2$，$f_{xy} = 0$，$f_{yy} = 2$ より，点 $(0,0)$ で

4.4 偏微分の応用 117

は $D = 0$ となり，定理 11 は適用できない．しかし，原点以外の点 (x, y) で $f(x, y) > 0$ なので，$f(0, 0) = 0$ が極小値となる．　□

問 2. 次の関数の極値を調べよ．

(1)　$2x^2 + 4y^2$　　　　　　　　　(2)　$x^2 - 3y^2$

(3)　$x^3 - 3xy + y^3$　　　　　　　(4)　$x + y + \dfrac{4}{x} + \dfrac{1}{y}$

(5)　$2x^2 + 2xy + y^4$　　　　　　　(6)　$x^4 + 2x^2 + y^3 - y$

(7)　$e^{-x^2 - y^2}$　　　　　　　　　(8)　$xye^{-x^2 - y^2}$

4.4.3 条件付き極値問題

条件 $F(x, y) = 0$ を満たす点 (x, y) に対して，関数 $f(x, y)$ の極値を調べる．定理 9 (陰関数定理) より，$F(x, y)$ が点 (a, b) を含む集合 D で C^1 級で

$$F(a, b) = 0, \qquad F_y(a, b) \neq 0 \tag{4.12}$$

ならば，$F(x, y) = 0$ の陰関数 $y = y(x)$ が存在する．このとき，条件 $F(x, y) = 0$ のもとでの $f(x, y)$ の極値問題は，1 変数関数 $f(x, y(x))$ の極値問題に帰着される．

次の定理は，条件 $F(x, y) = 0$ のもとで $f(x, y)$ が極値をもつための必要条件を与える．

●**定理 12.　(ラグランジュの未定乗数法)**　条件 $F(x, y) = 0$ のもとで関数 $f(x, y)$ は点 (a, b) で極値をとり，その点を含む集合 D で $F(x, y)$ と $f(x, y)$ は C^1 級とする．このとき，$F_x(a, b) \neq 0$ または $F_y(a, b) \neq 0$ ならば，

$$f_x(a, b) - \lambda F_x(a, b) = 0, \qquad f_y(a, b) - \lambda F_y(a, b) = 0$$

を満たす定数 λ が存在する．この λ を**ラグランジュの未定乗数**という．

証明.　$F_y(a, b) \neq 0$ とする．このとき，$\lambda = \dfrac{f_y(a, b)}{F_y(a, b)}$ とおくと，2 番目の等式 $f_y(a, b) - \lambda F_y(a, b) = 0$ が得られる．

次に，点 (a, b) は $F(a, b) = 0$ を満たすので，定理 9 (陰関数定理) より，関数 $y = y(x)$ が存在して，$b = y(a)$，$y'(a) = -\dfrac{F_x(a, b)}{F_y(a, b)}$ となる．仮定より，$g(x) = f(x, y(x))$ は $x = a$ で極値をとるので，$g'(a) = 0$．ここで，合成関数の微分法より

$$g'(a) = f_x(a, b) + f_y(a, b)y'(a) = f_x(a, b) - \lambda F_x(a, b).$$

よって，1番目の等式 $f_x(a,b) - \lambda F_x(a,b) = 0$ も成り立つ.

$F_x(a,b) \neq 0$ のときは，$F(x,y) = 0$ に対して陰関数 $x = x(y)$ が存在するので，同様に示せる. □

例 4. 条件 $xy = 1$ のもとで，$4x^2 + y^2$ の最小値を求めよ.

解. $F(x,y) = xy - 1 = 0$ のもとで $f(x,y) = 4x^2 + y^2$ が極値をとる点 (a,b) の候補を探す. $F(a,b) = 0$ より $ab = 1$ なので，$F_x(a,b) = b \neq 0$. ゆえに，定理 12 が適用できて，

$$f_x(a,b) - \lambda F_x(a,b) = 0, \qquad f_y(a,b) - \lambda F_y(a,b) = 0$$

を満たす定数 λ が存在する. このとき，$8a - \lambda b = 0$，$2b - \lambda a = 0$ なので，b を消去して，$(\lambda^2 - 16)a = 0$ を得る. $a \neq 0$ なので，$\lambda = \pm 4$.

$\lambda = -4$ のとき，$b = -2a$ なので，$ab = 1$ に代入すると，$a^2 = -\dfrac{1}{2} < 0$ となり不適.

$\lambda = 4$ のとき，$b = 2a$ なので，$ab = 1$ より，$(a,b) = \left(\dfrac{1}{\sqrt{2}}, \sqrt{2}\right), \left(-\dfrac{1}{\sqrt{2}}, -\sqrt{2}\right)$ が極値をとる点の候補となる. この点で

$$f\left(\frac{1}{\sqrt{2}}, \sqrt{2}\right) = f\left(-\frac{1}{\sqrt{2}}, -\sqrt{2}\right) = 4.$$

条件 $xy = 1$ のもとで，$f(x,y) = f\left(x, \dfrac{1}{x}\right) = 4x^2 + \dfrac{1}{x^2} \geqq 4$ なので，最小値は 4 で，上で求めた極値の候補が最小値を与える点となる. □

問 3. 次の関数 $F(x,y)$ と $f(x,y)$ に対して，条件 $F(x,y) = 0$ のもとでの $f(x,y)$ の最小値を求めよ.

(1) $F(x,y) = xy - 1,$ $\qquad\qquad$ $f(x,y) = 2x^2 + 2y^2$

(2) $F(x,y) = x + y - 1,$ $\qquad\qquad$ $f(x,y) = x^2 + 2y^2$

(3) $F(x,y) = x^4 y^2 - 1,$ $\qquad\qquad$ $f(x,y) = x^2 + y^2$

(4) $F(x,y) = 2x + y - 1,$ $\qquad\qquad$ $f(x,y) = x^4 + y^4$

例 5. 条件 $x^2 + y^2 = 1$ のもとで，xy の最大値と最小値を求めよ.

解. $F(x,y) = x^2 + y^2 - 1$，$f(x,y) = xy$ とする. 一般に，$f(x,y)$ と $F(x,y)$ が連続関数で，$F(x,y) = 0$ となる点 (x,y) をすべて含む長方形が存在すれば，条件 $F(x,y) = 0$ のもとで，$f(x,y)$ は必ず最大値と最小値をもつことが知られている. そこで，極値をとる点を (a,b) として，最大値と最小値を与える点の

演習問題 4　　　　　　　　　　　　　　　　　　　　　　　119

候補をみつける．$F(a,b) = 0$ より $a^2 + b^2 = 1$ なので，

$$F_x(a,b) = 2a, \qquad F_y(a,b) = 2b$$

の少なくとも一方は 0 でない．ゆえに，定理 12 より

$$f_x(a,b) - \lambda F_x(a,b) = 0, \qquad f_y(a,b) - \lambda F_y(a,b) = 0$$

となる定数 λ が存在する．このとき，$b - 2a\lambda = 0$，$a - 2b\lambda = 0$ なので，b を消去して，$(4\lambda^2 - 1)a = 0$ を得る．$a = 0$ とすると $b = 0$ となり，$a^2 + b^2 = 1$ に反するので，$a \neq 0$．よって，$\lambda = \pm\dfrac{1}{2}$ となり，$b = \pm a$．これを $a^2 + b^2 = 1$ に代入すると，$a = \pm\dfrac{1}{\sqrt{2}}$ なので，

$$(a,b) = \left(\frac{1}{\sqrt{2}}, \frac{1}{\sqrt{2}}\right), \ \left(\frac{1}{\sqrt{2}}, -\frac{1}{\sqrt{2}}\right), \ \left(-\frac{1}{\sqrt{2}}, \frac{1}{\sqrt{2}}\right), \ \left(-\frac{1}{\sqrt{2}}, -\frac{1}{\sqrt{2}}\right)$$

が極値をとる点の候補となる．したがって，最大値は

$$f\left(\frac{1}{\sqrt{2}}, \frac{1}{\sqrt{2}}\right) = f\left(-\frac{1}{\sqrt{2}}, -\frac{1}{\sqrt{2}}\right) = \frac{1}{2}$$

で，最小値は

$$f\left(\frac{1}{\sqrt{2}}, -\frac{1}{\sqrt{2}}\right) = f\left(-\frac{1}{\sqrt{2}}, \frac{1}{\sqrt{2}}\right) = -\frac{1}{2}. \quad \square$$

問 4.　次の関数 $F(x,y)$ と $f(x,y)$ に対して，条件 $F(x,y) = 0$ のもとでの $f(x,y)$ の最大値と最小値を求めよ．ただし，(4) では $x \geqq 0$，$y \geqq 0$ とする．

(1)　$F(x,y) = 4x^2 + y^2 - 1,$　　　　　　$f(x,y) = xy$

(2)　$F(x,y) = x^2 + y^2 - 1,$　　　　　　$f(x,y) = x + y$

(3)　$F(x,y) = x^2 + xy + y^2 - 1,$　　　　$f(x,y) = xy$

(4)　$F(x,y) = x^3 - 3xy + y^3,$　　　　　$f(x,y) = x + y$

──────────── 演 習 問 題 4 ────────────

1.　次の極限を調べよ．

(1)　$\displaystyle\lim_{(x,y)\to(1,1)} (3x^2 - \log xy)$

(2)　$\displaystyle\lim_{(x,y)\to(1,1)} \frac{\sin(x-y)}{\cos(x-y)}$

(3)　$\displaystyle\lim_{(x,y)\to(1,1)} \frac{x-y}{x^3 - y^3}$

(4)　$\displaystyle\lim_{(x,y)\to(0,0)} \frac{x-y}{x+y}$

(5)　$\displaystyle\lim_{(x,y)\to(0,0)} \frac{x}{y}$

(6)　$\displaystyle\lim_{(x,y)\to(0,0)} \frac{x^2 + y^2}{2 - \cos x - \cos y}$

120   4. 偏 微 分

2. 次の関数の原点での連続性を調べよ.

(1) $f(x, y) = \begin{cases} \dfrac{x^2 y}{x^4 + y^2} & (\,(x, y) \neq (0, 0)\,) \\ 0 & (\,(x, y) = (0, 0)\,) \end{cases}$

(2) $f(x, y) = \begin{cases} \dfrac{xy(x^2 - y^2)}{x^2 + y^2} & (\,(x, y) \neq (0, 0)\,) \\ 0 & (\,(x, y) = (0, 0)\,) \end{cases}$

(3) $f(x, y) = \begin{cases} 1 & (\,(x, y) = (t \cos t, t \sin t)\ (t\,は実数)\,) \\ 0 & (その他) \end{cases}$

3. 次の関数の 2 次までの偏導関数を求めよ.

(1) $\exp\left(-2x^2 - 3y^2\right)$ (2) $\sin^{-1}\left(\sqrt{1 - x^2 - y^2}\right)$

(3) $\log(1 + x^3 + y^2)$ (4) $\dfrac{1}{1 + \cos x + \cos y}$

(5) $\sinh x \cosh y$ (6) $\log(x \log y)$

4. 次の関数の全微分を求めよ.

(1) $z = 2x^2 y - 3xy^2$ (2) $z = \log(x^2 + y^2)$

(3) $z = \dfrac{1}{\sqrt{2x^2 + 3y^2}}$ (4) $z = \exp\left(-\dfrac{1}{x^2 + y^2}\right)$

5. 関数 $u(t, x) = \dfrac{1}{\sqrt{t}} \exp\left(-\dfrac{x^2}{4at}\right)$ $(t > 0)$ が拡散方程式

$$\frac{\partial u}{\partial t} = a \frac{\partial^2 u}{\partial x^2}$$

を満たすことを示せ. ただし, $a > 0$ は定数とする.

6. 次の関数に $n = 2$ でマクローリンの定理を適用せよ.

(1) $\cos x \sin y$ (2) $\cosh x \sinh y$

(3) $\log(1 + x^2 + y^2)$ (4) e^{x+y}

7. $x = r \cos\theta$, $y = r \sin\theta$ のとき, C^2 級の関数 $f(x, y)$ に対して

$$f_x^2 + f_y^2 = f_r^2 + \frac{1}{r^2} f_\theta^2$$

を示せ.

8. 次の方程式から定まる陰関数 y の極値を求めよ.

(1) $x^2 + 3xy + y^2 - 2y = 0$ (2) $x^2(x + 2) = y^2$

(3) $x^3 - 6xy + y^3 = 0$ (4) $x^2 + y^4 = 2$

演習問題 4 121

9. 次の関数の極値を求めよ.

(1) $x^2 + y^3 - 3y$ (2) $\cosh(x^2 + y^2)$

(3) $(x^2 - y^2)e^{x^2 + y^2}$ (4) $xy(1 - x - y)$

10. $D = \{(x, y) \mid x^2 + y^2 \leqq 1\}$ で次の関数の最大値と最小値を求めよ.

(1) $x^2 + 2y^2 - x$ (2) $(1 - x^2 - y^2)xy^2$ (3) $xye^{-x^2 - y^2}$

11. 体積が一定の直方体のなかで,その表面積が最小となるものを求めよ.

12. 次の関数 $F(x, y)$ と $f(x, y)$ に対して,条件 $F(x, y) = 0$ のもとで,$f(x, y)$ の最小値を求めよ.

(1) $F(x, y) = xy - 2,$ $f(x, y) = x^2 + 3y^4$

(2) $F(x, y) = x + y - 3,$ $f(x, y) = x^2 + 2y^2$

(3) $F(x, y) = x^2 y^2 - 1,$ $f(x, y) = x^4 + y^2$

5

重 積 分

重積分は多変数関数に関する積分である．1変数関数の積分との大きな違いは，多変数関数では原始関数に相当するものが存在しないことである．この意味で，重積分を偏微分の逆演算ととらえることはできない．歴史的には，各変数ごとに積分を行ういわゆる累次積分の発想から重積分が生まれた．重積分の具体的な計算では累次積分の寄与は絶大であるが，累次積分だけでは理論を展開する際に困難が生ずる．そこで，1変数関数のときのように，リーマン流に重積分の定義を行い，種々の性質を調べていくことにする．重積分を用いれば体積や曲面積の計算が行えることに加え，慣性モーメントやエネルギーなど重積分自体が物理的に意味のある量を表すことも多い．そのため，重積分は物理学や工学において基本的な役割を果たしている．

5.1 2 重 積 分

5.1.1 長方形上の2重積分

2変数関数の重積分の定義と基本的な性質を述べる．

$f(x,y)$ を長方形 $D = \{(x,y) \mid a \leqq x \leqq b,\, c \leqq y \leqq d\}$ で定義された有界な関数とする．すなわち，定数 m, M が存在して，すべての点 $(x,y) \in D$ に対して $m \leqq f(x,y) \leqq M$ が成り立つとする．D を座標軸に平行な辺をもつ長方形 $D_1, \cdots, D_n$ に分割し，各 $D_i\,(i=1,\cdots,n)$ 内の任意の点 $\mathrm{P}_i(x_i, y_i)$ をとり (図5.1)，リーマン和

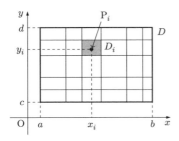

図 5.1　長方形の分割

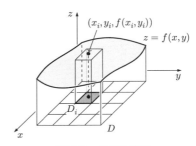

図 5.2　立体の体積

$$\sum_{i=1}^{n} f(x_i, y_i)|D_i| \tag{5.1}$$

を考える．ここで，$|D_i|$ は長方形 D_i の面積を表す．長方形 $D_1, \cdots, D_n$ の対角線の長さの最大値を δ とし，$\delta \to 0$ とするとき，D の分割の仕方や点 P_i のとり方によらず (5.1) が一定の値に近づくならば，$f(x, y)$ は D 上で **2 重積分可能**といい，その極限値を

$$\iint_D f(x, y)\,dxdy \tag{5.2}$$

で表し，$f(x, y)$ の D 上の **2 重積分**という．すなわち，

$$\iint_D f(x, y)\,dxdy = \lim_{\delta \to 0} \sum_{i=1}^{n} f(x_i, y_i)|D_i|$$

である．D で連続な関数は D 上で 2 重積分可能であることが知られている．また，$f(x, y)$ が D で連続で非負のとき，底面 D_i，高さ $f(x_i, y_i)$ の四角柱の体積を足し合わせた量が (5.1) なので，2 重積分 (5.2) は長方形 D と $z = f(x, y)$ が囲む立体の体積を表す (図 5.2)．

D 上の連続関数 $f(x, y)$ の 2 重積分は，各変数ごとの積分を繰り返し行えば求められる．実際，各 x に対して $f(x, y)$ は y の連続関数なので積分可能であり，

$$S(x) = \int_c^d f(x, y)\,dy$$

は x の連続関数となる．ここで，$S(x)$ は D と $z = f(x, y)$ が囲む立体の断面を表すので (図 5.3)，これを a から b まで積分す

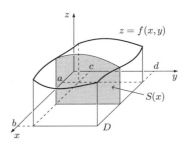

図 5.3　断面積

5.1 2 重 積 分　　　　　125

れば，立体の体積，つまり 2 重積分が得られる．また，x について先に積分を行った後に，y について積分を行ってもよい．したがって

$$\iint_D f(x,y)\,dxdy = \int_a^b \left\{ \int_c^d f(x,y)\,dy \right\} dx = \int_c^d \left\{ \int_a^b f(x,y)\,dx \right\} dy$$

が成り立つ．このような各変数ごとの積分を**累次積分**という．特に，$f(x,y) = g(x)h(y)$ のときは，

$$\iint_D f(x,y)\,dxdy = \left(\int_a^b g(x)\,dx \right)\left(\int_c^d h(y)\,dy \right)$$

となる．

例 1. 次の 2 重積分を求めよ．

(1) $\displaystyle\iint_D x^2 \sin y\,dxdy, \quad D = \{(x,y) \mid 0 \le x \le 1,\, 0 \le y \le \pi\}$

(2) $\displaystyle\iint_D (x+y)^4\,dxdy, \quad D = \{(x,y) \mid -2 \le x \le 0,\, 0 \le y \le 2\}$

解. (1) $\displaystyle\iint_D x^2 \sin y\,dxdy = \left(\int_0^1 x^2\,dx \right)\left(\int_0^\pi \sin y\,dy \right)$

$$= \left[\frac{x^3}{3} \right]_0^1 \cdot \left[-\cos y \right]_0^\pi = \frac{2}{3}$$

(2) $\displaystyle\iint_D (x+y)^4\,dxdy = \int_0^2 \left\{ \int_{-2}^0 (x+y)^4\,dx \right\} dy$

$$= \int_0^2 \left[\frac{(x+y)^5}{5} \right]_{x=-2}^{x=0} dy = \frac{1}{5} \int_0^2 \{ y^5 - (y-2)^5 \}\,dy$$

$$= \frac{1}{5} \left[\frac{y^6}{6} - \frac{(y-2)^6}{6} \right]_0^2 = \frac{64}{15} \quad \square$$

問 1. 次の 2 重積分を求めよ．

(1) $\displaystyle\iint_D (\cos^2 x)y^3\,dxdy, \quad D = \{(x,y) \mid -\pi \le x \le \pi,\, -3 \le y \le 1\}$

(2) $\displaystyle\iint_D (x^4 - y^3)\,dxdy, \quad D = \{(x,y) \mid -4 \le x \le 3,\, -5 \le y \le 7\}$

(3) $\displaystyle\iint_D (x^2 - y^2)^3\,dxdy, \quad D = \{(x,y) \mid -2 \le x \le 2,\, -2 \le y \le 2\}$

(4) $\displaystyle\iint_D \sin^2(x+y)\,dxdy, \quad D = \left\{ (x,y) \,\middle|\, 0 \le x \le \frac{3\pi}{2},\, 0 \le y \le \frac{\pi}{2} \right\}$

5.1.2 集合上の2重積分

$y_1(x) \leqq y_2(x)$ を満たす閉区間 $[a,b]$ で連続な関数 $y_1(x)$, $y_2(x)$ に対して,

$$\{(x,y) \mid a \leqq x \leqq b,\ y_1(x) \leqq y \leqq y_2(x)\}$$

を**縦線集合**という. 同様に, $x_1(y) \leqq x_2(y)$ を満たす閉区間 $[c,d]$ で連続な関数 $x_1(y)$, $x_2(y)$ に対して,

$$\{(x,y) \mid c \leqq y \leqq d,\ x_1(y) \leqq x \leqq x_2(y)\}$$

を**横線集合**という.

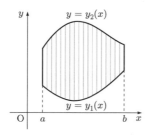 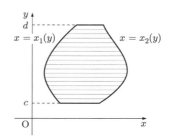

図 5.4 縦線集合　　　　図 5.5 横線集合

以後, 何の断りもなければ, 縦線集合, 横線集合, およびそれらの有限個の集合に分割できる集合だけを考え, それを単に D で表すことにする. このような集合 D は**有界**である. すなわち, D を含む長方形が存在する.

例 2. (1) 単位円盤 $D = \{(x,y) \mid x^2 + y^2 \leqq 1\}$ は, 縦線集合, 横線集合として, それぞれ

$$D = \left\{(x,y) \;\middle|\; -1 \leqq x \leqq 1,\ -\sqrt{1-x^2} \leqq y \leqq \sqrt{1-x^2}\right\}$$
$$= \left\{(x,y) \;\middle|\; -1 \leqq y \leqq 1,\ -\sqrt{1-y^2} \leqq x \leqq \sqrt{1-y^2}\right\}$$

で表せる (図 5.6).

(2) 縦線集合 $D = \{(x,y) \mid -2 \leqq x \leqq 3,\ x^2 \leqq y \leqq -x^2 + 2x + 12\}$ は, 横線集合を用いて,

$$D = \{(x,y) \mid 0 \leqq y \leqq 4,\ -\sqrt{y} \leqq x \leqq \sqrt{y}\}$$
$$\cup \left\{(x,y) \;\middle|\; 4 \leqq y \leqq 9,\ 1 - \sqrt{-y+13} \leqq x \leqq \sqrt{y}\right\}$$
$$\cup \left\{(x,y) \;\middle|\; 9 \leqq y \leqq 13,\ 1 - \sqrt{-y+13} \leqq x \leqq 1 + \sqrt{-y+13}\right\}$$

5.1 2重積分

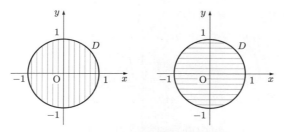

図 5.6　例 2 (1) の縦線集合と横線集合

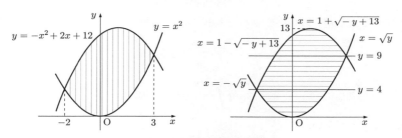

図 5.7　例 2 (2) の縦線集合と横線集合

のように分けられる (図 5.7). □

集合 D 上の有界関数 $f(x,y)$ に対して,

$$\widetilde{f}(x,y) = \begin{cases} f(x,y) & ((x,y) \in D) \\ 0 & ((x,y) \notin D) \end{cases}$$

とする. D を内部に含む長方形 $\widetilde{D} = \{(x,y) \mid a \leqq x \leqq b, c \leqq y \leqq d\}$ 上で $\widetilde{f}(x,y)$ が 2 重積分可能なとき, $f(x,y)$ は D 上で **2 重積分可能**といい, $f(x,y)$ の D 上の **2 重積分**を

$$\iint_D f(x,y)\,dxdy = \iint_{\widetilde{D}} \widetilde{f}(x,y)\,dxdy$$

で定義する. こうして定めた $f(x,y)$ の 2 重積分可能性や積分の値は, D を内部に含む長方形 $\widetilde{D}$ のとり方によらない.

関数の 2 重積分可能性について次の定理が知られている.

●**定理 1.** 集合 D で連続な関数は, D 上で 2 重積分可能である.

長方形上の 2 重積分と同様に, 縦線集合や横線集合上の 2 重積分は累次積分に帰着できる.

● 定理 2. 関数 $f(x,y)$ は集合 D で連続とする.

(1) $D = \{(x,y) \mid a \leqq x \leqq b,\, y_1(x) \leqq y \leqq y_2(x)\}$ のとき,

$$\iint_D f(x,y)\,dxdy = \int_a^b \left\{\int_{y_1(x)}^{y_2(x)} f(x,y)\,dy\right\}dx.$$

(2) $D = \{(x,y) \mid c \leqq y \leqq d,\, x_1(y) \leqq x \leqq x_2(y)\}$ のとき,

$$\iint_D f(x,y)\,dxdy = \int_c^d \left\{\int_{x_1(y)}^{x_2(y)} f(x,y)\,dx\right\}dy.$$

定理 2 より積分の順序変更ができる. なお, (1) と (2) の右辺をそれぞれ

$$\int_a^b dx \int_{y_1(x)}^{y_2(x)} f(x,y)\,dy,$$

$$\int_c^d dy \int_{x_1(y)}^{x_2(y)} f(x,y)\,dx$$

とかくことが多い.

以下, 混乱が生じないときは, x,y に関する条件 $P(x,y)$ を満たす集合を $D\colon P(x,y)$ と略記する. 例えば, $D = \{(x,y) \mid x^2+y^2 \leqq 1\}$ は, $D\colon x^2+y^2 \leqq 1$ とかく.

D の面積 $|D|$ は, 関数 $f(x,y)=1$ の D 上の 2 重積分で定義される. つまり

$$|D| = \iint_D dxdy$$

である. これは第 3 章で定義された面積と一致する.

例 3. $x^2+y^2 \leqq 1$, $(x-1)^2+y^2 \leqq 1$ の共通部分の面積を求めよ.

解. $D\colon \dfrac{1}{2} \leqq x \leqq 1,\, 0 \leqq y \leqq \sqrt{1-x^2}$ とおくと, 求める面積は, 対称性より

$$\begin{aligned}
4\iint_D dxdy &= 4\int_{\frac{1}{2}}^1 dx \int_0^{\sqrt{1-x^2}} dy \\
&= 4\int_{\frac{1}{2}}^1 \sqrt{1-x^2}\,dx \\
&= 2\left[x\sqrt{1-x^2} + \sin^{-1} x\right]_{\frac{1}{2}}^1 \\
&= \frac{2\pi}{3} - \frac{\sqrt{3}}{2}. \quad \square
\end{aligned}$$

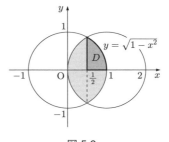

図 5.8

5.1　2 重積分

問 2. 次の曲線が囲む有界集合の面積を求めよ．

(1) $y^4 = x^4(1-x^2)$ 　　(2) $y = 3x^2,\ x = 2y^2$

(3) $\sqrt{|y|} = \sin^2 x\ (0 \leqq x \leqq \pi)$ 　　(4) $\sqrt{|x|} + \sqrt{|y|} = 1$

(5) $x^2 + xy + y^2 = 1$ 　　(6) $x^{\frac{2}{3}} + y^{\frac{2}{3}} = 1$

例 4. 次の 2 重積分を求めよ．

(1) $\displaystyle\iint_D x^2 y^3\, dxdy,\quad D\colon x \geqq 0,\ y \geqq 0,\ x+y \leqq 2$

(2) $\displaystyle\iint_D \sqrt{y^3+1}\, dxdy,\quad D\colon 0 \leqq x \leqq 1,\ \sqrt{x} \leqq y \leqq 1$

解． (1)　$D\colon 0 \leqq x \leqq 2,\ 0 \leqq y \leqq -x+2$ と表せるので，

$\displaystyle\iint_D x^2 y^3\, dxdy$

$= \displaystyle\int_0^2 dx \int_0^{-x+2} x^2 y^3\, dy$

$= \dfrac{1}{4}\displaystyle\int_0^2 x^2(-x+2)^4\, dx$

$= \dfrac{1}{4}\left\{\left[-x^2\dfrac{(-x+2)^5}{5}\right]_0^2 + \dfrac{2}{5}\displaystyle\int_0^2 x(-x+2)^5\, dx\right\}$

$= \dfrac{1}{10}\left\{\left[-x\dfrac{(-x+2)^6}{6}\right]_0^2 + \dfrac{1}{6}\displaystyle\int_0^2 (-x+2)^6\, dx\right\}$

$= \dfrac{1}{60}\left[-\dfrac{1}{7}(-x+2)^7\right]_0^2 = \dfrac{32}{105}.$

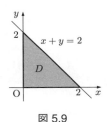

図 5.9

(2)　累次積分に帰着させる際，縦線集合では原始関数が初等関数にならないので，横線集合に書きかえて計算を行う必要がある．そこで，D を横線集合として，$D\colon 0 \leqq y \leqq 1,\ 0 \leqq x \leqq y^2$ で表せば，

$\displaystyle\iint_D \sqrt{y^3+1}\, dxdy = \int_0^1 dy \int_0^{y^2} \sqrt{y^3+1}\, dx$

$= \displaystyle\int_0^1 y^2\sqrt{y^3+1}\, dy$

$= \left[\dfrac{2}{9}(y^3+1)^{\frac{3}{2}}\right]_0^1$

$= \dfrac{2}{9}(2\sqrt{2}-1).\quad\square$

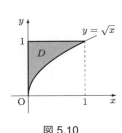

図 5.10

130   5. 重 積 分

2 重積分に関する基本的な性質をまとめておく．次の定理の (1) と (2) を**線形性**，(3) を**加法性**，(4) を**単調性**，(5) を**絶対値不等式**という．証明は 1 変数の場合と同様である．

●**定理 3.**　関数 $f(x, y)$, $g(x, y)$ は集合 D で連続とする．

(1)　$\displaystyle\iint_D \{f(x, y) \pm g(x, y)\}\, dxdy = \iint_D f(x, y)\, dxdy \pm \iint_D g(x, y)\, dxdy$

(2)　$\displaystyle\iint_D k f(x, y)\, dxdy = k \iint_D f(x, y)\, dxdy$　　(k は定数)

(3)　$D = D_1 \cup D_2$ となる集合 D_1, D_2 が存在し，$D_1 \cap D_2$ の面積が 0 のとき

$$\iint_D f(x, y)\, dxdy = \iint_{D_1} f(x, y)\, dxdy + \iint_{D_2} f(x, y)\, dxdy.$$

(4)　D で $f(x, y) \geqq g(x, y)$ ならば

$$\iint_D f(x, y)\, dxdy \geqq \iint_D g(x, y)\, dxdy.$$

(5)　$\displaystyle\left| \iint_D f(x, y)\, dxdy \right| \leqq \iint_D |f(x, y)|\, dxdy$

定理 3 (3) における面積 0 の集合としては，点や曲線などがある．また，面積 0 の集合の有限個の和集合の面積も 0 となるので，面積 0 の点や曲線を有限個集めた集合の面積も 0 である．

　問 3.　次の関数を集合 D 上で 2 重積分せよ．

(1)　$\sin(x + y)$,　　$D: x \geqq 0,\ y \geqq 0,\ x + y \leqq \pi$

(2)　$|\cos x \sin y|$,　　$D: \dfrac{\pi}{2} \leqq |x| \leqq \pi - |y|$

(3)　$|xy|^2$,　　$D: |x|^3 + |y|^3 \leqq 2$

(4)　$e^{\frac{x}{y}}$,　　$D: 0 \leqq x \leqq 1,\ \sqrt{x} \leqq y \leqq 1$

(5)　$\log \dfrac{x}{y^2}$,　　$D: 2 \leqq x \leqq 5,\ 1 \leqq y \leqq x$

(6)　xy^2,　　$D: 3 \leqq x \leqq y^2 \leqq 6$

(7)　xy,　　$D: x^2 + y^2 \leqq x$

(8)　$\sqrt{y - x^2}$,　　$D: x + y \leqq 2,\ y \geqq x^2$

5.2 変数変換

本節では，2重積分の変数変換を考える．1変数の場合には，$x = \varphi(t)$ が区間 $[\alpha, \beta]$ で C^1 級ならば，置換積分法の公式

$$\int_{\varphi(\alpha)}^{\varphi(\beta)} f(x)\,dx = \int_{\alpha}^{\beta} f(\varphi(t))\varphi'(t)\,dt$$

が成り立つ．ここで，$\varphi'(t)$ は区間 $[\alpha, \beta]$ の $\varphi(t)$ による伸縮率を表している．2変数関数の場合は，変換 $x = x(u,v)$, $y = y(u,v)$ による伸縮率はヤコビ (Jacobi) 行列式

$$\frac{\partial(x,y)}{\partial(u,v)} = \det\begin{pmatrix} x_u(u,v) & x_v(u,v) \\ y_u(u,v) & y_v(u,v) \end{pmatrix}$$

で表される．

例えば，$ad - bc > 0$ として，線形変換 $x(u,v) = au + bv$, $y(u,v) = cu + dv$ を考えると，図 5.11 のように，正方形はこの変換により平行四辺形に写される．したがって，面積が $ad - bc$ 倍される．ここで，ヤコビ行列式を計算すると，

$$\frac{\partial(x,y)}{\partial(u,v)} = \det\begin{pmatrix} a & b \\ c & d \end{pmatrix} = ad - bc$$

となり，面積の伸縮率と一致する．

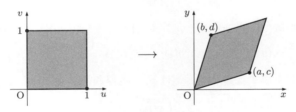

図 5.11　線形変換

一般に，次の**変数変換公式**が成り立つ．

●**定理 4.** uv 平面内の集合 E は，変数変換 $x = x(u,v)$, $y = y(u,v)$ により，xy 平面内の集合 D に 1 対 1 に写されるとする．さらに，$x(u,v)$, $y(u,v)$ は E を含む開集合で C^1 級で，

$$\frac{\partial(x,y)}{\partial(u,v)} \neq 0 \tag{5.3}$$

を満たすとする．このとき，D で連続な関数 $f(x,y)$ に対して，

$$\iint_D f(x,y)\,dxdy = \iint_E f(x(u,v), y(u,v)) \left|\frac{\partial(x,y)}{\partial(u,v)}\right| dudv$$

が成り立つ．

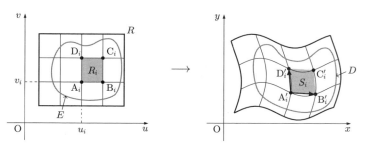

図 5.12

証明． 概要を述べる．E を内部に含む長方形 R を考え，R を座標軸に平行な辺をもつ小さな長方形に分割する．その分割の中で E に含まれる小さな長方形を $R_1, \cdots, R_n$ とする．R_i $(i=1, \cdots, n)$ の頂点を反時計回りに $A_i(u_i, v_i)$，$B_i(u_i + h_i, v_i)$，$C_i(u_i + h_i, v_i + k_i)$，$D_i(u_i, v_i + k_i)$ とおく．各頂点に対応する D 内の点をそれぞれ A_i'，B_i'，C_i'，D_i' とし，$\overrightarrow{A_i'B_i'}$ と $\overrightarrow{A_i'D_i'}$ が作る平行四辺形を S_i とする．R の分割が十分細かい場合には，

$$\overrightarrow{A_i'B_i'} = (x(B_i) - x(A_i), y(B_i) - y(A_i)) \fallingdotseq (x_u(A_i), y_u(A_i))h_i,$$
$$\overrightarrow{A_i'D_i'} = (x(D_i) - x(A_i), y(D_i) - y(A_i)) \fallingdotseq (x_v(A_i), y_v(A_i))k_i$$

となり，R_i に対応する D 内の図形は S_i で近似される．ここで，S_i の面積は

$$|S_i| = \sqrt{\left|\overrightarrow{A_i'B_i'}\right|^2 \left|\overrightarrow{A_i'D_i'}\right|^2 - \left(\overrightarrow{A_i'B_i'} \cdot \overrightarrow{A_i'D_i'}\right)^2}$$
$$\fallingdotseq |x_u(A_i)y_v(A_i) - x_v(A_i)y_u(A_i)|h_i k_i = \left|\frac{\partial(x,y)}{\partial(u,v)}(A_i)\right| h_i k_i$$

なので，

$$\iint_D f(x,y)\,dxdy = \lim_{n\to\infty} \sum_{i=1}^n f(A_i')|S_i|$$
$$= \lim_{n\to\infty} \sum_{i=1}^n f(x(A_i), y(A_i)) \left|\frac{\partial(x,y)}{\partial(u,v)}(A_i)\right| |R_i|$$
$$= \iint_E f(x(u,v), y(u,v)) \left|\frac{\partial(x,y)}{\partial(u,v)}\right| dudv. \quad \square$$

5.2 変数変換

変数変換公式は，仮定を満たさない点全体の集合の面積が 0 であれば成り立つことが知られている．

変数変換公式の右辺には，ヤコビ行列式そのものではなく，その絶対値が現れている．1 変数の場合には，$\int_a^b f(x)\,dx = -\int_b^a f(x)\,dx$ のように，a から b までの積分という"向き"があるため絶対値は不要である．一方，2 重積分では，このような積分の"向き"を定めていないため，ヤコビ行列式の絶対値をとる必要がある．

変数変換の典型的な例として，極座標変換 $x = r\cos\theta$, $y = r\sin\theta$ ($r \geqq 0$, $0 \leqq \theta < 2\pi$) を考える．この場合，ヤコビ行列式は

$$\frac{\partial(x,y)}{\partial(r,\theta)} = \det\begin{pmatrix} \cos\theta & -r\sin\theta \\ \sin\theta & r\cos\theta \end{pmatrix} = r$$

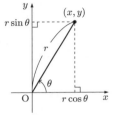

図 5.13　極座標変換

である．したがって，$r = 0$ では定理 4 の仮定を満たさない．しかし，そのような $r\theta$ 平面上の点の集合の面積は 0 であり，それ以外の点では仮定を満たすので，極座標変換を用いて 2 重積分が計算できる．

例 1. 次の 2 重積分を求めよ．

(1) $\displaystyle\iint_D (x+y)e^{x-2y}\,dxdy$, $D: 0 \leqq x+y \leqq 3$, $-1 \leqq x-2y \leqq 1$

(2) $\displaystyle\iint_D \sin(x^2+y^2)\,dxdy$, $D: x^2+y^2 \leqq \pi$

解． (1) $u = x+y$, $v = x-2y$ とおく．変換 $x = \dfrac{1}{3}(2u+v)$, $y = \dfrac{1}{3}(u-v)$ により，$E = \{(u,v) \mid 0 \leqq u \leqq 3,\ -1 \leqq v \leqq 1\}$ は D に 1 対 1 に写される（図 5.14）．ヤコビ行列式は

$$\frac{\partial(x,y)}{\partial(u,v)} = \det\begin{pmatrix} \frac{2}{3} & \frac{1}{3} \\ \frac{1}{3} & -\frac{1}{3} \end{pmatrix} = -\frac{1}{3}$$

なので，

$$\iint_D (x+y)e^{x-2y}\,dxdy = \frac{1}{3}\iint_E ue^v\,dudv = \frac{1}{3}\left(\int_0^3 u\,du\right)\left(\int_{-1}^1 e^v\,dv\right)$$

$$= \frac{1}{3}\left[\frac{u^2}{2}\right]_0^3 \cdot \left[e^v\right]_{-1}^1 = \frac{3}{2}(e-e^{-1}).$$

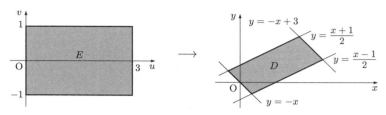

図 5.14 (1) の変数変換

(2) $x = r\cos\theta, y = r\sin\theta$ とすると, $E = \{(r,\theta) \mid 0 \leqq r \leqq \sqrt{\pi}, 0 \leqq \theta \leqq 2\pi\}$ は D に写される (図 5.15).

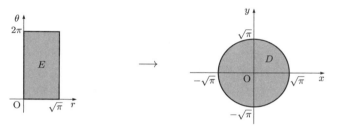

図 5.15 (2) の変数変換

極座標変換のヤコビ行列式は r なので,

$$\iint_D \sin(x^2 + y^2)\,dxdy = \iint_E (\sin r^2) r\,drd\theta = \left(\int_0^{2\pi} d\theta\right)\left(\int_0^{\sqrt{\pi}} r\sin r^2\,dr\right)$$
$$= 2\pi \int_0^{\sqrt{\pi}} r\sin r^2\,dr = \pi\left[-\cos r^2\right]_0^{\sqrt{\pi}} = 2\pi. \quad \square$$

問 1. 次の関数を集合 D 上で 2 重積分せよ.

(1) $\cos(x + 2y)\sin(3x - y)$, $D: \dfrac{\pi}{2} \leqq x + 2y \leqq \pi,\ -\dfrac{\pi}{2} \leqq 3x - y \leqq 0$

(2) $(x^2 + y^2)^2$, $D: x^2 + y^2 \leqq 4$

(3) $(x + y)^2|\cos\pi(x - y)|$, $D: |x| + |y| \leqq 3$

(4) $(x^2 - y^2)^4$, $D: |x| + |y| \leqq 2$

(5) $e^{x^2+y^2}$, $D: 4 \leqq x^2 + y^2 \leqq 49$

(6) $\dfrac{1}{\sqrt{x^2 + y^2 + 1}}$, $D: 1 \leqq x^2 + y^2 \leqq 5$

5.3 広義 2 重積分 135

(7) $x^2 y^2$, $\quad D: \dfrac{x^2}{9} + \dfrac{y^2}{4} \leqq 1$

(8) $\dfrac{(x-y)^2}{(1+x+y)^5}$, $\quad D: x \geqq 0,\, y \geqq 0,\, x+y \leqq 1$

(9) $\dfrac{1}{(1+x^2+y^2)^2}$, $\quad D: (x^2+y^2)^2 \leqq x^2 - y^2,\, x \geqq 0$

(10) $|x|^3 + |y|^3$, $\quad D: x \leqq y,\, x^2 + y^2 \leqq 25$

(11) $x^2 + y^2$, $\quad D: (x+3)^2 + y^2 \leqq 9$

(12) $|x|y^2$, $\quad D: \sqrt{|x|} + \sqrt{|y|} \leqq 1$

(13) $x^2 + y^2$, $\quad D: 2x^2 + 3y^2 - 4x + y \leqq 0$

5.3 広義 2 重積分

本節では，有界とは限らない集合や関数の 2 重積分を考える．D を有界とは限らない平面内の一般の集合とし，関数 $f(x,y)$ は D 内の面積 0 の集合 N を除いた集合 $D \setminus N$ で連続とする．さらに，次の性質を満たす集合の列 $\{D_n\}$ が存在するとする．

(1) 任意の D_n は縦線集合，横線集合およびそれらの有限個の和集合である．
(2) 任意の有界な閉集合 $K \subset D \setminus N$ に対して，$K \subset D_n$ となる n が存在する．
(3) $D_1 \subset D_2 \subset \cdots \subset D \setminus N$.

このような $\{D_n\}$ を D の**近似列**という．D のどのような近似列 $\{D_n\}$ に対しても，そのとり方によらない極限値

$$\lim_{n\to\infty} \iint_{D_n} f(x,y)\, dxdy \tag{5.4}$$

が存在するとき，$f(x,y)$ は D 上で**広義 2 重積分可能**といい，その値を

$$\iint_D f(x,y)\, dxdy$$

で表し，$f(x,y)$ の D 上の**広義 2 重積分**という．このとき，広義 2 重積分は**収束する**といい，収束しないとき**発散する**という．

特に，5.1 節で定義した意味で $f(x,y)$ が 2 重積分可能ならば，その 2 重積分の値と広義 2 重積分の値は等しい．すなわち，広義 2 重積分は 2 重積分の拡張である．また，広義 2 重積分可能な関数に対しても，定理 3 と同様の結果が成り立つ．

非負値関数の広義 2 重積分は，計算に都合のよい近似列を選んで，その積分の収束・発散を調べればよい．

●**定理 5.** $f(x,y) \geqq 0$ とする．D のある近似列 $\{D_n\}$ に対して極限値 (5.4) が存在すれば，$f(x,y)$ は D 上で広義 2 重積分可能で，

$$\iint_D f(x,y)\,dxdy = \lim_{n \to \infty} \iint_{D_n} f(x,y)\,dxdy$$

となる．

証明. $I_n = \iint_{D_n} f(x,y)\,dxdy$, $I = \lim_{n \to \infty} I_n$ とおく．$\{E_n\}$ を D の任意の近似列とし，$J_n = \iint_{E_n} f(x,y)\,dxdy$ とおく．各 E_n に対して，$E_n \subset D_m$ となる m が存在するので，$J_n \leqq I_m \leqq I$ が成り立つ．よって，$\{J_n\}$ は有界な単調増加数列なので収束する．そこで，$J = \lim_{n \to \infty} J_n$ とおくと，上の議論より $J \leqq I$ である．また，同様にして $I \leqq J$ が示せるので，$I = J$ となる．　□

第 3 章で学んだ広義積分の計算は，広義 2 重積分を用いると簡単になる場合がある．

例 1. $I = \displaystyle\int_0^\infty e^{-x^2}\,dx$ を広義 2 重積分を用いて求めよ．

解. 広義 2 重積分

$$J = \iint_D e^{-x^2-y^2}\,dxdy, \quad D = \{(x,y) \mid x \geqq 0,\, y \geqq 0\}$$

を考える．$D_n = \{(x,y) \mid x^2 + y^2 \leqq n^2,\, x \geqq 0,\, y \geqq 0\}$ とすると (図 5.16)，$\{D_n\}$ は D の近似列であり，極座標変換 $x = r\cos\theta$, $y = r\sin\theta$ より，

$$J = \lim_{n \to \infty} \iint_{D_n} e^{-x^2-y^2}\,dxdy = \lim_{n \to \infty} \iint_{D_n} e^{-r^2} r\,drd\theta$$

$$= \lim_{n \to \infty} \int_0^n dr \int_0^{\frac{\pi}{2}} e^{-r^2} r\,d\theta = \frac{\pi}{2} \lim_{n \to \infty} \left[-\frac{1}{2} e^{-r^2} \right]_0^n = \frac{\pi}{4}.$$

一方，$E_n = \{(x,y) \mid 0 \leqq x \leqq n,\, 0 \leqq y \leqq n\}$ とすると (図 5.17)，$\{E_n\}$ も D の近似列であり，

$$J = \lim_{n \to \infty} \iint_{E_n} e^{-x^2-y^2}\,dxdy = \lim_{n \to \infty} \left(\int_0^n e^{-x^2}\,dx \right)^2 = I^2.$$

よって，$I = \dfrac{\sqrt{\pi}}{2}$ である．　□

5.3 広義 2 重積分

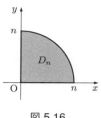

図 5.16

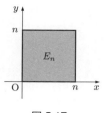

図 5.17

問 1. $\iint_D e^{-x^2-y^2} x^{2p-1} y^{2q-1} dxdy$, $D = \{(x,y) \mid x \geqq 0, y \geqq 0\}$ を用いて，実数 $p > 0$, $q > 0$ に対して，$B(p,q) = \dfrac{\Gamma(p)\Gamma(q)}{\Gamma(p+q)}$ を示せ．ここで，$\Gamma(p)$, $B(p,q)$ はそれぞれガンマ関数，ベータ関数である．

以下では，平面上の点全体を $\mathbb{R}^2$ で表す．

例 2. 次の広義 2 重積分を求めよ．

(1) $\iint_D \dfrac{dxdy}{\sqrt{(1-x)(1-y)}}$, $D: 0 \leqq x \leqq 1, 0 \leqq y \leqq 1$

(2) $\iint_{\mathbb{R}^2} \dfrac{dxdy}{(x^2+y^2+1)^2}$

解．(1) $N = \{(x,y) \mid x = 1, 0 \leqq y \leqq 1\} \cup \{(x,y) \mid y = 1, 0 \leqq x \leqq 1\}$ の面積は 0 で，被積分関数は $D \setminus N$ で連続である．よって，D の近似列 $\{D_n\}$ を

$$D_n = \left\{ (x,y) \,\middle|\, 0 \leqq x \leqq 1 - \frac{1}{n}, 0 \leqq y \leqq 1 - \frac{1}{n} \right\}$$

とすると，

$$\iint_D \frac{dxdy}{\sqrt{(1-x)(1-y)}} = \lim_{n \to \infty} \iint_{D_n} \frac{dxdy}{\sqrt{(1-x)(1-y)}}$$
$$= \lim_{n \to \infty} \left(\int_0^{1-\frac{1}{n}} \frac{dx}{\sqrt{1-x}} \right)^2$$
$$= \lim_{n \to \infty} \left(\left[-2\sqrt{1-x} \right]_0^{1-\frac{1}{n}} \right)^2$$
$$= 4 \lim_{n \to \infty} \left(1 - \frac{1}{\sqrt{n}} \right)^2 = 4.$$

(2) $\mathbb{R}^2$ の近似列を $D_n = \{(x,y) \mid x^2 + y^2 \leqq n^2\}$ とすると，極座標変換 $x = r\cos\theta$, $y = r\sin\theta$ より，

$$\iint_{\mathbb{R}^2} \frac{dxdy}{(x^2+y^2+1)^2} = \lim_{n\to\infty} \iint_{D_n} \frac{dxdy}{(x^2+y^2+1)^2}$$

$$= \lim_{n\to\infty} \int_0^n dr \int_0^{2\pi} \frac{r}{(r^2+1)^2}\, d\theta$$

$$= 2\pi \lim_{n\to\infty} \int_0^n \frac{r}{(r^2+1)^2}\, dr$$

$$= 2\pi \lim_{n\to\infty} \left[-\frac{1}{2(r^2+1)} \right]_0^n$$

$$= \pi \lim_{n\to\infty} \left(1 - \frac{1}{n^2+1} \right)$$

$$= \pi. \quad \square$$

問 2. 次の関数を集合 D 上で広義 2 重積分せよ.

(1) $\dfrac{1}{(x+y+1)^5}$,　$D: x \geqq 0,\, y \geqq 0$　　(2) $\dfrac{1}{(x^2+y^2+1)^{\frac{3}{2}}}$,　$D = \mathbb{R}^2$

(3) $\dfrac{1}{\sqrt{4-x^2-y^2}}$,　$D: x^2+y^2 \leqq 4$　　(4) $e^{-x^2-y^2}$,　$D: xy \geqq 0$

(5) $\dfrac{1}{(|x|+|y|)^4}$,　$D: |x| \geqq 1,\, |y| \geqq 1$

(6) $\dfrac{\sin y}{\sqrt{(\pi-x)(x-y)}}$,　$D: 0 \leqq y \leqq x \leqq \pi$

(7) $\exp\left(\dfrac{2x-y}{x+2y} \right)$,　$D: x+2y \leqq 2,\, x \geqq 0,\, y \geqq 0$

(8) $\dfrac{1}{\sqrt{x^2+y^2}}$,　$D: -1 \leqq x \leqq y \leqq 1$

関数 $f(x,y)$ に対して，非負値関数 $f^+(x,y)$, $f^-(x,y)$ を

$$f^+(x,y) = \max\{f(x,y), 0\}, \quad f^-(x,y) = \max\{-f(x,y), 0\}$$

で定めると，

$$f(x,y) = f^+(x,y) - f^-(x,y), \quad |f(x,y)| = f^+(x,y) + f^-(x,y)$$

となる. 次の定理により，必ずしも正とは限らない一般の $f(x,y)$ の広義 2 重積分可能性は，非負値関数 $|f(x,y)|$ や，$f^+(x,y)$, $f^-(x,y)$ の広義 2 重積分可能性を用いて判定できる.

5.3 広義 2 重積分 139

●**定理 6.** 次の (1), (2), (3) は同値である.

(1) 関数 $f(x, y)$ は集合 D 上で広義 2 重積分可能.

(2) 非負値関数 $|f(x, y)|$ は集合 D 上で広義 2 重積分可能.

(3) 非負値関数 $f^+(x, y)$, $f^-(x, y)$ はともに集合 D 上で広義 2 重積分可能.
このとき,

$$\iint_D f(x, y)\, dxdy = \iint_D f^+(x, y)\, dxdy - \iint_D f^-(x, y)\, dxdy$$

が成り立つ.

例 3. 次の関数 $f(x, y)$ が集合 D 上で広義 2 重積分可能か判定せよ. また, 広義 2 重積分可能な場合には, その値を求めよ.

(1) $f(x, y) = \dfrac{x - y}{(x + y + 1)^3}$, $D : x + y \geqq 0$

(2) $f(x, y) = \dfrac{y}{(x^2 + y^2 + 1)^2}$, $D : x - y \leqq 0$

解. (1) D の近似列を $D_n = \{(x, y) \mid 0 \leqq x+y \leqq n,\ -n \leqq x-y \leqq n\}$ とする (図 5.18). $u = x + y$, $v = x - y$ とおくと, $x = \dfrac{u+v}{2}$, $y = \dfrac{u-v}{2}$ なので

$$\frac{\partial(x, y)}{\partial(u, v)} = \det\begin{pmatrix} \frac{1}{2} & \frac{1}{2} \\ \frac{1}{2} & -\frac{1}{2} \end{pmatrix} = -\frac{1}{2}.$$

ゆえに

$$\iint_D |f(x, y)|\, dxdy = \lim_{n \to \infty} \iint_{D_n} |f(x, y)|\, dxdy$$

$$= \frac{1}{2} \lim_{n \to \infty} \left(\int_0^n \frac{du}{(u+1)^3} \right) \left(\int_{-n}^n |v|\, dv \right) = \infty.$$

よって, 広義 2 重積分可能でない.

(2) D の近似列を $D_n = \{(x, y) \mid x^2 + y^2 \leqq n^2,\ x - y \leqq 0\}$ とおく (図 5.19). 極座標変換 $x = r\cos\theta$, $y = r\sin\theta$ より,

$$\iint_D |f(x, y)|\, dxdy = \lim_{n \to \infty} \iint_{D_n} |f(x, y)|\, dxdy$$

$$= \lim_{n \to \infty} \left(\int_0^n \frac{r^2}{(r^2 + 1)^2}\, dr \right) \left(\int_{\frac{\pi}{4}}^{\frac{5\pi}{4}} |\sin\theta|\, d\theta \right)$$

$$= 2 \lim_{n \to \infty} \int_0^n \frac{r^2}{(r^2 + 1)^2}\, dr.$$

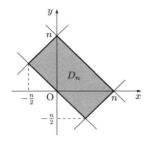
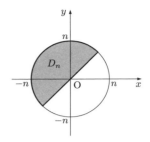

図 5.18 (1) の近似列　　　図 5.19 (2) の近似列

ここで,

$$\lim_{n\to\infty}\int_0^n \frac{r^2}{(r^2+1)^2}\,dr = \lim_{n\to\infty}\int_0^n \frac{-r}{2}\left(\frac{1}{r^2+1}\right)'dr$$

$$= \lim_{n\to\infty}\left(-\frac{1}{2}\frac{n}{n^2+1}+\frac{1}{2}\int_0^n \frac{dr}{r^2+1}\right)$$

$$= \frac{1}{2}\lim_{n\to\infty}\tan^{-1}n = \frac{\pi}{4}$$

なので, 広義2重積分可能である. よって

$$\iint_D f(x,y)\,dxdy = \lim_{n\to\infty}\iint_{D_n} f(x,y)\,dxdy$$

$$= \lim_{n\to\infty}\left(\int_0^n \frac{r^2}{(r^2+1)^2}\,dr\right)\left(\int_{\frac{\pi}{4}}^{\frac{5\pi}{4}}\sin\theta\,d\theta\right)$$

$$= \frac{\pi}{4}\left[-\cos\theta\right]_{\frac{\pi}{4}}^{\frac{5\pi}{4}} = \frac{\pi}{2\sqrt{2}}. \quad \square$$

問 3. 関数 $f(x,y)=\dfrac{x^2-y^2}{(x^2+y^2)^2}$ に対して, 次の $\{D_n\}$ は集合 $D=\{(x,y)\mid 0\leqq x\leqq 1, 0\leqq y\leqq 1\}$ の近似列であることを確かめ,

$$\lim_{n\to\infty}\iint_{D_n}\frac{x^2-y^2}{(x^2+y^2)^2}\,dxdy$$

を求めよ.

(1) $D_n = \left\{(x,y) \;\middle|\; \dfrac{1}{n}\leq x\leq 1,\; \dfrac{1}{n}\leq y\leq 1\right\}$

(2) $D_n = \left\{(x,y) \;\middle|\; \dfrac{1}{n}\leq x\leq 1,\; \dfrac{\sqrt{3}}{n}\leq y\leq 1\right\}$

(3) $D_n = \left\{(x,y) \;\middle|\; 0\leqq x\leqq 1,\; x\tan\dfrac{1}{n}\leq y\leq 1,\; x^2+y^2\geqq \dfrac{1}{n^n}\right\}$

5.4 3重積分　　　　141

(4)　$D_n = \left\{ (x, y) \; \middle| \; y \tan \dfrac{1}{n} \leqq x \leqq 1,\, 0 \leqq y \leqq 1,\, x^2 + y^2 \geqq \dfrac{1}{n^n} \right\}$

問 4.　次の関数が集合 D 上で広義 2 重積分可能か判定せよ．また，広義 2 重積分可能な場合には，その値を求めよ．

(1)　$\dfrac{1}{1 + (x^2 + y^2)^2}, \quad D = \mathbb{R}^2$ 　　　　 (2)　$ye^{-xy}, \quad D: x \geqq 0,\, y \geqq 0$

(3)　$\dfrac{xy}{x^4 + y^4}, \quad D: x^2 + y^2 \leqq 1$ 　　　　 (4)　$\dfrac{1}{x^2 - y^2}, \quad D = \mathbb{R}^2$

(5)　$|x^2 - y^2| e^{-|x| - |y|}, \quad D = \mathbb{R}^2$ 　　　 (6)　$\dfrac{1}{\sin(x + y)}, \quad D = \mathbb{R}^2$

(7)　$\dfrac{1}{(x^2 + y^2)\{\log(x^2 + y^2)\}^2}, \quad D: x^2 + y^2 \leqq \dfrac{1}{4}$

(8)　$\dfrac{x - y}{\sqrt{|x + y|}}, \quad D: 0 \leqq x \leqq 1,\, |x + y| \leqq 1$

(9)　$xye^{-|x| - |y|}, \quad D: |x| \geqq 1,\, |x - y| \leqq 1$

(10)　$\dfrac{1}{(x - y) \log |x + y|}, \quad D: |x^2 - y^2| \geqq 1$

(11)　$\dfrac{x}{3x^2 + 4y^2}, \quad D: x \leqq 0,\, 4x^2 + 3y^2 \leqq 1$

5.4　3 重 積 分

この節では，3 変数関数の積分，いわゆる 3 重積分について述べる．

5.4.1　3 重 積 分

2 重積分と同様に，3 変数関数 $f(x, y, z)$ の **3 重積分**

$$\iiint_D f(x, y, z)\, dxdydz$$

が定義できる．ただし，3 重積分の場合は，D は空間内の集合 (立体図形) を表すとする．累次積分への帰着などは 2 重積分と同様の結果が成り立つ．また，空間内の集合 D の体積 V は

$$V = \iiint_D dxdydz$$

で与えられる．

例 1. $x^2+4y^2 \leqq 16$, $x^2+4z^2 \leqq 16$ の共通部分の体積 V を求めよ.

解. 体積を求める立体の $x \geqq 0$, $y \geqq 0$, $z \geqq 0$ の部分を
$$D = \left\{(x,y,z) \;\middle|\; 0 \leqq x \leqq 4,\, 0 \leqq y \leqq \sqrt{4-\frac{x^2}{4}},\, 0 \leqq z \leqq \sqrt{4-\frac{x^2}{4}}\right\}$$
とすると,対称性より

$$\begin{aligned}
V &= 8 \iiint_D dxdydz \\
&= 8 \int_0^4 dx \int_0^{\sqrt{4-\frac{x^2}{4}}} dy \int_0^{\sqrt{4-\frac{x^2}{4}}} dz \\
&= 8 \int_0^4 \left(4-\frac{x^2}{4}\right) dx \\
&= 8 \left[4x - \frac{x^3}{12}\right]_0^4 = \frac{256}{3}. \quad \square
\end{aligned}$$

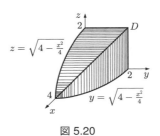

図 5.20

例 2. $D = \{(x,y,z) \mid x \geqq 0, y \geqq 0, z \geqq 0, x+y+z \leqq 4\}$ のとき,3 重積分 $\iiint_D xyz\,dxdydz$ を求めよ.

解. $D = \{(x,y,z) \mid 0 \leqq x \leqq 4,\, 0 \leqq y \leqq 4-x,\, 0 \leqq z \leqq 4-x-y\}$ とかけるので,

$$\begin{aligned}
&\iiint_D xyz\,dxdydz \\
&= \int_0^4 dx \int_0^{4-x} dy \int_0^{4-x-y} xyz\,dz \\
&= \int_0^4 dx \int_0^{4-x} xy \left[\frac{z^2}{2}\right]_{z=0}^{z=4-x-y} dy \\
&= \frac{1}{2} \int_0^4 dx \int_0^{4-x} xy(4-x-y)^2\,dy \\
&= \frac{1}{2} \int_0^4 x \left\{\left[-y\frac{(4-x-y)^3}{3}\right]_{y=0}^{y=4-x} + \frac{1}{3}\int_0^{4-x}(4-x-y)^3\,dy\right\} dx \\
&= \frac{1}{6} \int_0^4 x \left[-\frac{(4-x-y)^4}{4}\right]_{y=0}^{y=4-x} dx \\
&= \frac{1}{24} \int_0^4 x(4-x)^4\,dx
\end{aligned}$$

図 5.21

5.4 3 重 積 分   143

$$= \frac{1}{24}\left\{\left[-x\frac{(4-x)^5}{5}\right]_0^4 + \frac{1}{5}\int_0^4 (4-x)^5\,dx\right\}$$

$$= \frac{1}{120}\left[-\frac{(4-x)^6}{6}\right]_0^4 = \frac{256}{45}.\quad\square$$

問 1. 次の体積を求めよ.

(1) $|x| + |y| + |z| = 1$ が囲む有界集合

(2) $x^2 + y^2 + z^2 = 1$ が囲む有界集合

(3) $x^2 + z^2 \leqq 9$ と $x^2 + y^2 \leqq 9$ の共通部分

(4) $x^2 + y^2 \leqq 1$ と $x \leqq z \leqq 2x$ の共通部分

(5) $\dfrac{x^2}{9} + \dfrac{y^2}{16} + \dfrac{z^2}{25} = 1$ が囲む有界集合

(6) $x^2 + y^2 + z^2 \leqq 4$ と $(x-1)^2 + y^2 \leqq 1$ の共通部分

問 2. 次の関数を集合 D 上で 3 重積分せよ.

(1) $x^2 y^3 z^4$, $D: 0 \leqq x \leqq 1,\ -3 \leqq y \leqq 0,\ 0 \leqq z \leqq 2$

(2) $(x + y + z)^4$, $D: |x| \leqq 1,\ |y| \leqq 1,\ |z| \leqq 1$

(3) $\sqrt{x + y - z}$, $D: -2 \leqq x \leqq 1,\ 1 \leqq y \leqq 3,\ -4 \leqq z \leqq -2$

(4) $(x + y + z)^3$, $D: x \geqq 0,\ y \geqq 0,\ z \geqq 0,\ x + y + z \leqq 2$

(5) $\cos(x + y + z)$, $D: x \geqq 0,\ y \geqq 0,\ z \geqq 0,\ x + y + z \leqq \pi$

(6) $x^2 + y^2 + z^2$, $D: x \geqq 0,\ y \geqq 0,\ z \geqq 0,\ x + y + z \leqq 1$

5.4.2 変 数 変 換

2 重積分と同様に，次の**変数変換公式**が成り立つ.

●**定理 7.** uvw 空間内の集合 E は，変数変換 $x = x(u,v,w)$, $y = y(u,v,w)$, $z = z(u,v,w)$ により，xyz 空間内の集合 D に 1 対 1 に写されるとする．さらに，$x(u,v,w)$, $y(u,v,w)$, $z(u,v,w)$ は E を含む開集合で C^1 級で，

$$\frac{\partial(x,y,z)}{\partial(u,v,w)} \neq 0$$

を満たすとする．このとき，D で連続な関数 $f(x,y,z)$ に対して，

$$\iiint_D f(x,y,z)\,dxdydz$$

$$= \iiint_E f(x(u,v,w), y(u,v,w), z(u,v,w))\left|\frac{\partial(x,y,w)}{\partial(u,v,w)}\right| dudvdw$$

が成り立つ．ここで，$\dfrac{\partial(x,y,z)}{\partial(u,v,w)}$ はヤコビ行列式

$$\dfrac{\partial(x,y,z)}{\partial(u,v,w)} = \det \begin{pmatrix} x_u & x_v & x_w \\ y_u & y_v & y_w \\ z_u & z_v & z_w \end{pmatrix}$$

である．

2重積分の場合と同様に，仮定を満たさない点全体の集合の体積が 0 であれば，定理 7 は成り立つことが知られている．

3重積分における変数変換の典型的な例は，**空間の極座標変換**

$$x = r\sin\theta\cos\varphi, \quad y = r\sin\theta\sin\varphi, \quad z = r\cos\theta$$

である．xyz 空間内の球 $D = \{(x,y,z) \mid x^2+y^2+z^2 \leqq a^2\}\ (a>0)$ は，この変換により $E = \{(r,\theta,\varphi) \mid 0 \leqq r \leqq a, 0 \leqq \theta \leqq \pi, 0 \leqq \varphi \leqq 2\pi\}$ と対応する．また，ヤコビ行列式は

$$\dfrac{\partial(x,y,z)}{\partial(r,\theta,\varphi)} = \det \begin{pmatrix} \sin\theta\cos\varphi & r\cos\theta\cos\varphi & -r\sin\theta\sin\varphi \\ \sin\theta\sin\varphi & r\cos\theta\sin\varphi & r\sin\theta\cos\varphi \\ \cos\theta & -r\sin\theta & 0 \end{pmatrix} = r^2\sin\theta$$

である．このとき，定理の仮定を満たさない点は $r=0$，$\theta=0,\pi$ や $\varphi=0,2\pi$ という平面上の点であり，これらの点全体の集合の体積は 0 なので，変数変換公式を用いることができる．

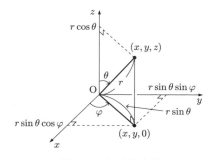

図 5.22 極座標変換

例 3. $D = \{(x,y,z) \mid x^2+y^2+z^2 \leqq 1, x \geqq 0, y \geqq 0, z \geqq 0\}$ のとき，3重積分 $\displaystyle\iiint_D y^2\,dxdydz$ を求めよ．

解． 極座標変換 $x = r\sin\theta\cos\varphi$, $y = r\sin\theta\sin\varphi$, $z = r\cos\theta$ を用いると，$\left\{(r,\theta,\varphi) \mid 0 \leqq r \leqq 1, 0 \leqq \theta \leqq \dfrac{\pi}{2}, 0 \leqq \varphi \leqq \dfrac{\pi}{2}\right\}$ が D に写るので，

$$\iiint_D y^2\,dxdydz$$
$$= \int_0^1 dr \int_0^{\frac{\pi}{2}} d\theta \int_0^{\frac{\pi}{2}} r^4 \sin^3\theta \sin^2\varphi\,d\varphi$$
$$= \left(\int_0^1 r^4\,dr\right)\left(\int_0^{\frac{\pi}{2}} \sin^3\theta\,d\theta\right)\left(\int_0^{\frac{\pi}{2}} \sin^2\varphi\,d\varphi\right)$$
$$= \frac{1}{5}\left(\int_0^{\frac{\pi}{2}} \frac{3\sin\theta - \sin 3\theta}{4}\,d\theta\right)\left(\int_0^{\frac{\pi}{2}} \frac{1-\cos 2\varphi}{2}\,d\varphi\right)$$
$$= \frac{1}{40}\left[-3\cos\theta + \frac{\cos 3\theta}{3}\right]_0^{\frac{\pi}{2}} \cdot \left[\varphi - \frac{\sin 2\varphi}{2}\right]_0^{\frac{\pi}{2}}$$
$$= \frac{\pi}{30}. \quad \square$$

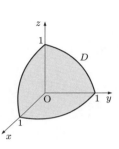

図 5.23

問 3． 次の関数を集合 D 上で 3 重積分せよ．

(1) $(x^2+y^2+z^2)^2$, $D: x^2+y^2+z^2 \leqq 4$

(2) $\sin^2(x+3z)\cos^3(x-3y+z)$,
$D: -\pi \leqq x+3z \leqq 0, |y| \leqq 1, -\dfrac{\pi}{2} \leqq x-3y+z \leqq \dfrac{\pi}{2}$

(3) $\sin\sqrt{x^2+y^2+z^2}$, $D: x^2+y^2+z^2 \leqq 4\pi^2$

(4) $|xyz|$, $D: 4 \leqq x^2+y^2+z^2 \leqq 9$

(5) x^2z^2, $D: \dfrac{x^2}{4}+\dfrac{y^2}{9}+\dfrac{z^2}{16} \leqq 1$

(6) $x^2+y^2+z^2$, $D: 0 \leqq x-3z \leqq 1, 0 \leqq y+2z \leqq 1, 0 \leqq z-x \leqq 1$

(7) $\log(x^2+y^2+z^2)$, $D: 1 \leqq x^2+y^2+z^2 \leqq 4$

(8) $\dfrac{1}{x^2+y^2+(z-2)^2}$, $D: x^2+y^2+z^2 \leqq 1$

5.4.3 広義 3 重積分

広義 2 重積分と同じ考え方で**広義 3 重積分**が定義され，広義 2 重積分の場合と同様の性質が成り立つ．ここでは，詳細な定義などは割愛し，計算例を紹介する．以下，空間内の点全体を $\mathbb{R}^3$ で表す．

146   5. 重積分

例 4. 次の広義 3 重積分を求めよ.

(1) $\displaystyle\iiint_D \frac{dxdydz}{\sqrt{xyz}}, \quad D: 0 \leqq x \leqq 1,\, 0 \leqq y \leqq 1,\, 0 \leqq z \leqq 1$

(2) $\displaystyle\iiint_{\mathbb{R}^3} \frac{dxdydz}{(x^2+y^2+z^2+1)^2}$

解. (1) D の近似列を

$$D_n = \left\{ (x,y) \;\middle|\; \frac{1}{n} \leqq x \leqq 1,\, \frac{1}{n} \leqq y \leqq 1,\, \frac{1}{n} \leqq z \leqq 1 \right\}$$

とすると,

$$\iiint_D \frac{dxdydz}{\sqrt{xyz}} = \lim_{n\to\infty} \iiint_{D_n} \frac{dxdydz}{\sqrt{xyz}} = \lim_{n\to\infty} \left(\int_{\frac{1}{n}}^1 \frac{dx}{\sqrt{x}} \right)^3$$

$$= \lim_{n\to\infty} \left(\left[2\sqrt{x} \right]_{\frac{1}{n}}^1 \right)^3 = 8 \lim_{n\to\infty} \left(1 - \frac{1}{\sqrt{n}} \right)^3 = 8.$$

(2) $\mathbb{R}^3$ の近似列を $D_n = \{(x,y,z) \mid x^2+y^2+z^2 \leqq n^2\}$ とすると, 極座標変換 $x = r\sin\theta\cos\varphi,\; y = r\sin\theta\sin\varphi,\; z = r\cos\theta$ より,

$$\iiint_{\mathbb{R}^3} \frac{dxdydz}{(x^2+y^2+z^2+1)^2} = \lim_{n\to\infty} \iiint_{D_n} \frac{dxdydz}{(x^2+y^2+z^2+1)^2}$$

$$= \lim_{n\to\infty} \int_0^n dr \int_0^\pi d\theta \int_0^{2\pi} \frac{r^2\sin\theta}{(r^2+1)^2} \, d\varphi$$

$$= \lim_{n\to\infty} \left(\int_0^n \frac{r^2}{(r^2+1)^2} \, dr \right) \left(\int_0^\pi \sin\theta \, d\theta \right) \left(\int_0^{2\pi} d\varphi \right)$$

$$= \pi^2.$$

ただし, 積分の計算は 5.3 節の例 3 (2) をみよ. □

問 4. 次の関数が集合 D 上で広義 3 重積分可能か判定せよ. また, 広義 3 重積分可能な場合には, その値を求めよ.

(1) $\dfrac{1}{xyz}, \quad D: |x| \leqq 1,\, |y| \leqq 1,\, |z| \leqq 1$

(2) $\dfrac{1}{(x^2+y^2+z^2)^2}, \quad D: x^2+y^2+z^2 \geqq 9$

(3) $x^2 y^2 z^2 e^{-|x|-|y|-|z|}, \quad D = \mathbb{R}^3$

(4) $\dfrac{1}{(x+y+z)^2}, \quad D: 0 \leqq x \leqq 1,\, 0 \leqq y \leqq 1,\, 0 \leqq z \leqq 1$

(5) $\dfrac{1}{(x+y+z+1)^3}, \quad D: x+y+z \leqq 1$

(6) $\log(x^2+y^2+z^2)$, $D: x^2+y^2+z^2 \leqq 1$

(7) $\dfrac{1}{x^3+y^4+z^5}$, $D: x^2+y^2+z^2 \leqq 1$

(8) $\dfrac{1}{\sqrt{1-x^2-y^2-z^2}}$, $D: x^2+y^2+z^2 \leqq 1$

(9) $\dfrac{xyz}{(1+x^2+y^2+z^2)^4}$, $D: x \geqq 0, y \geqq 0, z \geqq 0$

(10) $(x+y)e^{-(x^2+2xy+2y^2+z^2)}$, $D: x+y \geqq 0$

5.5 重積分の応用

重積分の応用として，平面内の集合 D で定義された C^1 級関数 $f(x,y)$ が表す曲面 $z=f(x,y)$ の**曲面積** S を求める．

D を内部に含む長方形 R を考え，R を座標軸に平行な辺をもつ小さな長方形に分割する．その分割の中で D に含まれる小さな長方形を $R_1, \cdots, R_n$ とする．$R_i\ (i=1,\cdots,n)$ の頂点を反時計回りに $\mathrm{A}_i(x_i,y_i)$, $\mathrm{B}_i(x_i+h_i,y_i)$, $\mathrm{C}_i(x_i+h_i,y_i+k_i)$, $\mathrm{D}_i(x_i,y_i+k_i)$ とおく．各頂点に対応する曲面上の点をそれぞれ A'_i, B'_i, C'_i, D'_i とし，$\overrightarrow{\mathrm{A}'_i\mathrm{B}'_i}$ と $\overrightarrow{\mathrm{A}'_i\mathrm{D}'_i}$ が作る平行四辺形を S_i とする．

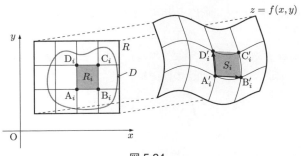

図 5.24

R の分割が十分細かいとすると，
$$\overrightarrow{\mathrm{A}'_i\mathrm{B}'_i} = (h_i, 0, f(x_i+h_i, y_i)-f(x_i,y_i)) \fallingdotseq (1, 0, f_x(\mathrm{A}_i))h_i,$$
$$\overrightarrow{\mathrm{A}'_i\mathrm{D}'_i} = (0, k_i, f(x_i, y_i+k_i)-f(x_i,y_i)) \fallingdotseq (0, 1, f_y(\mathrm{A}_i))k_i$$

となり，R_i に対応する曲面上の図形は S_i で近似され，その面積は
$$|S_i| = \sqrt{\left|\overrightarrow{\mathrm{A}'_i\mathrm{B}'_i}\right|^2 \left|\overrightarrow{\mathrm{A}'_i\mathrm{D}'_i}\right|^2 - \left(\overrightarrow{\mathrm{A}'_i\mathrm{B}'_i} \cdot \overrightarrow{\mathrm{A}'_i\mathrm{D}'_i}\right)^2}$$

$$\fallingdotseq \sqrt{1+f_x(\mathrm{A}_i)^2+f_y(\mathrm{A}_i)^2}\, h_i k_i$$

となる．よって

$$S = \lim_{n\to\infty}\sum_{i=1}^{n}|S_i| = \lim_{n\to\infty}\sum_{i=1}^{n}\sqrt{1+f_x(\mathrm{A}_i)^2+f_y(\mathrm{A}_i)^2}\,|R_i|$$
$$= \iint_D \sqrt{1+f_x(x,y)^2+f_y(x,y)^2}\,dxdy$$

を得る．この事実を定理としてまとめておく．

● 定理 8． 平面内の集合 D で定義された C^1 級関数 $f(x,y)$ が表す曲面 $z = f(x,y)$ の曲面積 S は

$$S = \iint_D \sqrt{1+f_x(x,y)^2+f_y(x,y)^2}\,dxdy$$

で与えられる．

関数 $f(x,y)$ が極座標表示されている場合は，合成関数の偏微分に関する公式 (第 4 章の定理 6) より，

$$S = \iint_E \sqrt{1+f_r(r,\theta)^2+\frac{1}{r^2}f_\theta(r,\theta)^2}\,r\,drd\theta$$

となる．ただし，E は $r\theta$ 平面内の集合とする．特に，曲面が回転面の場合は，次の公式が成り立つ．

● 定理 9． 関数 $f(x)$ は区間 $[a,b]$ で C^1 級とする．このとき，曲線 $y = f(x)$ を x 軸の周りに回転してできる曲面の曲面積 S は

$$S = 2\pi\int_a^b |f(x)|\sqrt{1+f'(x)^2}\,dx$$

で与えられる．

証明． 回転面の方程式は $y^2+z^2 = f(x)^2$ である．z を x,y の関数とみなして，この両辺を x に関して偏微分すると，

$$2zz_x = 2f(x)f'(x)$$

なので，$z_x = \dfrac{f(x)f'(x)}{z}$．一方，$y$ に関して偏微分すると，

$$2y + 2zz_y = 0$$

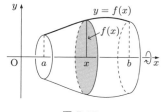

図 5.25

なので，$z_y = -\dfrac{y}{z}$. ここで $D = \{(x,y) \mid a \leqq x \leqq b, 0 \leqq y \leqq |f(x)|\}$ とおくと，対称性より，

$$\begin{aligned}
S &= 4 \iint_D \sqrt{1 + z_x^2 + z_y^2}\, dxdy \\
&= 4 \int_a^b \left(\int_0^{|f(x)|} \frac{\sqrt{f(x)^2 f'(x)^2 + y^2 + z^2}}{|z|}\, dy \right) dx \\
&= 4 \int_a^b |f(x)| \sqrt{1 + f'(x)^2} \left\{ \int_0^{|f(x)|} \frac{dy}{\sqrt{f(x)^2 - y^2}} \right\} dx \\
&= 4 \int_a^b |f(x)| \sqrt{1 + f'(x)^2} \left[\sin^{-1} \frac{y}{|f(x)|} \right]_0^{|f(x)|} dx \\
&= 2\pi \int_a^b |f(x)| \sqrt{1 + f'(x)^2}\, dx. \quad \square
\end{aligned}$$

例 1. 次の曲面の曲面積 S を求めよ．
(1) $y = \sin x\ (0 \leqq x \leqq \pi)$ を x 軸の周りに回転してできる曲面
(2) $y^2 + z^2 = 4$ と $x^2 + y^2 \leqq 4$ の共通部分

解． (1) 定理 9 より，

$$\begin{aligned}
S &= 2\pi \int_0^\pi \sin x \sqrt{\cos^2 x + 1}\, dx \\
&= 4\pi \int_0^{\frac{\pi}{2}} \sin x \sqrt{\cos^2 x + 1}\, dx \quad (\text{対称性より}) \\
&= 4\pi \int_0^1 \sqrt{t^2 + 1}\, dt \quad (t = \cos x \text{ とおく}) \\
&= 2\pi \left[t\sqrt{t^2+1} + \log\left(t + \sqrt{t^2+1}\right) \right]_0^1 \\
&= 2\pi \{ \sqrt{2} + \log(1 + \sqrt{2}) \}.
\end{aligned}$$

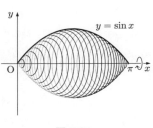

図 5.26

(2) $z \geqq 0$ の部分の曲面積を 2 倍すればよいので，$D = \{(x,y) \mid x^2 + y^2 \leqq 4\}$, $z = \sqrt{4 - y^2}$ とする．$z_x = 0$, $z_y = -\dfrac{y}{\sqrt{4 - y^2}}$ なので，定理 8 と対称性より，

$$S = 2 \iint_D \frac{2}{\sqrt{4-y^2}}\, dxdy = 4 \int_{-2}^2 dy \int_{-\sqrt{4-y^2}}^{\sqrt{4-y^2}} \frac{dx}{\sqrt{4-y^2}}$$
$$= 4 \int_{-2}^2 2\, dy = 32. \quad \square$$

150　　　　　　　　　　　　　　　　　　　　　　　　　　　　　　　　5. 重積分

問 1. 次を示せ.

(1) $z = f(x, y)$ の定義域が極座標を用いて $\alpha \leqq \theta \leqq \beta$, $r_1(\theta) \leqq r \leqq r_2(\theta)$ と表されるとき, 曲面 $z = f(x, y)$ の曲面積 S は

$$S = \int_\alpha^\beta d\theta \int_{r_1(\theta)}^{r_2(\theta)} \sqrt{1 + z_r^2 + \frac{1}{r^2} z_\theta^2}\, r\, dr.$$

(2) 媒介変数表示された曲線 $x = x(t)$, $y = y(t)$ $(\alpha \leqq t \leqq \beta)$ を x 軸の周りに回転してできる曲面の曲面積 S は

$$S = 2\pi \int_\alpha^\beta |y(t)| \sqrt{x'(t)^2 + y'(t)^2}\, dt$$

となる. ただし, $x(t), y(t)$ は区間 $[\alpha, \beta]$ で C^1 級とし, $x'(t) \neq 0$ $(\alpha < t < \beta)$ とする.

問 2. 次の曲面の曲面積を求めよ.

(1) $x^2 + y^2 + z^2 = 1$ が表す曲面

(2) $z = x^2 + y^2$ と $x^2 + y^2 \leqq 1$ の共通部分

(3) $x^2 + z^2 = 4$ と $x^2 + y^2 \leqq 4$ の共通部分

(4) $x^2 + y^2 + z^2 \leqq 25$ と $x^2 + z^2 = 5x$ の共通部分

(5) $x^2 + y^2 + z^2 = 1$ と $3x^2 + 4y^2 \leqq z + 1$ の共通部分

(6) $x^2 + (y - 5)^2 = 4$ を x 軸の周りに回転してできる曲面

(7) $y = \cos x$ $(0 \leqq x \leqq \pi)$ を x 軸の周りに回転してできる曲面

(8) $\dfrac{x^2}{4} + y^2 = 1$ を x 軸の周りに回転してできる曲面

(9) $x^{\frac{2}{3}} + y^{\frac{2}{3}} = 1$ を x 軸の周りに回転してできる曲面

最後に, 重積分で表される物理量の例として, 重心と慣性モーメントについて述べる. $\mathbb{R}^3$ の集合 D を物体とみなし, 各点 $(x, y, z) \in D$ での密度を $\rho(x, y, z)$ とする. このとき,

$$M = \iiint_D \rho(x, y, z)\, dxdydz$$

を D の**全質量**といい, 次式で定まる点 $\mathrm{G}(x_0, y_0, z_0)$ を D の**重心**という.

$$x_0 = \frac{1}{M} \iiint_D x\rho(x, y, z)\, dxdydz,$$

$$y_0 = \frac{1}{M} \iiint_D y\rho(x, y, z)\, dxdydz,$$

$$z_0 = \frac{1}{M} \iiint_D z\rho(x, y, z)\, dxdydz.$$

5.5 重積分の応用 151

また，

$$I_x = \iiint_D (y^2 + z^2)\rho(x, y, z)\, dxdydz,$$

$$I_y = \iiint_D (x^2 + z^2)\rho(x, y, z)\, dxdydz,$$

$$I_z = \iiint_D (x^2 + y^2)\rho(x, y, z)\, dxdydz$$

をそれぞれ x, y, z 軸に関する**慣性モーメント**という．慣性モーメントは，各軸に関する角運動量と角速度との比例定数であり，回転についての慣性の大きさを表す．

例 1. 密度 ρ が一様な物体 $D = \left\{(x, y, z)\ \middle|\ \left(\sqrt{x^2 + y^2} - 1\right)^2 + z^2 \leqq 1,\ y \geqq 0\right\}$ について，次を求めよ．

(1) 全質量 M

(2) 重心 $\mathrm{G}(x_0, y_0, z_0)$

(3) z 軸に関する慣性モーメント I_z

解． (1) $x = (1 + r\sin\theta)\cos\varphi,\ y = (1 + r\sin\theta)\sin\varphi,\ z = r\cos\theta$ と変数変換すると，

$$\frac{\partial(x, y, z)}{\partial(r, \theta, \varphi)} = \det\begin{pmatrix} \sin\theta\cos\varphi & r\cos\theta\cos\varphi & -(1 + r\sin\theta)\sin\varphi \\ \sin\theta\sin\varphi & r\cos\theta\sin\varphi & (1 + r\sin\theta)\cos\varphi \\ \cos\theta & -r\sin\theta & 0 \end{pmatrix}$$

$$= r(1 + r\sin\theta)$$

なので，

$$M = \rho\iiint_D dxdydz = \rho\int_0^1 dr\int_0^{2\pi} d\theta\int_0^{\pi} r(1 + r\sin\theta)\, d\varphi$$

$$= \rho\pi\int_0^1 r\big[\theta - r\cos\theta\big]_0^{2\pi} dr = 2\rho\pi^2\int_0^1 r\, dr = \rho\pi^2.$$

(2) 対称性より，$x_0 = z_0 = 0$ である．また，(1) と同じ変数変換により，

$$y_0 = \frac{\rho}{M}\iiint_D y\, dxdydz$$

$$= \frac{1}{\pi^2}\int_0^1 dr\int_0^{2\pi} d\theta\int_0^{\pi}(1 + r\sin\theta)\sin\varphi \cdot r(1 + r\sin\theta)\, d\varphi$$

$$= \frac{1}{\pi^2}\left\{\int_0^1 dr\int_0^{2\pi} r\left(1 + 2r\sin\theta + r^2\frac{1 - \cos 2\theta}{2}\right)d\theta\right\}\left(\int_0^{\pi}\sin\varphi\, d\varphi\right)$$

152   5. 重積分

$$= \frac{2}{\pi^2} \int_0^1 r \left[\left(1 + \frac{r^2}{2} \right) \theta - 2r \cos\theta - r^2 \frac{\sin 2\theta}{4} \right]_0^{2\pi} dr = \frac{2}{\pi} \int_0^1 (2r + r^3)\, dr = \frac{5}{2\pi}.$$

よって，$\mathrm{G}\left(0, \dfrac{5}{2\pi}, 0 \right)$.

(3)　(1) と同じ変数変換により，

$$I_z = \rho \iiint_D (x^2 + y^2)\, dx\, dy\, dz$$

$$= \rho \int_0^1 dr \int_0^{2\pi} d\theta \int_0^\pi (1 + r\sin\theta)^2 \cdot r(1 + r\sin\theta)\, d\varphi$$

$$= \rho \left\{ \int_0^1 dr \int_0^{2\pi} r \left(1 + 3r\sin\theta + 3r^2 \frac{1 - \cos 2\theta}{2} + r^3 \frac{3\sin\theta - \sin 3\theta}{4} \right) d\theta \right\}$$
$$\times \left(\int_0^\pi d\varphi \right)$$

$$= \pi\rho \int_0^1 r \left[\left(1 + \frac{3r^2}{2} \right) \theta - \left(3r + \frac{3r^3}{4} \right) \cos\theta - \frac{3r^2}{4} \sin 2\theta + \frac{r^3}{12} \cos 3\theta \right]_0^{2\pi} dr$$

$$= \pi^2 \rho \int_0^1 (2r + 3r^3)\, dr = \frac{7}{4} \rho \pi^2. \quad \square$$

問 3.　密度 ρ が一様な次の物体 D の重心と，z 軸に関する慣性モーメントを求めよ.

(1)　D : $|x| \leqq 1$, $|y| \leqq 2$, $|z| \leqq 3$

(2)　D : $x + y + z \leqq 1$, $x \geqq 0$, $y \geqq 0$, $z \geqq 0$

(3)　D : $x + y + z \leqq 3$, $x \geqq 1$, $y \geqq 0$, $z \geqq 1$

(4)　D : $x^2 + y^2 \leqq 1$, $x \geqq 0$, $y \geqq 0$, $0 \leqq z \leqq 1$

(5)　D : $0 \leqq z \leqq 1$, $(x + 1)^2 + (y - 1)^2 \leqq 1$

(6)　D : $x^2 + y^2 + z^2 \leqq 1$, $x \geqq 0$, $y \geqq 0$, $z \geqq 0$

(7)　D : $(x + 1)^2 + (y + 1)^2 + (z - 1)^2 \leqq 1$

(8)　D : $x^2 + y^2 \leqq (1 - z)^2$, $0 \leqq z \leqq 1$

(9)　D : $\dfrac{x^2}{4} + 4y^2 + z^2 \leqq 1$, $x \geqq 0$, $z \geqq 0$

─────────────── 演 習 問 題 5 ───────────────

1.　次の面積を求めよ.

(1)　$2x^2 + 3y^2 + 4xy + x + y = 1$ が囲む有界集合

(2)　$x^2 + 2\sqrt{3}xy - y^2 = -2$, $y = \dfrac{x}{\sqrt{3}} - \dfrac{4}{\sqrt{3}}$ が囲む有界集合

演習問題 5   153

(3) $(x^2 + y^2)^2 = xy$ が囲む有界集合

(4) $|x|^{\frac{1}{4}} + |y|^{\frac{1}{4}} = 1$ と $|x-1|^{\frac{1}{4}} + |y|^{\frac{1}{4}} = 1$ が囲む有界集合

(5) $x^3 + y^3 = 3xy$ が囲む有界集合

(6) $x^2 = y - y^4$ が囲む有界集合

(7) $x^4 + y^4 = xy$ が囲む有界集合

2. 次の関数を集合 D 上で (広義) 2 重積分せよ.

(1) $xy, \quad D: 4x^2 + 9y^2 + 4x - 12y \leqq 0$

(2) $\dfrac{1}{\sqrt{x^2 + y^2}}, \quad D: |x| + |y| \leqq 1$

(3) $\dfrac{1}{e^x + e^y}, \quad D: x \geqq 0, \, y \geqq 0$

(4) $\dfrac{y^2}{x^3}, \quad D: x \geqq e^y, \, y \geqq 0$

(5) $x^2 + y^2, \quad D: \sqrt{|x|} + \sqrt{|y|} \leqq 1$

(6) $e^{-\sqrt{x^2+y^2}} \sin \sqrt{x^2 + y^2}, \quad D = \mathbb{R}^2$

(7) $x^5 + y^5, \quad D: (x-1)^2 + (y-1)^2 \leqq 1$

(8) $\dfrac{(x+y)^2 xy}{x^2 + y^2} e^{(x+y)^2}, \quad D: x^2 + y^2 \leqq 1, \, x \geqq 0, \, y \geqq 0$

(9) $(x+y) \sin(x - 2y), \quad D: 2x^2 - 2xy + 5y^2 \leqq 1, \, -x \leqq y \leqq \dfrac{x}{2}$

3. 次の体積を求めよ.

(1) $\sqrt{|x|} + \sqrt{|y|} + \sqrt{|z|} = 1$ が囲む有界集合

(2) $(x^2 + y^2)^2 + z^2 = 1$ が囲む有界集合

(3) $(x^2 + y^2)^{\frac{1}{3}} + z^{\frac{2}{3}} = 1$ が囲む有界集合

(4) $(x^2 + y^2)(x^2 + y^2 - 2x) - y^2 = 0$ の $y > 0$ の部分を x 軸の周りに回転してできる立体

(5) $(x^2 + y^2 + z^2)^2 = xyz$ が囲む有界集合

(6) $x^{\frac{2}{3}} + y^{\frac{2}{3}} + z^{\frac{2}{3}} = 1$ が囲む有界集合

(7) $x^3 + y^3 = 3xy$ の第 1 象限の部分を x 軸の周りに回転してできる立体

4. 次の関数を集合 D 上で (広義) 3 重積分せよ.

(1) $\dfrac{1}{(|x| + |y| + |z| + 1)^3}, \quad D: |x| + |y| + |z| \leqq 1$

(2) $\dfrac{|z|}{\sqrt{1 - x^2 - y^2 - z^2}}, \quad D: x^2 + y^2 + z^2 \leqq 1$

(3) $\log |xyz|, \quad D: |x| \leqq 1, \, |y| \leqq 1, \, |z| \leqq 1$

(4) $x^2 y^2 z^2, \quad D: |x| + |z| \leqq |y| \leqq 1$

(5) $\dfrac{1}{\sqrt{x^2 + y^2 + z^2}}, \quad D: x^2 + y^2 + \dfrac{z^2}{9} \leqq 1$

154   5. 重 積 分

(6) $\dfrac{1}{\sqrt{x^2+(y-1)^2+z^2}}, \quad D: x^2+y^2+z^2 \leqq 4$

(7) $\dfrac{xyz}{(x^2+y^2+z^2)^{\frac{5}{2}}}, \quad D: \dfrac{x^2}{4}+\dfrac{y^2}{9}+\dfrac{z^2}{16} \leqq 1,\, x \geqq 0,\, y \geqq 0,\, z \geqq 0$

(8) $\sqrt{|x|}+\sqrt{|y|}+\sqrt{|z|}, \quad D: \sqrt{|x|}+\sqrt{|y|}+\sqrt{|z|} \leqq 1$

(9) $e^{-\sqrt{x^2+y^2+z^2}} \sin\sqrt{x^2+y^2+z^2}, \quad D = \mathbb{R}^3$

5. 次の関数を集合 D 上で (広義) 重積分せよ. ただし, $p>0,\, q>0,\, r>0,\, s>0$ は定数とする.

(1) $x^{p-1}y^{q-1}(1-x-y)^{r-1}, \quad D: x+y \leqq 1,\, x \geqq 0,\, y \geqq 0$

(2) $x^{p-1}y^{q-1}z^{r-1}(1-x-y-z)^{s-1}, \quad D: x+y+z \leqq 1,\, x \geqq 0,\, y \geqq 0,\, z \geqq 0$

6. 次の曲面の曲面積を求めよ.

(1) $(x^2+y^2)^{\frac{1}{3}}+z^{\frac{2}{3}}=1$ が表す曲面

(2) $(x^2+y^2)^2=x^2-y^2$ の第 1 象限の部分を x 軸の周りに回転してできる曲面

(3) $\sqrt{|x|}+\sqrt{|y|}=1$ を x 軸の周りに回転してできる曲面

(4) $y=\tan x \left(0 \leqq x \leqq \dfrac{\pi}{4}\right)$ を x 軸の周りに回転してできる曲面

(5) $(x^2+y^2+z^2)^2=x^2+y^2$ が表す曲面

(6) $(x^2+y^2)(x^2+y^2-2x)-y^2=0$ の $y>0$ の部分を x 軸の周りに回転してできる曲面

(7) $x^{\frac{2}{3}}+y^{\frac{2}{3}}+z^{\frac{2}{3}}=1$ が表す曲面

7. 次の関数を密度とする物体 D の重心と, 指定された軸に関する慣性モーメントを求めよ.

(1) $|xyz|, \quad D: |x| \leqq 1,\, |y| \leqq 2,\, |z| \leqq 3, \quad y$ 軸

(2) $\sqrt{x^2+y^2}, \quad D: x^2+y^2 \leqq 1,\, 0 \leqq z \leqq 1, \quad z$ 軸

(3) $x^2z^2, \quad D: x+y+z \leqq 1,\, x \geqq 0,\, y \geqq 0,\, z \geqq 0, \quad x$ 軸

(4) $yz, \quad D: x^2+y^2+z^2 \leqq 1,\, y \geqq 0,\, z \geqq 0, \quad x$ 軸

(5) $x^2+y^2, \quad D: \dfrac{x^2}{4}+y^2+\dfrac{z^2}{9} \leqq 1,\, x \geqq 0,\, y \geqq 0,\, z \geqq 0, \quad x$ 軸

(6) $2, \quad D: \sqrt{x}+\sqrt{y}+\sqrt{z} \leqq 1,\, x \geqq 0,\, y \geqq 0,\, z \geqq 0, \quad y$ 軸

(7) $1, \quad D: x^{\frac{2}{3}}+y^{\frac{2}{3}}+z^{\frac{2}{3}} \leqq 1,\, x \geqq 0,\, y \geqq 0,\, z \geqq 0, \quad z$ 軸

6

級　　数

　級数とは数列の和のことである．級数では無限個の数の和を扱うため，その収束性がしばしば問題になる．さらに，級数は数列の和から関数列の和に拡張され，第 2 章で学んだマクローリン展開・テイラー展開や，フーリエ解析で扱うフーリエ展開などに応用される．この章では，級数の収束性や，関数列の和のなかで，特に重要なべき級数について学ぶ．

6.1　級　　数

6.1.1　級　　数

数列 $\{a_n\}_{n=1}^{\infty}$ に対して，その形式的な無限和

$$a_1 + a_2 + a_3 + \cdots$$

を $\{a_n\}$ の**級数**または**無限級数**といい，$\displaystyle\sum_{n=1}^{\infty} a_n$ で表す．また，$\{a_n\}$ の第 n 項までの和 $S_n = \displaystyle\sum_{k=1}^{n} a_k$ を**第 n 部分和**という．数列 $\{S_n\}_{n=1}^{\infty}$ が収束するとき，すなわち極限値 $S = \displaystyle\lim_{n\to\infty} S_n$ が存在するとき，級数 $\displaystyle\sum_{n=1}^{\infty} a_n$ は**収束する**という．また，S を $\{a_n\}$ の級数の**和**といい，$S = \displaystyle\sum_{n=1}^{\infty} a_n$ で表す．級数が収束しないとき級数は**発散する**という．定義より，級数の収束や発散は，有限個の項を取り除いたり，それらの値を変更したりしても変わらない．

　次の定理は第 1 章で証明したが，重要な基本性質であるため再掲する．

155

156   6. 級 数

●定理 1. 次の性質が成り立つ.

(1) 級数 $\sum_{n=1}^{\infty} a_n$ が収束するならば, $\lim_{n \to \infty} a_n = 0$.

(2) 級数 $\sum_{n=1}^{\infty} a_n$ と $\sum_{n=1}^{\infty} b_n$ が収束するならば, $\sum_{n=1}^{\infty} (a_n + b_n)$, $\sum_{n=1}^{\infty} c a_n$ (c は定数) も収束し,

$$\sum_{n=1}^{\infty} (a_n + b_n) = \sum_{n=1}^{\infty} a_n + \sum_{n=1}^{\infty} b_n, \qquad \sum_{n=1}^{\infty} c a_n = c \sum_{n=1}^{\infty} a_n.$$

6.1.2 正 項 級 数

すべての n に対して $a_n \geqq 0$ である級数 $\sum_{n=1}^{\infty} a_n$ を**正項級数**という. 以下では, 正項級数の収束性を判定するのに役に立つ定理を紹介する.

●定理 2. 正項級数 $\sum_{n=1}^{\infty} a_n$ が収束するための必要十分条件は, 第 n 部分和からなる数列 $\{S_n\}$ が有界となることである.

  証明. 数列 $\{S_n\}$ は単調増加なので, 第 1 章の定理 5 より結論を得る. □

●定理 3. 正項級数 $\sum_{n=1}^{\infty} a_n$ に対して, $a_n = f(n)$ $(n = 1, 2, \cdots)$ を満たす区間 $[1, \infty)$ で連続な単調減少関数 $f(x)$ があるとする. このとき, $\sum_{n=1}^{\infty} a_n$ が収束するための必要十分条件は, 無限積分 $\int_1^{\infty} f(x)\,dx$ が収束することである.

  証明. k を自然数とするとき, $k \leqq x \leqq k+1$ となる x に対して $a_{k+1} \leqq f(x) \leqq a_k$ なので,

$$a_{k+1} \leqq \int_k^{k+1} f(x)\,dx \leqq a_k.$$

よって, 上式を $k = 1$ から $k = n$ まで加えると,

$$\sum_{k=2}^{n+1} a_k \leqq \int_1^{n+1} f(x)\,dx \leqq \sum_{k=1}^{n} a_k.$$

ゆえに, $\sum_{n=1}^{\infty} a_n$ が収束すれば, 無限積分も収束する.

  逆に, 無限積分が収束すれば, 定理 2 より $\sum_{n=1}^{\infty} a_n$ も収束する. □

●定理 4. 正項級数 $\sum_{n=1}^{\infty} a_n$ と $\sum_{n=1}^{\infty} b_n$ に対して, 有限個の n を除いて $a_n \leqq K b_n$

6.1 級　数　　157

を満たす定数 K が存在するとき，次が成り立つ.

(1) $\sum_{n=1}^{\infty} b_n$ が収束するならば，$\sum_{n=1}^{\infty} a_n$ も収束する.

(2) $\sum_{n=1}^{\infty} a_n$ が発散するならば，$\sum_{n=1}^{\infty} b_n$ も発散する.

証明. (1) 定理1とその直前の注意より，$K=1$ かつ $a_n \leqq b_n$ $(n=1,2,\cdots)$ としてよい．$S_n = \sum_{k=1}^{n} a_k$，$T_n = \sum_{k=1}^{n} b_k$ とおくと，$S_n \leqq T_n$ $(n=1,2,\cdots)$ となる．$\sum_{n=1}^{\infty} b_n$ が収束するとき，定理2より $\{T_n\}$ は有界なので，$\{S_n\}$ も有界となり，$\sum_{n=1}^{\infty} a_n$ は収束する．(2) は (1) の対偶である. □

例 1. $\alpha > 0$ は定数とする．級数 $\sum_{n=1}^{\infty} \dfrac{1}{n^\alpha}$ の収束・発散を調べよ.

解. $f(x) = x^{-\alpha}$ は区間 $[1,\infty)$ 上の連続な単調減少関数で，$a_n = f(n)$ を満たす．$\alpha \neq 1$ のとき

$$\int_1^\infty f(x)\,dx = \lim_{R\to\infty} \int_1^R x^{-\alpha}\,dx = \lim_{R\to\infty} \frac{1}{-\alpha+1}\left(R^{-\alpha+1}-1\right)$$

なので，定理3より，$\alpha > 1$ ならば収束し，$\alpha < 1$ ならば発散する．また，$\alpha = 1$ のときは

$$\int_1^\infty f(x)\,dx = \lim_{R\to\infty} \int_1^R \frac{dx}{x} = \lim_{R\to\infty} \log R$$

となり，発散する. □

例 2. 級数 $\sum_{n=1}^{\infty} \dfrac{1}{n^2+2n+5}$ の収束・発散を調べよ.

解. 例1より，$\sum_{n=1}^{\infty} \dfrac{1}{n^2}$ は収束する．ここで，$\dfrac{1}{n^2+2n+5} \leqq \dfrac{1}{n^2}$ $(n=1,2,\cdots)$ なので，定理4より $\sum_{n=1}^{\infty} \dfrac{1}{n^2+2n+5}$ は収束する. □

問 1. 次の級数の収束・発散を調べよ.

(1) $\sum_{n=1}^{\infty} \dfrac{1}{2n}$

(2) $\sum_{n=1}^{\infty} \dfrac{1}{(n+1)^2}$

(3) $\sum_{n=1}^{\infty} \dfrac{n}{(n+1)^2}$

(4) $\sum_{n=1}^{\infty} \dfrac{\log n}{n^2}$

(5) $\sum_{n=1}^{\infty} \dfrac{1}{\log (n+1)}$

(6) $\sum_{n=1}^{\infty} n^2 e^{-n^3}$

(7) $\sum_{n=1}^{\infty} \dfrac{1}{n!}$

(8) $\sum_{n=1}^{\infty} \dfrac{n}{2^{n^2}}$

(9) $\sum_{n=1}^{\infty} n e^{-2n}$

158　　　　　　　　　　　　　　　　　　　　　　　　　　　　　6. 級　　数

●定理 5. (ダランベール (d'Alembert) の判定法)　正項級数 $\sum_{n=1}^{\infty} a_n$ が

$$\lim_{n \to \infty} \frac{a_{n+1}}{a_n} = \ell \quad (0 \leqq \ell \leqq \infty)$$

を満たすとき次が成り立つ.

(1)　$0 \leqq \ell < 1$ ならば, $\sum_{n=1}^{\infty} a_n$ は収束する.

(2)　$\ell > 1$ ならば, $\sum_{n=1}^{\infty} a_n$ は発散する.

　証明.　(1)　$\ell < r < 1$ を満たす r をとる. 仮定より, 自然数 N が存在して, 任意の $n \geqq N$ に対して $a_{n+1} < r a_n$ となる. 数列 $\{b_n\}$ を

$$b_n = a_N r^{n-N} \quad (n = 1, 2, \cdots)$$

で定義すると, $a_n \leqq b_n \ (n \geqq N)$ を満たす. $r < 1$ なので, 等比級数 $\sum_{n=1}^{\infty} b_n$ は収束する. よって, 定理 4 より $\sum_{n=1}^{\infty} a_n$ は収束する.

(2)　仮定より, 自然数 N が存在して, 任意の $n \geqq N$ に対して $a_{n+1} > a_n$ となり, $\{a_n\}$ は 0 に収束しない. よって, 定理 1 より $\sum_{n=1}^{\infty} a_n$ は発散する.　□

●定理 6. (コーシーの判定法)　正項級数 $\sum_{n=1}^{\infty} a_n$ が

$$\lim_{n \to \infty} \sqrt[n]{a_n} = \ell \quad (0 \leqq \ell \leqq \infty)$$

を満たすとき次が成り立つ.

(1)　$0 \leqq \ell < 1$ ならば, $\sum_{n=1}^{\infty} a_n$ は収束する.

(2)　$\ell > 1$ ならば, $\sum_{n=1}^{\infty} a_n$ は発散する.

　証明.　(1)　$\ell < r < 1$ を満たす r をとる. 仮定より, 自然数 N が存在して, 任意の $n \geqq N$ に対して $a_n < r^n$ が成り立つ. 数列 $\{b_n\}$ を $b_n = r^n \ (n = 1, 2, \cdots)$ で定義すると, $a_n \leqq b_n \ (n \geqq N)$ を満たす. $r < 1$ なので, 等比級数 $\sum_{n=1}^{\infty} b_n$ は収束する. よって, 定理 4 より $\sum_{n=1}^{\infty} a_n$ は収束する.

(2)　仮定より, 自然数 N が存在して, 任意の $n \geqq N$ に対して $a_n > 1$ となり, $\{a_n\}$ は 0 に収束しない. よって, 定理 1 より $\sum_{n=1}^{\infty} a_n$ は発散する.　□

　例 3.　級数 $\sum_{n=1}^{\infty} n e^{-n}$ の収束・発散を調べよ.

6.1 級　　数　　　　　　　　　　　　　　　　　　　　　　159

解． ダランベールの判定法を用いる．$\lim\limits_{n\to\infty}\dfrac{(n+1)e^{-(n+1)}}{ne^{-n}}=e^{-1}<1$ なので，級数は収束する．　□

例 4. 級数 $\sum\limits_{n=1}^{\infty}\left(1-\dfrac{1}{n}\right)^{n^2}$ の収束・発散を調べよ．

解． コーシーの判定法を用いる．$\lim\limits_{n\to\infty}\left(1-\dfrac{1}{n}\right)^{n}=e^{-1}<1$ なので，級数は収束する．　□

問 2. 次の級数の収束・発散を調べよ．ただし，$p>0$ は定数とする．

(1) $\sum\limits_{n=1}^{\infty}\dfrac{1}{n!}$　　　　　(2) $\sum\limits_{n=1}^{\infty}\dfrac{n!}{2^n}$　　　　　(3) $\sum\limits_{n=1}^{\infty}\dfrac{n}{3^n}$

(4) $\sum\limits_{n=1}^{\infty}\left(\dfrac{n}{2n+1}\right)^n$　　(5) $\sum\limits_{n=1}^{\infty}\left(\sin\dfrac{1}{n}\right)^n$　　(6) $\sum\limits_{n=1}^{\infty}\left(\dfrac{n}{n+1}\right)^{n^2}$

(7) $\sum\limits_{n=1}^{\infty}\dfrac{n!}{n^n}$　　　　　(8) $\sum\limits_{n=1}^{\infty}\dfrac{n!}{n^p}$　　　　　(9) $\sum\limits_{n=1}^{\infty}n^p e^{-n}$

6.1.3　交 代 級 数

すべての n に対して $a_n a_{n+1}<0$ となる級数 $\sum\limits_{n=1}^{\infty}a_n$ を**交代級数**という．例えば，級数

$$1-\frac{1}{2}+\frac{1}{3}-\frac{1}{4}+\frac{1}{5}-\frac{1}{6}+\cdots$$

は隣り合う項の正負が交代しているので，交代級数である．

●**定理 7.**（ライプニッツの定理）　交代級数 $\sum\limits_{n=1}^{\infty}a_n$ は，数列 $\{|a_n|\}$ が単調減少で $\lim\limits_{n\to\infty}a_n=0$ ならば収束する．

証明． $a_1>0$ の場合のみ示す．このとき，$a_{2n-1}>0$ かつ $a_{2n}<0$ である．第 $2n$ 部分和は

$$S_{2n}=\sum_{k=1}^{2n}a_k=\sum_{k=1}^{n}(a_{2k-1}+a_{2k})$$

と表せるが，$\{|a_n|\}$ が単調減少なので，$a_{2k-1}+a_{2k}\geqq 0$ である．よって，$\{S_{2n}\}$ は単調増加数列である．さらに

$$S_{2n}=a_1+\sum_{k=1}^{n-1}(a_{2k}+a_{2k+1})+a_{2n}$$

であるが，$a_{2k}+a_{2k+1}\leqq 0$ と $a_{2n}<0$ より，$S_{2n}<a_1$ となる．以上より，$\{S_{2n}\}$

160　　6. 級　数

は有界な単調増加数列なので，極限値 S をもち，$\lim_{n\to\infty} S_{2n} = S$ となる．さらに，$S_{2n+1} = S_{2n} + a_{2n+1}$ と $\lim_{n\to\infty} a_n = 0$ より，

$$\lim_{n\to\infty} S_{2n+1} = \lim_{n\to\infty} S_{2n} + \lim_{n\to\infty} a_{2n+1} = S.$$

よって，$\lim_{n\to\infty} S_n = S$ となり，交代級数 $\sum_{n=1}^{\infty} a_n$ は収束する．　□

例 5.　級数 $\sum_{n=1}^{\infty} \dfrac{(-1)^n}{n}$ の収束・発散を調べよ.

解.　数列 $\left\{ \left| \dfrac{(-1)^n}{n} \right| \right\} = \left\{ \dfrac{1}{n} \right\}$ は単調減少で 0 に収束する．よって，ライプニッツの定理より，級数は収束する．　□

問 3.　次の級数の収束・発散を調べよ.

(1)　$\displaystyle\sum_{n=1}^{\infty} \frac{(-1)^n}{\sqrt{n}}$
　　　(2)　$\displaystyle\sum_{n=1}^{\infty} \frac{(-1)^n}{2n^2}$
　　　(3)　$\displaystyle\sum_{n=1}^{\infty} \frac{(-4)^n}{2^{2n}}$

(4)　$\displaystyle\sum_{n=1}^{\infty} \frac{(-1)^n}{2n-1}$
　　　(5)　$\displaystyle\sum_{n=1}^{\infty} \frac{\cos \pi n}{n}$
　　　(6)　$\displaystyle\sum_{n=1}^{\infty} \frac{1}{n} \sin\left(\frac{\pi n}{2} + \frac{\pi}{4} \right)$

問 4.　等式

$$\frac{1}{x+1} = 1 - x + x^2 - x^3 + \cdots + (-1)^{n-1}x^{n-1} + (-1)^n \frac{x^n}{x+1}$$

の両辺を 0 から 1 まで積分することで，$\displaystyle\sum_{n=1}^{\infty} \frac{(-1)^{n-1}}{n}$ の和を求めよ.

6.1.4　絶対収束級数

各項の絶対値からなる級数 $\sum_{n=1}^{\infty} |a_n|$ が収束するとき，$\sum_{n=1}^{\infty} a_n$ は**絶対収束する**という．$\sum_{n=1}^{\infty} |a_n|$ は収束しないが $\sum_{n=1}^{\infty} a_n$ が収束するとき，$\sum_{n=1}^{\infty} a_n$ は**条件収束する**という．絶対収束する級数を**絶対収束級数**，条件収束する級数を**条件収束級数**という．例えば，$\sum_{n=1}^{\infty} \dfrac{(-1)^n}{n}$ は例 5 より収束するが，例 1 より絶対収束しないので，条件収束級数である.

●**定理 8.**　絶対収束級数 $\sum_{n=1}^{\infty} a_n$ は収束する.

証明.　数列 $\{a_n^+\}$ と $\{a_n^-\}$ を

$$a_n^+ = \begin{cases} a_n & (a_n > 0), \\ 0 & (a_n \leqq 0) \end{cases}, \qquad a_n^- = \begin{cases} -a_n & (a_n < 0) \\ 0 & (a_n \geqq 0) \end{cases}$$

6.1 級　数 161

で定義すると，$\sum\limits_{n=1}^{\infty} a_n^+$ と $\sum\limits_{n=1}^{\infty} a_n^-$ は正項級数で，$a_n^+, a_n^- \leqq |a_n|$ である．$\sum\limits_{n=1}^{\infty} a_n$ は絶

対収束するので，定理 4 より $\sum\limits_{n=1}^{\infty} a_n^+$ と $\sum\limits_{n=1}^{\infty} a_n^-$ は収束する．さらに，$a_n = a_n^+ - a_n^-$

と定理 1 より，$\sum\limits_{n=1}^{\infty} a_n$ は収束して，$\sum\limits_{n=1}^{\infty} a_n = \sum\limits_{n=1}^{\infty} a_n^+ - \sum\limits_{n=1}^{\infty} a_n^-$ となる．　□

　絶対収束する級数は，項の順序を変えても同じ値に収束する．これを示すために，次の補題を準備する．

●**補題 9.** 収束する正項級数 $\sum\limits_{n=1}^{\infty} a_n$ の項の順序を入れ替えた級数を $\sum\limits_{n=1}^{\infty} b_n$ と

すると，$\sum\limits_{n=1}^{\infty} a_n = \sum\limits_{n=1}^{\infty} b_n$ となる．

　証明. $T_n = \sum\limits_{k=1}^{n} b_k$ とおくと，$T_n \leqq \sum\limits_{k=1}^{\infty} a_k \ (n = 1, 2, \cdots)$ なので，$\{T_n\}$ は

有界．よって，定理 2 より $\sum\limits_{n=1}^{\infty} b_n$ は収束し，$\sum\limits_{n=1}^{\infty} b_n \leqq \sum\limits_{n=1}^{\infty} a_n$ となる．同様に逆

の不等式も示せるので，$\sum\limits_{n=1}^{\infty} a_n = \sum\limits_{n=1}^{\infty} b_n$ を得る．　□

●**定理 10.** 絶対収束級数 $\sum\limits_{n=1}^{\infty} a_n$ の項の順序を入れ替えた級数を $\sum\limits_{n=1}^{\infty} b_n$ とする

と，$\sum\limits_{n=1}^{\infty} b_n$ も絶対収束し，$\sum\limits_{n=1}^{\infty} a_n = \sum\limits_{n=1}^{\infty} b_n$ となる．

　証明. 定理 8 の証明と同様に，$a_n^+, a_n^-, b_n^+, b_n^-$ を定義する．正項級数 $\sum\limits_{n=1}^{\infty} |b_n|$,

$\sum\limits_{n=1}^{\infty} b_n^+$, $\sum\limits_{n=1}^{\infty} b_n^-$ は，それぞれ正項級数 $\sum\limits_{n=1}^{\infty} |a_n|$, $\sum\limits_{n=1}^{\infty} a_n^+$, $\sum\limits_{n=1}^{\infty} a_n^-$ の項の順序を

入れ替えた級数なので，補題 9 より，$\sum\limits_{n=1}^{\infty} |a_n| = \sum\limits_{n=1}^{\infty} |b_n|$, $\sum\limits_{n=1}^{\infty} a_n^+ = \sum\limits_{n=1}^{\infty} b_n^+$,

$\sum\limits_{n=1}^{\infty} a_n^- = \sum\limits_{n=1}^{\infty} b_n^-$. よって，$\sum\limits_{n=1}^{\infty} b_n$ は絶対収束し，

$$\sum_{n=1}^{\infty} a_n = \sum_{n=1}^{\infty} a_n^+ - \sum_{n=1}^{\infty} a_n^- = \sum_{n=1}^{\infty} b_n^+ - \sum_{n=1}^{\infty} b_n^- = \sum_{n=1}^{\infty} b_n. \quad \square$$

　例 6. 級数 $\sum\limits_{n=1}^{\infty} \dfrac{(-1)^n}{\sqrt[3]{n}}$ の絶対収束・条件収束を調べよ．

　解. 例 1 より絶対収束しない．一方，交代級数で $\lim\limits_{n \to \infty} \dfrac{1}{\sqrt[3]{n}} = 0$ なので，定理 7 より収束する．よって，条件収束する．　□

162　　　　　　　　　　　　　　　　　　　　　　　　　　6. 級　数

問 5. 次の級数の絶対収束・条件収束を調べよ.

(1) $\displaystyle\sum_{n=1}^{\infty} \frac{(-1)^n}{\sqrt{2n}}$　　　　　(2) $\displaystyle\sum_{n=1}^{\infty} \frac{(-2)^n}{3^n}$　　　　　(3) $\displaystyle\sum_{n=1}^{\infty} \frac{(-1)^n}{n(n+1)}$

(4) $\displaystyle\sum_{n=1}^{\infty} \frac{(-1)^n \log n}{n}$　　　(5) $\displaystyle\sum_{n=1}^{\infty} \frac{(-1)^n}{\log(n+1)}$　　　(6) $\displaystyle\sum_{n=1}^{\infty} \frac{1}{n} \cos\left(\frac{\pi n}{2} + \frac{\pi}{3}\right)$

問 6. $\alpha > 0$ のとき，級数 $\displaystyle\sum_{n=1}^{\infty} \frac{(-1)^n}{n^\alpha}$ の絶対収束・条件収束を調べよ.

問 7. 条件収束級数 $\displaystyle\sum_{n=1}^{\infty} \frac{(-1)^{n+1}}{n}$ の項の順序を入れ替えて，収束しない級数をつくれ.

6.2　べ き 級 数

ここでは，べき関数 x^n を用いて定義される級数の性質を調べる.

6.2.1　べき級数と収束半径

数列 $\{a_n\}_{n=0}^{\infty}$ に対して，

$$\sum_{n=0}^{\infty} a_n x^n = a_0 + a_1 x + a_2 x^2 + \cdots + a_n x^n + \cdots$$

を**べき級数**または**整級数**という．この級数は，$x = 0$ ではつねに収束して和 a_0 をもつが，$x \neq 0$ では x の値によってその収束性が変化する.

次の定理は，べき級数は収束するかしないかのしきい値をもつことを示している.

●**定理 11.** べき級数 $\displaystyle\sum_{n=0}^{\infty} a_n x^n$ に対して次が成り立つ.

(1)　$x = x_0 \,(\neq 0)$ で収束するならば，$|x| < |x_0|$ を満たすすべての x で絶対収束する.

(2)　$x = x_0 \,(\neq 0)$ で発散するならば，$|x| > |x_0|$ を満たすすべての x で発散する.

証明.　(1)　仮定より，$\displaystyle\sum_{n=0}^{\infty} a_n x_0^n$ は収束するので，定理 1 より $\displaystyle\lim_{n \to \infty} a_n x_0^n = 0$. よって，定数 $R > 0$ が存在して，すべての n に対して $|a_n x_0^n| < R$ が成り立つ. ゆえに，$|x| < |x_0|$ とすると

$$|a_n x^n| = |a_n x_0^n| \cdot \left|\frac{x}{x_0}\right|^n \leqq R \left|\frac{x}{x_0}\right|^n.$$

6.2 べき級数　　163

ここで，$\left|\dfrac{x}{x_0}\right| < 1$ なので，等比級数 $\displaystyle\sum_{n=0}^{\infty} R\left|\dfrac{x}{x_0}\right|^n$ は収束する．よって，定理 4

より $\displaystyle\sum_{n=0}^{\infty} a_n x^n$ は絶対収束する．

(2)　$|x| > |x_0|$ を満たす x が存在して $\displaystyle\sum_{n=0}^{\infty} a_n x^n$ が収束したとすると，(1) よ

り $\displaystyle\sum_{n=0}^{\infty} a_n x_0^n$ は絶対収束するので仮定に反する．よって，$|x| > |x_0|$ を満たすす

べての x で $\displaystyle\sum_{n=0}^{\infty} a_n x^n$ は発散する．　□

定理 11 より，べき級数 $\displaystyle\sum_{n=0}^{\infty} a_n x^n$ の収束は次の 3 通りのいずれかになる．

(1)　定数 $r > 0$ が存在して，$|x| < r$ ならば絶対収束し，$|x| > r$ ならば発散
　　する．

(2)　すべての x で絶対収束する．

(3)　$x = 0$ でのみ収束し，それ以外の x では発散する．

そこで，(2) の場合は $r = \infty$，(3) の場合は $r = 0$ と考え，(1)，(2)，(3) で定

まる r をべき級数 $\displaystyle\sum_{n=0}^{\infty} a_n x^n$ の**収束半径**という．また，集合 S を

$$S = \left\{ |x| \;\middle|\; \sum_{n=0}^{\infty} a_n x^n \text{ は収束} \right\}$$

とすると，S は (1) の場合は $[0, r)$ か $[0, r]$，(2) の場合は $[0, \infty)$，(3) の場合は
$\{0\}$ となる．よって，収束半径 r は集合 S の上限を用いて，$r = \sup S$ と表す
こともできる．ただし，$\sup([0, \infty)) = \infty$ とする．

明らかに次の定理が成り立つ．

●**定理 12**.　べき級数 $\displaystyle\sum_{n=0}^{\infty} a_n x^n$ の収束半径が r $(0 \leqq r \leqq \infty)$ のとき，次が成り

立つ．

(1)　$|x| < r$ を満たすすべての x に対して，$\displaystyle\sum_{n=0}^{\infty} a_n x^n$ は絶対収束する．

(2)　$|x| > r$ を満たすすべての x に対して，$\displaystyle\sum_{n=0}^{\infty} a_n x^n$ は発散する．

べき級数の収束半径を求める方法として，以下の 2 つが知られている．

●**定理 13**. (ダランベールの定理)　数列 $\{a_n\}$ が

$$\lim_{n \to \infty} \left| \frac{a_n}{a_{n+1}} \right| = r \quad (0 \leqq r \leqq \infty)$$

を満たすとき，べき級数 $\sum_{n=0}^{\infty} a_n x^n$ の収束半径は r である．

証明． $0 < r < \infty$ とする．$x \neq 0$ のとき，

$$\lim_{n \to \infty} \left| \frac{a_{n+1} x^{n+1}}{a_n x^n} \right| = \lim_{n \to \infty} \left| \frac{a_{n+1} x}{a_n} \right| = \frac{|x|}{r}.$$

よって，ダランベールの判定法より，$|x| < r$ ならば，べき級数は絶対収束し，$|x| > r$ ならば発散する．ゆえに，収束半径は r である．同様に $\sum_{n=0}^{\infty} a_n x^n$ は，$r = \infty$ のときすべての x で収束し，$r = 0$ のときすべての $x \neq 0$ で発散する．

□

● **定理14. (コーシーの定理)** 数列 $\{a_n\}$ が

$$\lim_{n \to \infty} \frac{1}{\sqrt[n]{|a_n|}} = r \quad (0 \leqq r \leqq \infty)$$

を満たすとき，べき級数 $\sum_{n=0}^{\infty} a_n x^n$ の収束半径は r である．

証明． コーシーの判定法を用いれば，定理13と同様にして示せる． □

例1. べき級数 $\sum_{n=1}^{\infty} \frac{x^n}{n}$ の収束半径を求めよ．

解． ダランベールの定理を用いる．

$$\lim_{n \to \infty} \left| \frac{1/n}{1/(n+1)} \right| = \lim_{n \to \infty} \frac{n+1}{n} = 1$$

より，収束半径は 1 である．また，

$$\lim_{n \to \infty} \frac{1}{\sqrt[n]{1/n}} = \lim_{n \to \infty} \sqrt[n]{n} = 1$$

なので，コーシーの定理を用いても，やはり収束半径は 1 となる． □

問1. 次のべき級数の収束半径を求めよ．

(1) $\sum_{n=1}^{\infty} \frac{x^n}{n^2}$ 　　(2) $\sum_{n=0}^{\infty} \frac{x^n}{2^n}$ 　　(3) $\sum_{n=0}^{\infty} \frac{x^n}{n!}$

(4) $\sum_{n=0}^{\infty} \frac{x^n}{\log(n+2)}$ 　　(5) $\sum_{n=0}^{\infty} 3^n x^n$ 　　(6) $\sum_{n=0}^{\infty} 2^{2^n} x^n$

(7) $\sum_{n=0}^{\infty} \frac{5^n x^n}{n!}$ 　　(8) $\sum_{n=1}^{\infty} \frac{n^n x^n}{n!}$ 　　(9) $\sum_{n=1}^{\infty} \frac{x^n}{n^p}$ （$p > 0$ は定数）

6.2 べき級数　　　　165

6.2.2　べき級数の微積分

べき級数 $\sum\limits_{n=0}^{\infty} a_n x^n$ の収束半径が $r\,(\neq 0)$ のとき，$f(x) = \sum\limits_{n=0}^{\infty} a_n x^n$ を開区間 $(-r, r)$ で定義された x の関数と考えることができる．ここでは，べき級数がつくる関数 $f(x)$ の微分と積分を学ぶ．

●**定理 15.**　べき級数 $\sum\limits_{n=0}^{\infty} a_n x^n$ の収束半径が r のとき，次が成り立つ．

(1)　$\sum\limits_{n=1}^{\infty} n a_n x^{n-1}$ の収束半径は r である．

(2)　$\sum\limits_{n=0}^{\infty} \dfrac{1}{n+1} a_n x^{n+1}$ の収束半径は r である．

証明.　(1)　$\sum\limits_{n=1}^{\infty} n a_n x^{n-1}$ の収束半径を r' とする．$|x| < r'$ とすると，定理 12 より $\sum\limits_{n=1}^{\infty} |n a_n x^{n-1}|$ は絶対収束するので，不等式

$$|a_n x^n| \leqq |x| \cdot |n a_n x^{n-1}| \quad (n = 1, 2, \cdots)$$

と定理 4 より $\sum\limits_{n=0}^{\infty} a_n x^n$ も絶対収束する．よって，定理 12 より $r' \leqq r$ である．

次に，$|x| < r$ とし，$|x| < r_0 < r$ を満たす r_0 をとる．ロピタルの定理より $\lim\limits_{n \to \infty} n \left(\dfrac{|x|}{r_0} \right)^{n-1} = 0$．よって，定数 $R > 0$ が存在して，すべての n に対して $n \left(\dfrac{|x|}{r_0} \right)^{n-1} < R$ となる．ゆえに

$$|n a_n x^{n-1}| = n |a_n| r_0^{n-1} \left(\frac{|x|}{r_0} \right)^{n-1} < \frac{R}{r_0} |a_n| r_0^n.$$

仮定より $\sum\limits_{n=1}^{\infty} |a_n| r_0^n$ は収束するので，定理 4 より $\sum\limits_{n=1}^{\infty} n a_n x^{n-1}$ は絶対収束する．よって，定理 12 より $r' \geqq r$ となり，$r' = r$ を得る．(2) も同様に示せる．　□

●**定理 16.**　べき級数 $\sum\limits_{n=0}^{\infty} a_n x^n$ の収束半径が r のとき，次が成り立つ．

(1)　関数 $f(x) = \sum\limits_{n=0}^{\infty} a_n x^n$ は区間 $(-r, r)$ で微分可能で，

$$f'(x) = \sum_{n=1}^{\infty} n a_n x^{n-1}.$$

(2)　任意の $x \in (-r, r)$ に対して，

$$\int_0^x f(t)\, dt = \sum_{n=0}^{\infty} \frac{1}{n+1} a_n x^{n+1}.$$

証明. (1) $|x| < r$ とする. $|x| < r_0 < r$ を満たす r_0 と, $0 < |h| < r_0 - |x|$ を満たす h に対して,

$$\frac{f(x+h) - f(x)}{h} - \sum_{n=1}^{\infty} n a_n x^{n-1} = \sum_{n=2}^{\infty} a_n \left(\frac{1}{h} \big((x+h)^n - x^n\big) - n x^{n-1} \right).$$

ここで, $n \geqq 2$ のとき

$$(x+h)^n - x^n - nhx^{n-1} = \int_x^{x+h} dy \int_x^y n(n-1) z^{n-2}\, dz$$

であり, y が x から $x+h$ まで動くとき, x から y まで動く z に対して $|z| < r_0$ なので, h の正負によらず

$$\left| \frac{f(x+h) - f(x)}{h} - \sum_{n=1}^{\infty} n a_n x^{n-1} \right|$$

$$\leqq \sum_{n=2}^{\infty} |a_n| \frac{1}{|h|} \left| \int_x^{x+h} dy \int_x^y n(n-1) z^{n-2}\, dz \right|$$

$$\leqq \sum_{n=2}^{\infty} |a_n| \frac{1}{|h|} \int_x^{x+h} dy \int_x^y n(n-1) r_0^{n-2}\, dz$$

$$= \frac{|h|}{2} \sum_{n=2}^{\infty} n(n-1) |a_n| r_0^{n-2}.$$

定理 15 より $\sum_{n=2}^{\infty} n(n-1) |a_n| r_0^{n-2}$ は収束するので, $h \to 0$ とすると,

$$\left| \frac{f(x+h) - f(x)}{h} - \sum_{n=1}^{\infty} n a_n x^{n-1} \right| \to 0.$$

よって, $f(x)$ は微分可能で, $f'(x) = \sum_{n=1}^{\infty} n a_n x^{n-1}$ となる.

(2) $F(x) = \sum_{n=0}^{\infty} \frac{1}{n+1} a_n x^{n+1}$ とおくと, 定理 15 と (1) より, $F(x)$ は区間 $(-r, r)$ で微分可能で, $F'(x) = f(x)$ となる. よって

$$\int_0^x f(t)\, dt = F(x) - F(0) = \sum_{n=0}^{\infty} \frac{1}{n+1} a_n x^{n+1}. \qquad \square$$

定理 16 より, $f(x) = \sum_{n=0}^{\infty} a_n x^n$ の微分と積分を計算するには, 級数の項ごとに微分と積分を行えばよい. この計算方法を**項別微分**, **項別積分**という.

6.2 べき級数

●定理 17. べき級数関数 $f(x) = \sum\limits_{n=0}^{\infty} a_n x^n$ の収束半径が $r > 0$ ならば $a_n = \dfrac{f^{(n)}(0)}{n!}$ となる. すなわち, べき級数 $\sum\limits_{n=0}^{\infty} a_n x^n$ は $f(x)$ のマクローリン展開である.

証明. 定理 16 より直ちに導かれる. □

$f(x)$ の $|x| < r$ におけるマクローリン展開はべき級数で, その収束半径は r 以上である. よって, 定理 16 より, マクローリン展開は区間 $(-r, r)$ で項別微分, 項別積分可能で, 得られたべき級数は, 定理 17 より $f'(x)$ や $\displaystyle\int_0^x f(t)\,dt$ の $|x| < r$ におけるマクローリン展開となる. この事実を用いれば, 既知のマクローリン展開を項別微分, 項別積分して, 新しいマクローリン展開を求めることができる.

例 2. 関数 $f(x) = \tan^{-1} x$ $(|x| < 1)$ のマクローリン展開を求めよ.

解. $f'(x) = \dfrac{1}{x^2 + 1}$ のマクローリン展開は, 等比級数の和の公式より,

$$\frac{1}{x^2 + 1} = \sum_{n=0}^{\infty} (-1)^n x^{2n} \quad (|x| < 1).$$

よって, $f(x)$ のマクローリン展開は,

$$f(x) = \int_0^x f'(t)\,dt = \sum_{n=0}^{\infty} (-1)^n \int_0^x t^{2n}\,dt = \sum_{n=0}^{\infty} \frac{(-1)^n}{2n+1} x^{2n+1}. \quad \square$$

問 2. 次の問いに答えよ.

(1) $\dfrac{1}{x+1}$ $(|x| < 1)$ のマクローリン展開を求めよ.

(2) (1) を項別積分して, $\log(x+1)$ $(|x| < 1)$ のマクローリン展開を求めよ.

問 3. 次の問いに答えよ.

(1) e^x のマクローリン展開を項別微分することで, $(e^x)' = e^x$ を確認せよ.

(2) $\sin x$ と $\cos x$ のマクローリン展開を項別微分することで, $(\sin x)' = \cos x$ と $(\cos x)' = -\sin x$ を確認せよ.

168　　　　　　　　　　　　　　　　　　　　　　　　　　　　　　　6. 級　数

――――――――――――――― 演 習 問 題 6 ―――――――――――――――

1. 次の級数の収束・発散を調べ，収束するときはその和を求めよ．

(1) $\displaystyle\sum_{n=1}^{\infty} \frac{1}{2^{n-1}}$ 　　　(2) $\displaystyle\sum_{n=1}^{\infty} \frac{1}{n(n+3)}$ 　　　(3) $\displaystyle\sum_{n=1}^{\infty} \frac{1}{\sqrt{n}}$

(4) $\displaystyle\sum_{n=1}^{\infty} \frac{n}{\log(n+1)}$ 　　　(5) $\displaystyle\sum_{n=2}^{\infty} \frac{1}{n(n^2-1)}$ 　　　(6) $\displaystyle\sum_{n=1}^{\infty} \frac{2^n}{n^5}$

2. 次の級数の収束・発散を調べよ．ただし，

$$n!! = \begin{cases} n(n-2)(n-4)\cdots 3\cdot 1 & (n \text{ が奇数}) \\ n(n-2)(n-4)\cdots 4\cdot 2 & (n \text{ が偶数}) \end{cases}$$

である．

(1) $\displaystyle\sum_{n=1}^{\infty} \frac{1}{n^2}$ 　　　(2) $\displaystyle\sum_{n=1}^{\infty} \frac{3}{n}$ 　　　(3) $\displaystyle\sum_{n=1}^{\infty} \frac{n}{e^{3n}}$

(4) $\displaystyle\sum_{n=1}^{\infty} \frac{1}{\sqrt[3]{n}}$ 　　　(5) $\displaystyle\sum_{n=1}^{\infty} \frac{1}{\sqrt[n]{n}}$ 　　　(6) $\displaystyle\sum_{n=1}^{\infty} \cos n$

(7) $\displaystyle\sum_{n=1}^{\infty} \frac{n!}{(2n)!}$ 　　　(8) $\displaystyle\sum_{n=1}^{\infty} \frac{2^n(n!)^2}{(2n)!}$ 　　　(9) $\displaystyle\sum_{n=1}^{\infty} \frac{(2n)!!}{(2n)!}$

3. 次の級数の収束・発散を調べよ．

(1) $\displaystyle\sum_{n=1}^{\infty} \left(\frac{3n}{2n^2-3n+4}\right)^n$ 　　　(2) $\displaystyle\sum_{n=1}^{\infty} \left(\frac{3n^2}{2n^2+5n-2}\right)^n$

(3) $\displaystyle\sum_{n=1}^{\infty} \left(\frac{\log n}{n}\right)^n$ 　　　(4) $\displaystyle\sum_{n=1}^{\infty} \left(1-\frac{1}{n}\right)^{n^2}$

4. 次の級数の絶対収束・条件収束・発散を調べよ．

(1) $\displaystyle\sum_{n=1}^{\infty} \frac{(-1)^n}{2n}$ 　(2) $\displaystyle\sum_{n=1}^{\infty} \frac{(-1)^n}{n^3}$ 　(3) $\displaystyle\sum_{n=1}^{\infty} \frac{(-1)^n}{\sqrt{n(n+1)}}$ 　(4) $\displaystyle\sum_{n=1}^{\infty} \frac{(-1)^n}{\cos\frac{1}{n}}$

5. 次のべき級数の収束半径を求めよ．

(1) $\displaystyle\sum_{n=0}^{\infty} x^n$ 　　　(2) $\displaystyle\sum_{n=0}^{\infty} nx^n$ 　　　(3) $\displaystyle\sum_{n=1}^{\infty} \frac{x^n}{3n}$

(4) $\displaystyle\sum_{n=0}^{\infty} x^n \log(n+1)$ 　　　(5) $\displaystyle\sum_{n=0}^{\infty} \frac{x^n}{4^n}$ 　　　(6) $\displaystyle\sum_{n=0}^{\infty} \frac{x^n}{(2n)!}$

(7) $\displaystyle\sum_{n=1}^{\infty} \frac{2^n x^n}{\log(n+1)}$ 　　　(8) $\displaystyle\sum_{n=1}^{\infty} \left(\frac{n}{2n+1}\right)^n x^n$ 　(9) $\displaystyle\sum_{n=0}^{\infty} \frac{n!\cdot x^n}{(2n)!!}$

6. 次の関数のマクローリン展開を求めよ．

(1) e^{2x} 　$(|x| < \infty)$ 　　　(2) $\sin 3x$ 　$(|x| < \infty)$

(3) $\dfrac{1}{x^3+1}$ 　$(|x| < 1)$ 　　　(4) $\log(x+2)$ 　$(|x| < 2)$

演習問題 6   169

(5) $\log \dfrac{2-x}{2+x}$ $(|x| < 2)$ (6) $(x+1)\log(x+1)$ $(|x| < 1)$

7. 正項級数 $\displaystyle\sum_{n=0}^{\infty} a_n$ が収束するとき, $\displaystyle\sum_{n=0}^{\infty} a_n^2$ が収束することを示せ.

8. e^{ax} のマクローリン展開を項別微分することで, $(e^{ax})' = ae^{ax}$ を確認せよ. ただし, $a > 0$ は定数とする.

解答とヒント

1.1 数列と級数 (pp.1～10)

問 1 $-|\alpha| \leqq \alpha \leqq |\alpha|$, $-|\beta| \leqq \beta \leqq |\beta|$ より, $-(|\alpha|+|\beta|) \leqq \alpha+\beta \leqq |\alpha|+|\beta|$. α と β が同符号のとき等号成立. また, 三角不等式より, $|\alpha| = |(\alpha-\beta)+\beta| \leqq |\alpha-\beta|+|\beta|$. よって, $|\alpha|-|\beta| \leqq |\alpha-\beta|$. α と β を入れ替えて, $|\beta|-|\alpha| \leqq |\beta-\alpha| = |\alpha-\beta|$. ゆえに, $-|\alpha-\beta| \leqq |\alpha|-|\beta| \leqq |\alpha-\beta|$.

問 2 問 1 より, $\big||a_n|-|\alpha|\big| \leqq |a_n-\alpha| \to 0$ $(n \to \infty)$.

問 3 (1) 0 (2) 0 (3) $\frac{1}{2}$ (4) 0 (5) 0 (6) 0 (7) 2 (8) 1 (9) 0

問 4 $h_n = \sqrt[n]{n}-1 \geqq 0$ とおく. 二項定理より $n = (1+h_n)^n \geqq 1+nh_n+\frac{n(n-1)}{2}h_n^2 \geqq 1+\frac{n(n-1)}{2}h_n^2$. このとき, $0 \leqq h_n \leqq \sqrt{\frac{2}{n}} \to 0$ $(n \to \infty)$. よって, $h_n \to 0$ $(n \to \infty)$ となる.

問 5 (1) 1 (2) 0 (3) $\frac{1}{2}$ (4) 1 (5) 5 (6) -1 (7) $\frac{1}{5}$ (8) $-\infty$ (9) 0

問 6 (1) e^2 (2) $e^{\frac{1}{3}}$ (3) e (4) e (5) $e^{-\frac{1}{3}}$ (6) e (7) e^{-1} (8) 1 (9) 0

問 7 仮定より, 任意の $\varepsilon > 0$ に対して自然数 N_0, N_1 が存在して, $n > N_0$ となる任意の自然数 n に対して $|a_{2n-1}-\alpha| < \varepsilon$, $n > N_1$ となる任意の自然数 n に対して $|a_{2n}-\alpha| < \varepsilon$. よって, $N = \max\{N_0, N_1\}$ とおくと, $n > N$ となる任意の自然数 n に対して $|a_n-\alpha| < \varepsilon$.

問 8 (1) 収束, 1 (2) 収束, 1 (3) 発散 (4) 発散 (5) 発散 (6) 収束, 1 (7) 発散 (8) 収束, $\frac{7}{6}$ (9) $\theta = k\pi$ (k は整数) のとき収束, 0, それ以外は発散

1.2 連続関数 (pp.10～26)

問 1 (1) $6\sqrt{2}$ (2) $\sqrt{2}$ (3) 3 (4) 0 (5) -2 (6) $\frac{1}{4}$ (7) 0 (8) 12 (9) $-\frac{1}{4}$

問 2 (1) ∞ (2) ∞ (3) 0 (4) 1 (5) -1 (6) $-\infty$ (7) 0

171

(8) $\frac{3}{2}$

問 3 (1) $e^{\frac{1}{5}}$ (2) e^2 (3) 0 (4) ∞ (5) 1 (6) e^{-3} (7) e^4
(8) e^{-3} (9) 1

問 4 $a=1$ のときは明らか. $0<a<1$ のときは, $f(x)=x^n-a$ は閉区間 $[0,1]$ で連続で, $f(0)=-a<0$, $f(1)=1-a>0$. よって, 中間値の定理より $f(c)=0$ となる $c\in[0,1]$ が存在する. $f(x)$ は $x\geqq 0$ で狭義単調増加なので, そのような c はただ一つである. $a>1$ のときは, $b=\frac{1}{a}$ とおけばよい.

問 5 (1) 36 (2) 2 (3) 1 (4) -1 (5) $\frac{29}{8}$ (6) 2

問 6 (1) 4 (2) -2 (3) 0 (4) $\frac{1}{3}$ (5) $\frac{1}{2\log 2}$ (6) $\frac{2}{3}$ (7) 2
(8) $\log 3$ (9) $-\log 2$

問 7 (1) $\frac{\sqrt{2}+\sqrt{6}}{4}$ (2) $\frac{\sqrt{2}-\sqrt{6}}{4}$ (3) $\sqrt{3}-2$ (4) $\frac{2-\sqrt{2}}{4}$ (5) $\frac{\sqrt{6}}{2}$ (6) $\frac{\sqrt{6}}{2}$

問 8 (1) 2 (2) $\frac{2}{3}$ (3) $\frac{1}{3}$ (4) 1 (5) 1 (6) $\frac{1}{2}$ (7) 2 (8) $\frac{1}{2}$
(9) 2

問 9 (1) $-\frac{\pi}{6}$ (2) $\frac{\pi}{4}$ (3) $-\frac{\pi}{6}$ (4) $-\frac{\pi}{2}$ (5) π (6) $\frac{\sqrt{3}}{2}$

問 10 $\theta=\sin^{-1}\frac{1}{3}=\tan^{-1}x$ とおくと, $\sin\theta=\frac{1}{3}$ かつ $0<\theta<\frac{\pi}{2}$. $1+\tan^2\theta=\frac{1}{\cos^2\theta}=\frac{1}{1-\sin^2\theta}=\frac{9}{8}$ より, $x=\tan\theta=\frac{\sqrt{2}}{4}$.

問 11 (1) 2 (2) -1 (3) 1 (4) $\frac{2}{3}$ (5) $\frac{\pi}{3}$ (6) 0 (7) $\frac{\pi}{3}$
(8) $\frac{\sqrt{2}}{2}$ (9) $\frac{3}{4}$

問 12 (1) $y=\sinh^{-1}x$ とおくと, $x=\sinh y=\frac{e^y-e^{-y}}{2}$. $e^{2y}-2xe^y-1=0$ と $e^y>0$ より, $e^y=x+\sqrt{x^2+1}$.
(2) $y=\cosh^{-1}x$ の定義域と値域に注意すれば (1) と同様.
(3) $y=\tanh^{-1}x$ の定義域は $|x|<1$. $x=\tanh y=\frac{e^y-e^{-y}}{e^y+e^{-y}}$ より, $e^{2y}=\frac{1+x}{1-x}$. $|x|<1$ より $e^y=\sqrt{\frac{1+x}{1-x}}$.

演習問題 1 (p.27)

1. 仮定より, 任意の $\varepsilon>0$ に対して, 自然数 N が存在して, $n>N$ となる任意の自然数 n に対して, $|a_n-\alpha|<\varepsilon$ かつ $|b_n-\beta|<\varepsilon$ が成り立つ. このとき, 次の議論により示される. (2) $k=0$ のときは明らか. $k\neq 0$ のときは, $|ka_n-k\alpha|<|k|\varepsilon$.
(4) 第 1 章の定理 1 (3) より $\lim_{n\to\infty}\frac{1}{b_n}=\frac{1}{\beta}$ を示せばよい. $\beta\neq 0$ なので $\frac{|\beta|}{2}>0$. よって, 自然数 N_0 が存在して, $n>N_0$ となる任意の自然数 n に対して $|b_n-\beta|<\frac{|\beta|}{2}$. また, 1.1 節の問 1 より, $|\beta|-|\beta-b_n|\leqq|\beta-(\beta-b_n)|=|b_n|$. よって, $\frac{|\beta|}{2}<|b_n|$. ゆえに, $N_1>N$ かつ $N_1>N_0$ となる自然数 N_1 を選べば, $n>N_1$ となる任意の自然数 n に対して $\left|\frac{1}{b_n}-\frac{1}{\beta}\right|=\frac{|b_n-\beta|}{|\beta||b_n|}<\frac{2}{|\beta|^2}\varepsilon$.

2. (1) $\sup X=\max X=\frac{3}{2}$, $\inf X=-1$, 最小値なし
(2) $\sup Y=2$, 最大値なし, $\inf Y=\min Y=1$

解答とヒント 173

3. (1) $-\frac{1}{2}$ (2) $\frac{1}{2}$ (3) 5 (4) 5 (5) e^2 (6) 1

4. $a_1 > 0$ より $a_n > 0$. よって，相乗・相加平均の関係より $a_{n+1} \geqq \sqrt{a_n \cdot \frac{3}{a_n}} = \sqrt{3}$. さらに $a_{n+1} - a_{n+2} = \frac{a_{n+1}^2 - 3}{2a_{n+1}} \geqq 0$. よって，$\{a_n\}_{n=2}^{\infty}$ は下に有界な単調減少列なので収束する．極限値を α とおくと $\alpha = \frac{1}{2}\left(\alpha + \frac{3}{\alpha}\right)$. $a_n > 0$ より $\alpha > 0$. ゆえに $\alpha = \sqrt{3}$.

5. (1) 収束, $\frac{1}{3}$ (2) 収束, $\frac{5}{12}$ (3) 発散 (4) 発散 (5) 収束, $\frac{2}{3}$
(6) 収束, $\frac{1}{2}$

6. (1) $-\frac{\sqrt{3}}{2}$ (2) $\frac{\sqrt{3}}{2}$ (3) $-\frac{\pi}{3}$ (4) $-\frac{\pi}{3}$

7. (1) $\frac{2}{3}$ (2) 0 (3) $-\frac{1}{2}$ (4) $\sqrt{2}$ (5) 2 (6) e^2 (7) 2
(8) $\frac{\log 15}{2\log 2}$

8. (1) $a = 1$ (2) $\left|x \sin \frac{1}{x}\right| \leqq |x| \to 0 \ (x \to 0)$ より $b = 0$.

9. $g(x) = f(x) - x$ とおくと，$g(x)$ は $[a, b]$ で連続で，$g(b) \leqq 0 \leqq g(a)$. よって，中間値の定理より，$g(c) = 0$ となる $c \in [a, b]$ が存在する．

10. $f(x) = x - \cos^3 x$ とおいて，中間値の定理または不動点定理を適用．

11. (1) $\frac{\sqrt{3}}{3}$ (2) $\frac{4}{5}$

12. (1) $\theta = \tan^{-1} x$ とおくと，$x > 0$ より $0 < \theta < \frac{\pi}{2}$. $\tan \theta = x$ より $\tan\left(\frac{\pi}{2} - \theta\right) = \frac{1}{\tan \theta} = \frac{1}{x}$. このとき，$0 < \frac{\pi}{2} - \theta < \frac{\pi}{2}$ より，$\tan^{-1} \frac{1}{x} = \frac{\pi}{2} - \theta$.
(2) $\alpha = \sin^{-1} x$ とおくと，$x = \sin \alpha$ $\left(-\frac{\pi}{2} \leqq \alpha \leqq \frac{\pi}{2}\right)$. よって，$\cos^2(\sin^{-1} x) = \cos^2 \alpha = 1 - \sin^2 \alpha = 1 - x^2$.

13. (1) $-\frac{\pi}{2}, \frac{\pi}{2}$ (2) グラフは以下のようになる．

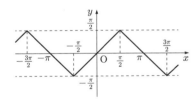

$y = \sin^{-1}(\sin x)$ のグラフ

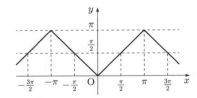

$y = \cos^{-1}(\cos x)$ のグラフ

2.1 導関数 (pp.29〜37)

問1 (2) は分子と分母に $\sqrt{x+h} + \sqrt{x}$ をかける．(4) は第1章1.2節の例12 (1) を，(6) は第1章の和積公式を用いて示す．

問2 (1) $4x^3 - 3$ (2) $3x^2 - 2x + 1$ (3) $-\frac{1}{(x-1)^2}$ (4) $-\frac{x^2-1}{(x^2+1)^2}$
(5) $-\frac{2(x^2-1)}{(x^2-x+1)^2}$ (6) $(1+x)e^x$ (7) $x(2\log x + 1)$ (8) $e^x(\cos x - \sin x)$
(9) $\tan x + \frac{x}{\cos^2 x}$ (10) $\frac{\sin x - x \cos x}{\sin^2 x}$ (11) $-\frac{1}{x(\log x)^2}$ (12) $\frac{e^x(\sin x \cos x - 1)}{\sin^2 x}$

174　　　　　　　　　　　　　　　　　　　　　　　　　　　　　　解答とヒント

問3 (1)　$10(2x+3)^4$　(2)　$24x(3x^2-2)^3$　(3)　$-\dfrac{6(2x+1)^2(2x+3)}{(2x-1)^7}$　(4)　$2e^{2x}$

(5)　$-\dfrac{e^{\frac{1}{x}}}{x^2}$　(6)　$-\dfrac{3}{1-3x}$　(7)　$\dfrac{2x}{x^2+1}$　(8)　$3\cos 3x$　(9)　$-2x\sin x^2$

(10)　$\dfrac{4}{\cos^2 4x}$　(11)　$\dfrac{1}{2\sqrt{x}\cos^2\sqrt{x}}$　(12)　$2x\cos x^2$　(13)　$-\dfrac{\cos\sqrt{x}}{2\sqrt{x}\sin^2\sqrt{x}}$

(14)　$\dfrac{2\sin(2x+1)}{\cos^2(2x+1)}$　(15)　$\dfrac{1}{\sin^2(1-x)}$

問4　双曲線関数の定義を用いて示す.

問5　公式3と定理3を用いて示す.

問6 (1)　$\dfrac{1}{x\log x}$　(2)　$\dfrac{1}{\sin x\cos x}$　(3)　$\dfrac{1}{\sqrt{x^2+a}}$　(4)　$\dfrac{2}{3}(2x+1)^{-\frac{2}{3}}$

(5)　$2^{2x}\log 2$　(6)　$(1-2x)3^{x-x^2}\log 3$　(7)　$x^x(\log x+1)$　(8)　$\dfrac{1}{\sqrt{4-x^2}}$

(9)　$-\dfrac{1}{2\sqrt{x(1-x)}}$　(10)　$-\dfrac{2x}{\sqrt{1-x^4}}$　(11)　$\dfrac{1}{2\sqrt{x}(x+1)}$　(12)　$2\sqrt{a^2-x^2}$

問7 (1)　$\dfrac{t^2-1}{2t^3}$　(2)　$-\dfrac{\cos t+\sin t}{\cos t-\sin t}$

問8 (1)　接線: $y-\dfrac{1}{2}=\dfrac{\sqrt{3}}{2}\left(x-\dfrac{\pi}{6}\right)$, 法線: $y-\dfrac{1}{2}=-\dfrac{2}{\sqrt{3}}\left(x-\dfrac{\pi}{6}\right)$

(2)　接線: $y=\sqrt{3}x-a\left(\dfrac{\pi}{\sqrt{3}}-2\right)$, 法線: $y=-\dfrac{1}{\sqrt{3}}\left(x-\dfrac{\pi a}{3}\right)$

2.2　高次導関数　(pp.37〜45)

問1 (1)　$y^{(n)}=\cos\left(x+\dfrac{n\pi}{2}\right)$　$(n=1,2,\cdots)$

(2)　$y^{(n)}=2^n\sin\left(2x+\dfrac{n\pi}{2}\right)$　$(n=1,2,\cdots)$

(3)　$y^{(n)}=-\dfrac{(n-1)!}{(1-x)^n}$　$(n=1,2,\cdots)$

問2 (1)　$y^{(n)}=2^n x\cos\left(2x+\dfrac{n\pi}{2}\right)+n2^{n-1}\sin\left(2x+\dfrac{n\pi}{2}\right)$　$(n=1,2,\cdots)$

(2)　$y^{(n)}=e^x\{x^3+3nx^2+3n(n-1)x+n(n-1)(n-2)\}$　$(n=1,2,\cdots)$

(3)　$y^{(n)}=(\sqrt{2})^n e^x\sin\left(x+\dfrac{n\pi}{4}\right)$　$(n=1,2,\cdots)$

問3　$\cos x=\displaystyle\sum_{n=0}^{\infty}\dfrac{(-1)^n}{(2n)!}x^{2n}$

2.3　微分の応用　(pp.45〜51)

問1 (1)　$\dfrac{\log 2}{\log 5}$　(2)　0　(3)　$-\dfrac{1}{6}$　(4)　1　(5)　1　(6)　$\sqrt{ab}$

問2 (1)　極大値3 ($x=-1$ のとき), 極小値 $\dfrac{1}{3}$ ($x=1$ のとき)

(2)　最大値 $\sqrt{3}-\dfrac{\pi}{3}$ $\left(x=\dfrac{\sqrt{3}}{2}\text{ のとき}\right)$, 最小値 $-\sqrt{3}+\dfrac{\pi}{3}$ $\left(x=-\dfrac{\sqrt{3}}{2}\text{ のとき}\right)$

問3 (1)　$\dfrac{4\pi}{3\sqrt{3}}r^3$　(2)　$\left(a^{\frac{2}{3}}+b^{\frac{2}{3}}\right)^{\frac{3}{2}}$

問4　$f(x)=1-x+\dfrac{x^2}{2}-e^{-x}$, $g(x)=-1+x+e^{-x}$ がともに単調増加であること
を示す.

問5　$x=a\cos t$, $y=b\sin t$ $(0\leqq t\leqq 2\pi)$ とおいて示す.

解答とヒント　　　　　　　　　　　　　　　　　　　　　175

演習問題 2　(p.51)

1.　(1)　$f'(0) = 0$　　(2)　$f'(x) = 2x \sin \frac{1}{x} - \cos \frac{1}{x}$

(3)　(1) と (2) を用いて $\lim\limits_{x \to 0} \{f'(x) - f'(0)\}$ を調べる.

2.　$f'(0) = 0$

3.　$f(a+h) - f(a-h) = \{f(a+h) - f(a)\} - \{f(a-h) - f(a)\}$ と変形して計算する.

4.　(1)　$-\dfrac{1}{2\sqrt{x}(1+\sqrt{x})\sqrt{1-x}}$　　(2)　$\dfrac{2}{3(x+1)^{\frac{2}{3}}\sqrt[3]{(x^2-1)^2}}$　　(3)　$-\dfrac{2\left(1-\sqrt{1-x^4}\right)}{x^3\sqrt{1-x^4}}$

(4)　$\dfrac{\sin x}{|\sin x|(1+\cos x)}$　　(5)　$\dfrac{1}{2\sqrt{1-x^2}}$　　(6)　0　　(7)　$-\dfrac{2\sin 2x}{\cos^2 2x}$

(8)　$x^{x^x}\left\{x^x(\log x + 1)\log x + x^{x-1}\right\}$

(9)　$(\sin x)^{\sin^{-1} x}\left(\dfrac{\log(\sin x)}{\sqrt{1-x^2}} + \sin^{-1} x \cdot \dfrac{\cos x}{\sin x}\right)$

5.　(1)　接線: $y = \dfrac{2}{\sqrt{3}}x + \dfrac{\pi}{6} - \dfrac{1}{\sqrt{3}}$, 法線: $y = -\dfrac{\sqrt{3}}{2}x + \dfrac{\pi}{6} + \dfrac{\sqrt{3}}{4}$

(2)　接線: $y = -\dfrac{4}{3}x + \dfrac{5a}{3}$, 法線: $y = \dfrac{3}{4}x$　　(3)　接線: $y = -x + 3a$, 法線: $y = x$

6.　(1)　$y^{(n)} = \begin{cases} 2x - 1 + \dfrac{1}{(x+1)^2} & (n = 1) \\[2mm] 2 - \dfrac{2}{(x+1)^3} & (n = 2) \\[2mm] -\dfrac{(-1)^n n!}{(x+1)^{n+1}} & (n \geqq 3) \end{cases}$

(2)　$y^{(n)} = \dfrac{1}{4}\left\{3\sin\left(x + \dfrac{n\pi}{2}\right) - 3^n \sin\left(3x + \dfrac{n\pi}{2}\right)\right\}$　$(n = 1, 2, \cdots)$

(3)　$y^{(n)} = x\left\{x^2 - 3n(n-1)\right\}\cos\left(x + \dfrac{n\pi}{2}\right)$
$\qquad + n\left\{3x^2 - (n-1)(n-2)\right\}\sin\left(x + \dfrac{n\pi}{2}\right)$　$(n = 1, 2, \cdots)$

7.　(1)　$f(x) = x^2 - \dfrac{x^4}{3} + R_5(x)$,　$R_5(x) = \dfrac{2}{15}\sin(2\theta x)\cdot x^5$　$(\theta \in (0,1))$

(2)　$f'(x) = 1 + \dfrac{x^2}{2} + \dfrac{x^4}{24} + R_5(x)$,　$R_5(x) = \dfrac{1}{120}\sinh(\theta x)\cdot x^5$　$(\theta \in (0,1))$

(3)　$f(x) = 1 + \dfrac{x}{2} - \dfrac{x^2}{8} + \dfrac{x^3}{16} - \dfrac{5}{128}x^4 + R_5(x)$,　$R_5(x) = \dfrac{7}{256}(1+\theta x)^{-\frac{9}{2}}x^5$　$(\theta \in (0,1))$

8.　(1)　$(1+x^2)f'(x) = 1$ にライプニッツの定理を用いる.

(2)　$f^{(n)}(0) = \begin{cases} (-1)^{\frac{n-1}{2}}(n-1)! & (n: 奇数) \\ 0 & (n: 偶数) \end{cases}$　　(3)　$f(x) = x - \dfrac{x^3}{3} + \dfrac{x^5}{5} + R_6(x)$

9.　(1)　3 次導関数まで求めて，$2y'y''' - 3(y'')^2 = 0$ を示す.

(2)　z の x に関する 3 次導関数まで求めて，$2z'z''' - 3(z'')^2$ を計算する.

10.　(1)　$P_1(x) = x$, $P_2(x) = \dfrac{1}{2}(3x^2 - 1)$, $P_3(x) = \dfrac{1}{2}(5x^3 - 3x)$

(2)　$y = (x^2 - 1)^n$ とすると $(x^2 - 1)y' = 2nxy$. ライプニッツの定理を用いて $(n + 1)$ 回微分する.

11.　(1)　1　　(2)　0　　(3)　$-\dfrac{1}{2}$　　(4)　$-\dfrac{e}{2}$　　(5)　$-\dfrac{b(b-a)}{2a}$　　(6)　1

12.　(1)　極大値 $-\dfrac{3\sqrt{3}}{2}$　$(x = -\sqrt{3}$ のとき$)$, 極小値 $\dfrac{3\sqrt{3}}{2}$　$(x = \sqrt{3}$ のとき$)$

(2) 極大値 $\frac{1}{2e}$ $\left(x = \frac{1}{2}\text{ のとき}\right)$　(3) 極大値 $\frac{27\sqrt{3}}{16}$ $\left(x = \frac{9}{4}\text{ のとき}\right)$
(4) 極小値 $e^{-\frac{1}{e}}$ $\left(x = \frac{1}{e}\text{ のとき}\right)$

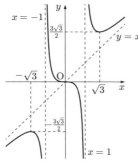

(1) のグラフ

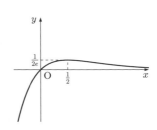

(2) のグラフ

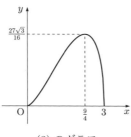

(3) のグラフ

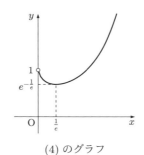

(4) のグラフ

13. $\frac{4}{3}r$

14. $a+b$

15. (1) $f(x) = \sin x + \tan x - 2x$ が単調増加であることを示す.
(2) $g(x) = \frac{1}{4}(\pi - x) - \tan^{-1}\sqrt{1-x}$ が単調増加であることを示す.

16. 線分 OA, OB, AB の長さをそれぞれ x, y, z とすると，余弦定理より $z^2 = x^2 + y^2 - 2xy\cos\theta$ である．両辺を時間 t で微分して示す．

17. $\tan\theta = -\frac{vt}{a}$ の両辺を時間 t で微分する．

3.1　不定積分　(pp.55〜65)

問 1　(1) $\frac{1}{3}\tan(3x+1)$　(2) $\frac{1}{2}\sin^{-1}\left(x+\frac{1}{2}\right)$　(3) $\frac{1}{\sqrt{2}}\tan^{-1}\frac{x+2}{\sqrt{2}}$
(4) $-\log|\cos x|$　(5) $\log|x+\sin x|$　(6) $\frac{2}{21}\left(x^3+1\right)^{\frac{7}{2}}$　(7) $\sqrt{x^2+2x+3}$
(8) $\frac{1}{8}(\log x)^8$　(9) $-\sqrt{1-x^2}$

解答とヒント   177

問 2　(1)　$\frac{2}{3}x^3 - \frac{7}{2}x^2 + 3x$　　(2)　$\frac{x^3}{3} + 2x - \frac{1}{x}$　　(3)　$2\sqrt{x} - 2\log x + \frac{2}{\sqrt{x}} - \frac{2}{x}$

(4)　$\frac{e^{2x}}{2} + 2x - \frac{e^{-2x}}{2}$　　(5)　$\frac{2^{x+1}}{\log 2} + \frac{3^{x+1}}{\log 3}$　　(6)　$\tan x - \frac{1}{\tan x}$　　(7)　$\frac{x + \sin x}{2}$

(8)　$\frac{1}{12}\left(\cos 3x - 9\cos x\right)$　　(9)　$\frac{1}{2}\cos x - \frac{1}{6}\cos 3x$　　(10)　$-\frac{1}{\tan x} - x$

(11)　$\frac{2}{3}x^3 - x + \frac{2}{3}(x^2-1)^{\frac{3}{2}}$　　(12)　$\sin^{-1} x + \log\left|x + \sqrt{x^2+1}\right|$

問 3　(1)　$\frac{1}{8}\left(2x+1 - 2\log|2x+1| - \frac{1}{2x+1}\right)$　　(2)　$\frac{1}{2}\log\left|x^2 + \sqrt{x^4-2}\right|$

(3)　$\frac{2}{\sqrt{3}}\tan^{-1}\frac{2x+1}{\sqrt{3}}$　　(4)　$\frac{1}{15}(1+x^2)^{\frac{3}{2}}(3x^2-2)$　　(5)　$\frac{\sin^3 x}{3} - \frac{\sin^5 x}{5}$

(6)　$\frac{1}{15}(2x-3)^{\frac{3}{2}}(3x+8)$　　(7)　$\frac{(\log x)^3}{3}$　　(8)　$\frac{x}{\sqrt{1+x^2}}$　　(9)　$\sqrt{1 - \frac{1}{x^2}}$

(10)　$\frac{(\sin^{-1} x)^2}{2}$

問 4　(1)　$\left(x^2 - 2x + 2\right)e^x$　　(2)　$\frac{1}{3}(x-2)\sin 3x + \frac{1}{9}\cos 3x$

(3)　$\frac{1}{2}e^x(\sin x + \cos x)$　　(4)　$-\frac{1+\log x}{x}$　　(5)　$x\log\left(x^2+1\right) - 2x + 2\tan^{-1} x$

(6)　$x\left\{(\log x)^2 - 2\log x + 2\right\}$　　(7)　$\frac{1}{2}\left(x^2+1\right)\tan^{-1} x - \frac{x}{2}$

(8)　$x\sin^{-1} x + \sqrt{1-x^2}$　　(9)　$x\tan^{-1} x - \frac{1}{2}\log\left(1+x^2\right)$

(10)　$\frac{1}{2}\left\{(x+1)\sqrt{x^2+2x+2} + \log\left|x+1+\sqrt{x^2+2x+2}\right|\right\}$

(11)　$\frac{1}{2}\left\{(x+2)\sqrt{1-4x-x^2} + 5\sin^{-1}\frac{x+2}{\sqrt{5}}\right\}$

(12)　$\frac{1}{2}x\sqrt{x^2+2} - \log\left|x + \sqrt{x^2+2}\right|$

問 5　$I = \frac{e^{ax}}{a^2+b^2}\left(-b\cos bx + a\sin bx\right), \quad J = \frac{e^{ax}}{a^2+b^2}\left(a\cos bx + b\sin bx\right)$

問 6　漸化式は部分積分法を用いて示す.

$$\int \frac{dx}{(x^2+1)^2} = I_2 = \frac{1}{2}\left(\frac{x}{x^2+1} + I_1\right) = \frac{1}{2}\left(\frac{x}{x^2+1} + \tan^{-1} x\right)$$

問 7　(1)　$\frac{1}{2}\log\left|\frac{x+1}{x+3}\right|$　　(2)　$\log\left|x(x-1)^2\right| - \frac{3}{x-1}$

(3)　$\frac{1}{6}\log\frac{(x+1)^2}{x^2-x+1} + \frac{1}{\sqrt{3}}\tan^{-1}\frac{2x-1}{\sqrt{3}}$　　(4)　$\frac{1}{4}\log\left|\frac{x-1}{x+1}\right| - \frac{1}{2}\tan^{-1} x$

(5)　$\log\left|\frac{x}{\sqrt{x^2+1}}\right| + \tan^{-1} x$　　(6)　$\log\frac{(x-1)^2}{x^2-x+1} + \frac{1}{x-1}$

(7)　$\frac{x^2}{2} + \frac{1}{6}\log\frac{(x+1)^2}{x^2-x+1} - \frac{1}{\sqrt{3}}\tan^{-1}\frac{2x-1}{\sqrt{3}}$　　(8)　$\frac{x^2}{2} + 3x - \log|x-1| + 8\log|x-2|$

(9)　$\frac{x^2}{2} + \frac{1}{6}\log\left|x^2-1\right| - \frac{2}{3}\log\left(x^2+2\right)$　　(10)　$\frac{1}{10}\log\left|\frac{x-1}{x+1}\right| - \frac{1}{10}\tan^{-1}\frac{x}{2}$

(11)　$\frac{1}{2}\log\left|\frac{e^x-1}{e^x+1}\right|$　　(12)　$\frac{1}{3}\log\frac{e^x+1}{e^x+4}$

問 8　$a > 0$ のときは，$I = \displaystyle\int R\left(\frac{t^2-c}{2\sqrt{a}t+b}, t - \frac{\sqrt{a}t^2+bt+\sqrt{a}c}{2\sqrt{a}t+b}\right)\frac{2(\sqrt{a}t^2+bt+\sqrt{a}c)}{(2\sqrt{a}t+b)^2}\,dt$ となる.

$a < 0$ のときは，$\sqrt{\dfrac{x-\alpha}{\beta-x}} = t$ とおくと，$I = \displaystyle\int R\left(\frac{\beta t^2+\alpha}{t^2+1}, \sqrt{\frac{b^2-4ac}{-a}}\frac{t}{t^2+1}\right)\frac{2(\beta-\alpha)t}{(t^2+1)^2}\,dt$ と

なる. $\sqrt{\dfrac{\beta-x}{x-\alpha}} = t$ とおいた場合は，$I = -\displaystyle\int R\left(\frac{\alpha t^2+\beta}{t^2+1}, \sqrt{\frac{b^2-4ac}{-a}}\frac{t}{t^2+1}\right)\frac{2(\beta-\alpha)t}{(t^2+1)^2}\,dt$. よっ

て，いずれの場合も有理関数の積分に帰着できる．

問 9 (1) $\log \left| \frac{\sqrt{1-x}-1}{\sqrt{1-x}+1} \right|$ (2) $\log \left| x - \sqrt{x^2-1} \right| + \sqrt{x^2-1}$

(3) $\log \left| \frac{\sqrt{x^2+x+1}+x-1}{\sqrt{x^2+x+1}+x+1} \right|$ (4) $\frac{2\sqrt{3}}{3} \tan^{-1} \sqrt{\frac{3x-3}{3-x}}$ (5) $\log \left| \frac{\tan \frac{x}{2}+1}{\tan \frac{x}{2}-1} \right|$

(6) $x + \frac{2}{1+\tan \frac{x}{2}}$

問 10 (1) $\log \left(e^x + e^{-x} \right)$ (2) $\frac{1}{6} (\log x + 3)^6$ (3) $\tan^{-1}(\sin x)$

(4) $\frac{\sqrt{2}}{4} \tan^{-1}(\sqrt{2} \cos x) - \frac{\cos x}{2}$ (5) $\frac{1}{2} \log |\sin x + \cos x| + \frac{x}{2}$

(6) $\frac{\sqrt{3}}{2} \tan^{-1}\left(\frac{\tan x}{\sqrt{3}} \right) - \frac{x}{2}$

3.2 定積分 (pp.66〜74)

問 1 $\displaystyle\int_0^1 x^2 \, dx = \lim_{n\to\infty} \frac{1}{n^3} \sum_{i=1}^n i^2 = \frac{1}{6} \lim_{n\to\infty} \frac{n(n+1)(2n-1)}{n^3} = \frac{1}{3}$

問 2 $\lambda = \displaystyle\int_a^b f(x)g(x) \, dx \Big/ \int_a^b g(x) \, dx$ とおくと，中間値の定理より，$f(c) = \lambda$ となる $c \in [a,b]$ が存在する．

問 3 (1) $\frac{1}{9}$ (2) $\frac{3}{7}$ (3) $\frac{1}{\log 2}$

問 4 (1) $\frac{1}{\sqrt{x^2+1}}$ (2) $2xe^{x^2} \cos x^2 - e^x \cos x$

(3) $\left(2x^3 - 2x^2 + 2x - 1 \right) e^{x^2+1} + e$

問 5 (1) $\frac{17}{72}$ (2) $\frac{14}{15}\sqrt{2} - \frac{16}{15}$ (3) $\frac{1}{3}$ (4) $\frac{8}{3}\sqrt{2} - \frac{10}{3}$ (5) $\frac{1}{\sqrt{5}} \log \frac{5+\sqrt{5}}{5-\sqrt{5}}$

(6) $\frac{2}{15}(3e-2)(1+e)^{\frac{3}{2}} - \frac{4}{15}\sqrt{2}$ (7) $\frac{1}{2}\log 3$ (8) $\frac{9}{2} - 6\log 2$ (9) $\frac{4}{35}$

(10) 1 (11) $\frac{9}{2}(\log 3)^2 - \frac{9}{2}\log 3 + 2$ (12) $\frac{\pi^2}{4} - 2$ (13) $2 - \frac{5}{e}$

(14) $\frac{1+e^{-\pi}}{2}$ (15) 1

問 6 $I_n = \displaystyle\int_0^{\frac{\pi}{4}} \tan^n x \, dx = \int_0^{\frac{\pi}{4}} \left(\tan^{n-2} x \right) \left(\frac{1}{\cos^2 x} - 1 \right) dx = \int_0^{\frac{\pi}{4}} \frac{\tan^{n-2} x}{\cos^2 x} \, dx - I_{n-2} = \frac{1}{n-1} - I_{n-2}$. $I_6 = \frac{13}{15} - \frac{\pi}{4}$, $I_7 = \frac{5}{12} - \frac{1}{2}\log 2$

問 7 (1) $\frac{\pi}{4}$ (2) $\frac{1}{\pi}$ (3) $\frac{2}{3}$ (4) $\frac{\log 3}{4}$

3.3 広義積分 (pp.74〜78)

問 1 (1) $\frac{3}{2}\sqrt[3]{4}$ (2) $2\sqrt{2}$ (3) 発散 (4) π (5) 発散

(6) $\pi + \log\left(2 + \sqrt{3} \right)$

問 2 $p \neq 1$ のときは，$\displaystyle\int_1^\beta \frac{dx}{x^p} = \frac{1}{p-1}\left(1 - \beta^{1-p} \right)$ で，$p \to \infty$ とすればよい．

問 3 (1) $\frac{\log 2}{2}$ (2) 発散 (3) $\frac{1}{2}$ (4) $\frac{\pi}{2}$ (5) π (6) $\frac{b}{a^2+b^2}$

問 4 (1) 1 (2) 2 (3) π (4) $\frac{16}{15}$

解答とヒント　　　　　　　　　　　　　　　　　　　　　179

問5　(1)　$\int_\alpha^\beta e^{-x}x^{s-1}dx = \frac{1}{s}\left(\frac{\beta^s}{e^\beta} - \frac{\alpha^s}{e^\alpha}\right) + \frac{1}{s}\int_\alpha^\beta e^{-x}x^s dx$　$(0 < \alpha < \beta < \infty)$. よっ

て, $\alpha \to +0$, $\beta \to \infty$ とすればよい. 漸化式より, $\Gamma(n) = (n-1)!\,\Gamma(1)$. さらに, $\Gamma(1) =$

$\int_0^\infty e^{-x}dx = 1$.　(2)　$\int_\alpha^\beta x^p(1-x)^{q-2}dx = -\frac{1}{q-1}\left\{\beta^p(1-\beta)^{q-1} - \alpha^p(1-\alpha)^{q-1}\right\}$

$+ \frac{p}{q-1}\int_\alpha^\beta x^{p-1}(1-x)^{q-1}dx$　$(0 < \alpha < \beta < 1)$. よって, $\alpha \to +0$, $\beta \to 1-0$ とす

ればよい.　(3)　漸化式より, $B(m,n) = \frac{(n-1)(n-2)\cdots 2\cdot 1}{m(m+1)\cdots(m+n-2)}B(m+n-1, 1)$. さ

らに, $B(m+n-1, 1) = \int_0^1 x^{m+n-2}dx = \frac{1}{m+n-1}$.　(4)　$x = \sin^2\theta$ とおくと,

$\int_\alpha^\beta x^{p-1}(1-x)^{q-1}dx = \int_{\sin^{-1}\alpha}^{\sin^{-1}\beta} \sin^{2p-1}\theta \cos^{2q-1}\theta\,d\theta$. よって, $\alpha \to +0$, $\beta \to 1-0$

とすればよい.

3.4　定積分の応用　(pp.78〜86)

問1　(1)　$\frac{128}{15}$　(2)　$\frac{5}{6}\sqrt{5}$　(3)　$\pi - 1$　(4)　1　(5)　$\frac{3\sqrt{2}}{5}$

問2　$3\pi a^2$

問3　(1)　$2a^2$　(2)　$\frac{\pi}{2}a^2$　(3)　$\frac{3}{2}a^2$

問4　(1)　$8a$　(2)　πa　(3)　$8a$

問5　(1)　$\frac{abc}{6}$　(2)　$\frac{\sqrt{2}}{12}a^3$

問6　$\frac{4\pi}{3}ab^2$

問7　(1)　$\frac{\pi}{4}a^3\left(e^2 - e^{-2} + 4\right)$　(2)　$2\pi^2 a^2 b$　(3)　$5\pi^2 a^3$

演習問題3　(p.86)

1.　(1)　$\frac{x^2}{2} - 2x + \log|x|$　(2)　$\frac{3}{4}x\sqrt[3]{x} - \frac{3}{7}x^2\sqrt[3]{x}$　(3)　$\log\left|\frac{x+1}{x-1}\right| + 3\sin^{-1}x$

(4)　$\frac{3}{28}(4x^2 + x - 3)\sqrt[3]{x+1}$　(5)　$\log\left|\frac{x+1}{x+2}\right| - \frac{1}{x+1}$

(6)　$\frac{x^3}{3} + \frac{1}{6}\log\frac{(x-1)^2}{x^2+x+1} - \frac{1}{\sqrt{3}}\tan^{-1}\frac{2x+1}{\sqrt{3}}$

(7)　$\frac{1}{4}\log\frac{x^2+x+1}{x^2-x+1} + \frac{1}{2\sqrt{3}}\left(\tan^{-1}\frac{2x+1}{\sqrt{3}} + \tan^{-1}\frac{2x-1}{\sqrt{3}}\right)$

(8)　$\frac{x^3}{9}(3\log x - 1)$　(9)　$\frac{e^x}{2}(\sin x - \cos x)$　(10)　$-\frac{\sqrt{1-x^2}}{x}$　(11)　$-\frac{1}{2(\log x)^2}$

(12)　$\sqrt{e^{2x}+1} + \frac{1}{2}\log\left|\frac{\sqrt{e^{2x}+1}-1}{\sqrt{e^{2x}+1}+1}\right|$　(13)　$x(\sin^{-1}x)^2 + 2\sqrt{1-x^2}\sin^{-1}x - 2x$

(14)　$\log\left|x + \sqrt{x-1}\right| - \frac{2}{\sqrt{3}}\tan^{-1}\left\{\frac{2}{\sqrt{3}}\left(\sqrt{x-1} + \frac{1}{2}\right)\right\}$

(15)　$-\cos(\log x)$　(16)　$\log\left|\frac{\sqrt{x}+\sqrt{x-1}}{\sqrt{x}-\sqrt{x-1}}\right|$　(17)　$\frac{x^3}{6(x^2+2)^{\frac{3}{2}}}$　(18)　$\frac{x(3-2x^2)}{3(1-x^2)^{\frac{3}{2}}}$

(19)　$\log\left|\frac{\sqrt{x^2-x+1}+x-1}{\sqrt{x^2-x+1}+x+1}\right|$　(20)　$2\tan^{-1}\sqrt{\frac{x+1}{2-x}}$　(21)　$\frac{1}{\sqrt{3}}\log\left|\frac{\tan\frac{x}{2}+\sqrt{3}}{\tan\frac{x}{2}-\sqrt{3}}\right|$

2. 漸化式は部分積分法を用いて積分して示す.

$I_4 = -\frac{1}{4}\sin^3 x \cos x - \frac{3}{8}\sin x \cos x + \frac{3}{8}x$, $I_{-4} = -\frac{\cos x}{3\sin^3 x} - \frac{2}{3\tan x}$

3. (1) 4 (2) $\frac{4}{15}(1+\sqrt{2})$ (3) $\frac{2}{15}(7\sqrt{2}-8)$ (4) $\frac{8}{3}$ (5) $\frac{\sqrt{3}\pi}{9}$

(6) $\sqrt{3}-\frac{2}{3}\sqrt{2}+\frac{1}{3}$ (7) $\frac{\pi}{32}$ (8) $\log\frac{1+\sqrt{7}}{3+\sqrt{7}}-\log\frac{\sqrt{3}}{2+\sqrt{3}}$ (9) $\frac{e}{2}(\sin 1+\cos 1)-\frac{1}{2}$

(10) $\frac{\pi}{12}-\frac{1}{6}+\frac{\log 2}{2}$ (11) $\sqrt{3}-1$ (12) $\frac{\pi^2}{4}-2$ (13) $\frac{\sqrt{3}}{54}\pi+\frac{1}{24}$ (14) $\frac{1}{3}\log 2$

(15) $\frac{1}{4}+\frac{\sqrt{2}}{4}\left(\tan^{-1}\frac{1}{\sqrt{2}}-\tan^{-1}\sqrt{2}\right)$

4. (1) $2(\sqrt{2}-1)$ (2) $\frac{1}{\log 2}$ (3) $\frac{\pi}{2}$ (4) $\frac{\pi}{4}$ (5) $2e^{\frac{\pi}{2}-2}$

5. 三角関数の積和公式を用いて積分する.

6. (1) 漸化式は部分積分法を用いて示す.

(2) (1) の漸化式と $I(1, n+m-1) = \frac{1}{(n+m)(n+m+1)}$ より導ける.

7. 微分積分学の基本定理より, $M(x)$ は (a,b) で微分可能である. よって, $M'(x) = -\frac{1}{(x-a)^2}\int_a^x f(t)\,dt + \frac{f(x)}{x-a}$. 任意に $s \in (a,b]$ を固定. 積分の平均値の定理より, $c \in (a,s)$ が存在して, $\int_a^s f(t)\,dt = f(c)(s-a)$. よって, $M'(s) = \frac{1}{s-a}\{f(s)-f(c)\}$. ゆえに, $f(x)$ が狭義単調増加ならば $M'(s) > 0$ となり, $M(x)$ は $(a,b]$ で狭義単調増加. $f(x)$ が狭義単調減少の場合も同様.

8. $x = \pi - t$ とおいて, 左辺を置換積分する.

9. 等式 $\{tf(x)+g(x)\}^2 = f(x)^2 t^2 + 2f(x)g(x)t + g(x)^2$ の両辺を x で a から b まで積分する.

10. すべての $x \in [0,1]$ に対して $1 \le 1+x^p \le 1+x^2$ であるが, $x = \frac{1}{2}$ では等号が成立しないので, 第 3 章の定理 6 より示せる.

11. (1) 1 (2) π (3) -1 (4) $\log 2 - 1$ (5) π (6) 2 (7) 2

(8) π (9) $\frac{\pi}{6}$ (10) $-\frac{1}{3}\log\frac{2}{5}$ (11) $\frac{2}{3}$ (12) $\frac{1}{15}$

12. (1) $\int\frac{dx}{\sqrt{(b-x)(x-a)}} = 2\tan^{-1}\sqrt{\frac{x-a}{b-x}}$ より示せる. (2) $\alpha = 0$ のときは明らか. $\alpha \ne 0$ のときは, $\int\frac{dx}{x^2+2x\cos\alpha+1} = \frac{1}{\sin\alpha}\tan^{-1}\frac{x+\cos\alpha}{\sin\alpha}$. よって, $I = \int_0^\infty \frac{dx}{x^2+2x\cos\alpha+1}$ とおくと, $\sin\alpha > 0$ のときは, $I = \frac{1}{\sin\alpha}\left\{\frac{\pi}{2}-\tan^{-1}\left(\frac{\cos\alpha}{\sin\alpha}\right)\right\}$. $\theta = \frac{\pi}{2}-\tan^{-1}\left(\frac{\cos\alpha}{\sin\alpha}\right)$ とおいて θ を求めると, $\theta = \alpha$. よって $I = \frac{\alpha}{\sin\alpha}$ となる. $\sin\alpha < 0$ のときも同様にして, $I = \frac{1}{\sin\alpha}\left\{-\frac{\pi}{2}-\tan^{-1}\left(\frac{\cos\alpha}{\sin\alpha}\right)\right\} = \frac{\alpha}{\sin\alpha}$.

13. (1) $0 < x < \frac{\pi}{2}$ のとき, $0 < \sin x < 1$ なので, $\sin^{2n+1} x < \sin^{2n} x < \sin^{2n-1} x$. ゆえに, 第 3 章の定理 6 より示せる. (2) (1) の不等式のすべての項に $\frac{2\cdot 4\cdots(2n)}{1\cdot 3\cdots(2n-1)}$ をかければ, (2) の不等式となる. (3) (2) の不等式を変形すると, $\frac{2n}{2n+1} < \frac{\pi}{\frac{1}{n}\left\{\frac{2\cdot 4\cdots(2n)}{1\cdot 3\cdots(2n-1)}\right\}^2} < 1$. ゆえに, $\pi = \lim_{n\to\infty}\frac{1}{n}\left\{\frac{2\cdot 4\cdots(2n)}{1\cdot 3\cdots(2n-1)}\right\}^2$. よって,

解答とヒント　　　　　　　　　　　　　　　　　　　　　　　　　　　　　　181

$$\sqrt{\pi} = \lim_{n\to\infty} \frac{1}{\sqrt{n}} \frac{2\cdot 4\cdots(2n)}{1\cdot 3\cdots(2n-1)} = \lim_{n\to\infty} \frac{1}{\sqrt{n}} \frac{\{2\cdot 4\cdots(2n)\}^2}{(2n)!} = \lim_{n\to\infty} \frac{2^{2n}(n!)^2}{\sqrt{n}\,(2n)!}.$$

14. (1) $3\sqrt{3}-2$ (2) $\frac{3}{2}$ (3) $\frac{16}{3}$ (4) 9 (5) $\frac{4}{5}$ (6) $\frac{3\pi}{8}$

15. (1) $1+\frac{\pi}{2}$ (2) $\frac{1}{\sqrt{3}}-\frac{\pi}{12}$ (3) $1+\frac{3\pi}{8}$

16. (1) $a\left\{\sqrt{2}+\log\left(1+\sqrt{2}\right)\right\}$ (2) $\sqrt{5}-\sqrt{2}+\log\frac{\sqrt{5}-1}{2\left(\sqrt{2}-1\right)}$

(3) $a\left\{\pi\sqrt{1+4\pi^2}+\frac{1}{2}\log\left(2\pi+\sqrt{1+4\pi^2}\right)\right\}$ (4) πa

17. (1) $\frac{8\pi}{5}abc$ (2) $\frac{16}{3}a^3$

18. (1) $\frac{8\pi}{3}$ (2) $\pi-\frac{\pi^2}{4}$ (3) $3\pi+\frac{4}{3}\sqrt{2}\pi$ (4) $\frac{\pi}{4}$ (5) $\frac{406}{15}\pi$

4.1　2 変数関数の極限と連続性　（pp.91〜97）

問 1 (1) 定義域: 平面上のすべての点，グラフ: 3 点 $(0,0,1)$，$(0,1,0)$，$(-1,0,0)$ を通る平面 (2) 定義域: 平面上のすべての点，グラフ: xz 平面での曲線 $z=x^2$ を z 軸中心に回転させたもの (3) 定義域: 半径 1 の円板とその内部，グラフ: xz 平面での曲線 $z=\sqrt{1-x^2}$ を z 軸中心に回転させたもの (4) 定義域: 2 直線 $y=x$ と $y=-x$ を除く平面上のすべての点，グラフ: $x^2-y^2=\frac{1}{c}$ $(c\neq 0)$ が等高線 (5) 定義域: 平面上のすべての点，グラフ: $y=\frac{c}{x}$ が等高線 (6) 定義域: 原点を除く平面上のすべての点，グラフ: xz 平面での曲線 $z=2\log|x|$ を z 軸中心に回転させたもの

問 2 (1) 1 (2) 0 (3) 0 (4) 存在しない (5) 0 (6) 存在しない

問 3 極限 $\displaystyle\lim_{(x,y)\to(0,0)} f(x,y)$，累次極限 $\displaystyle\lim_{y\to 0}\lim_{x\to 0} f(x,y)$，$\displaystyle\lim_{x\to 0}\lim_{y\to 0} f(x,y)$ の順
(1) 存在しない，0，0 (2) 存在しない，-1，0 (3) 存在しない，0，0
(4) 存在しない，0，1 (5) 存在しない，0，0
(6) 極限，累次極限ともに存在しない

問 4 (1) 0 (2) e^2 (3) 0 (4) 0 (5) $\frac{3}{5}$ (6) 0

問 5 (1) 平面上のすべての点で連続 (2) 平面上のすべての点で連続
(3) 平面上のすべての点で連続 (4) 平面上のすべての点で連続
(5) 原点を除く平面上のすべての点で連続 (6) 平面上のすべての点で連続

4.2　偏微分と全微分　（pp.97〜105）

問 1 f_x，f_y の順 (1) -1，0 (2) 2，2 (3) 0，0 (4) 0，0 (5) 0，1
(6) x，y ともに偏微分可能でない

問 2 f_x，f_y の順 (1) $2x$，$-2y$ (2) $3(x+y)^2$，$3(x+y)^2$
(3) $2\cos(2x+y)$，$\cos(2x+y)$ (4) $-\dfrac{x}{\sqrt{1-x^2-y^2}}$，$-\dfrac{y}{\sqrt{1-x^2-y^2}}$
(5) $-\dfrac{2x}{(x^2+y^2)^2}$，$-\dfrac{2y}{(x^2+y^2)^2}$ (6) $-\dfrac{x^2+y^2}{(x^2-y^2)^2}$，$\dfrac{2xy}{(x^2-y^2)^2}$ (7) $\dfrac{2x}{y}$，$-\dfrac{x^2}{y^2}$

(8) $3x^2 e^{x^3+2y^2}$, $4ye^{x^3+2y^2}$ (9) $-\frac{y}{x^2+y^2}$, $\frac{x}{x^2+y^2}$

問 3   (1) $dz = 4x\,dx - 6y\,dy$ (2) $dz = -2\sin(2x+3y)\,dx - 3\sin(2x+3y)\,dy$

(3) $dz = 2e^{x^2+y^2}(x\,dx + y\,dy)$ (4) $dz = \frac{x\,dx+y\,dy}{\sqrt{x^2+y^2}}$

(5) $dz = \cos(xy)(y\,dx + x\,dy)$ (6) $dz = 2\frac{x\,dx+y\,dy}{x^2+y^2}$

(7) $dz = \frac{(x^2+y^2)(-y\,dx+x\,dy)}{(x^2-y^2)^2}$ (8) $dz = \frac{4xy(y\,dx-x\,dy)}{(x^2+y^2)^2}$ (9) $dz = \frac{y^3\,dx+x^3\,dy}{(x^2+y^2)^{\frac{3}{2}}}$

問 4   (1) $\frac{dz}{dt} = 2xyx' + x^2y'$ (2) $\frac{dz}{dt} = \frac{2(xx'+yy')}{x^2+y^2}$ (3) $\frac{dz}{dt} = \frac{(x^2-y^2)(-yx'+xy')}{(x^2+y^2)^2}$

(4) $\frac{dz}{dt} = -\frac{xx'+yy'}{\sqrt{1-x^2-y^2}}$

問 5   (1) $\frac{dz}{dx} = f_x + 2f_y$ (2) $\frac{dz}{dx} = f_x + 2xf_y$ (3) $\frac{dz}{dx} = f_x - \frac{xf_y}{\sqrt{1-x^2}}$

(4) $\frac{dz}{dx} = f_x + (1+2x^2)e^{x^2}f_y$

問 6 $x_r = \cos\theta$, $y_r = \sin\theta$ を $z_r = z_x x_r + z_y y_r$ に代入する. z_θ も同様.

問 7   (1) $z_u = 2(z_x + z_y)$, $z_v = 3(z_x - z_y)$ (2) $z_u = 2u(z_x + z_y)$, $z_v = 2v(z_x - z_y)$

(3) $z_u = e^v z_x + v e^u z_y$, $z_v = u e^v z_x + e^u z_y$

(4) $z_u = z_x \cosh v + z_y \sinh v$, $z_v = z_x u \sinh v + z_y u \cosh v$

問 8   (1)   接平面: $z = 2x + 4y - 4$, 法線: $2(x-1) = y-1 = -4(z-2)$

(2)   接平面: $z = 2x + 2y - 2$, 法線: $x-1 = y-1 = -2(z-2)$

(3)   接平面: $z = 2x + 2y - 5$, 法線: $x-2 = y-3 = -2(z-5)$

(4)   接平面: $z = -\frac{x}{2} - y + \frac{9}{2}$, 法線: $2(x-1) = y-2 = z-2$

4.3   高次偏導関数   (pp.106〜112)

問 1   与えられた関数を $f(x,y)$ とする.   (1) $f_x = 4(2x+y)$, $f_y = 2(2x+y)$, $f_{xx} = 8$, $f_{xy} = f_{yx} = 4$, $f_{yy} = 2$ (2) $f_x = f_y = \sinh(x+y)$, $f_{xx} = f_{xy} = f_{yx} = f_{yy} = \cosh(x+y)$ (3) $f_{xx} = f_x = f$, $f_{xy} = f_{yx} = f_y = \frac{2e^x}{y}$, $f_{yy} = -\frac{2e^x}{y^2}$ (4) $f_x = -\frac{2x}{(x^2+y^2)^2}$, $f_y = -\frac{2y}{(x^2+y^2)^2}$, $f_{xx} = \frac{6x^2-2y^2}{(x^2+y^2)^3}$, $f_{xy} = f_{yx} = \frac{8xy}{(x^2+y^2)^3}$, $f_{yy} = \frac{-2x^2+6y^2}{(x^2+y^2)^3}$ (5) $f_x = \frac{y^2}{(x^2+y^2)^{\frac{3}{2}}}$, $f_y = -\frac{xy}{(x^2+y^2)^{\frac{3}{2}}}$, $f_{xx} = -\frac{3xy^2}{(x^2+y^2)^{\frac{5}{2}}}$, $f_{xy} = f_{yx} = \frac{y(2x^2-y^2)}{(x^2+y^2)^{\frac{5}{2}}}$, $f_{yy} = -\frac{x(x^2-2y^2)}{(x^2+y^2)^{\frac{5}{2}}}$ (6) $f_x = -\frac{x^2+y^2}{(x^2-y^2)^2}$, $f_y = \frac{2xy}{(x^2-y^2)^2}$, $f_{xy} = f_{yx} = -\frac{2y(3x^2+y^2)}{(x^2-y^2)^3}$, $f_{xx} = f_{yy} = \frac{2x(x^2+3y^2)}{(x^2-y^2)^3}$

問 2   (1) $f_x(0,0) = f_y(0,0) = 0$ かつ $\lim\limits_{(x,y)\to(0,0)} f_x(x,y) = \lim\limits_{(x,y)\to(0,0)} f_y(x,y) = 0$ を示す.   (2) $\lim\limits_{(x,y)\to(0,0)} f_{xy}(x,y)$ が存在しないことを示す.

問 3   (1)   連続   (2)   連続   (3) $|xy| < 1$ 上で連続

(4)   原点を除いて連続   (5)   連続

問 4 $F(x,t) = f(x \pm at)$ と考えて, 偏微分する.

解答とヒント 183

問5 $f_{xx} + f_{yy} = 0$ を示す.

問6 (1) $1 - \dfrac{x^2+y^2}{2\{1-\theta^2(x^2+y^2)\}^{\frac{3}{2}}}$　　(2) $(x+y) - \dfrac{1}{2}(x+y)^2 \sin(\theta(x+y))$

(3) $1 + \dfrac{1}{2}(x+y)^2 \cosh(\theta(x+y))$　　(4) $-\dfrac{(x^2+y^2)\{1+\theta^2(x^2+y^2)\}}{\{1-\theta^2(x^2+y^2)\}^2}$

(5) $\dfrac{2-3\theta^2(x^2+y^2)}{\theta^6(x^2+y^2)^2} \exp\left(-\dfrac{1}{\theta^2(x^2+y^2)}\right)$

問7 仮定より，f_{xx}, f_{xy}, f_{yy} が連続であることを用いて，$\displaystyle\lim_{(h,k)\to(0,0)} \dfrac{\varepsilon(h,k)}{h^2+k^2} = 0$ を示す.

4.4 偏微分の応用 （pp.112〜119）

問1 (1) $\dfrac{1-x}{2y}$　(2) $-\dfrac{x+y}{x-2y}$　(3) $-\dfrac{x^2+y}{x+y^2}$　(4) -1

問2 (1) 原点で極小値 0　(2) 極値は存在しない　(3) 点 $(1,1)$ で極小値 -1

(4) 点 $(-2,-1)$ で極大値 -6, 点 $(2,1)$ で極小値 6　(5) 点 $\left(\pm\dfrac{1}{4}, \mp\dfrac{1}{2}\right)$ で極小値 $-\dfrac{1}{16}$

(6) 点 $\left(0, \dfrac{1}{\sqrt{3}}\right)$ で極小値 $-\dfrac{2\sqrt{3}}{9}$　(7) 原点で極大値 1

(8) 点 $\left(\pm\dfrac{1}{\sqrt{2}}, \pm\dfrac{1}{\sqrt{2}}\right)$ で極大値 $\dfrac{1}{2e}$, 点 $\left(\pm\dfrac{1}{\sqrt{2}}, \mp\dfrac{1}{\sqrt{2}}\right)$ で極小値 $-\dfrac{1}{2e}$

問3 (1) 4　(2) $\dfrac{2}{3}$　(3) $\dfrac{3}{\sqrt[3]{4}}$　(4) $\dfrac{1}{(1+2\sqrt[3]{2})^3}$

問4 最大値，最小値の順 (1) $\dfrac{1}{4}$, $-\dfrac{1}{4}$　(2) $\sqrt{2}$, $-\sqrt{2}$　(3) $\dfrac{1}{3}$, -1

(4) 3, 0 （ヒント：$x^3 - 3xy + y^3 = 0$ $(x \geqq 0, y \geqq 0)$ は閉曲線になる）

演習問題4 （p.119）

1. (1) 3　(2) 0　(3) $\dfrac{1}{3}$　(4) 極限なし　(5) 極限なし　(6) 2

2. (1) 不連続　(2) 連続　(3) 不連続

3. 与えられた関数を $f(x,y)$ とする. 　(1) $f_x = -4xf$, $f_y = -6yf$,
$f_{xx} = 4(4x^2-1)f$, $f_{xy} = f_{yx} = 24xyf$, $f_{yy} = 6(6y^2-1)f$

(2) $u(x,y) = \sqrt{(x^2+y^2)(1-x^2-y^2)}$ とすると，$f_x = -\dfrac{x}{u}$, $f_y = -\dfrac{y}{u}$,
$f_{xx} = -\dfrac{y^2+(x^2-y^2)(x^2+y^2)}{u^3}$, $f_{xy} = f_{yx} = \dfrac{xy(1-2x^2-2y^2)}{u^3}$, $f_{yy} = -\dfrac{x^2+(y^2-x^2)(x^2+y^2)}{u^3}$

(3) $u(x,y) = 1+x^3+y^2$ とすると，$f_x = \dfrac{3x^2}{u}$, $f_y = \dfrac{2y}{u}$, $f_{xx} = \dfrac{3x(2+2y^2-x^3)}{u^2}$,
$f_{xy} = f_{yx} = -\dfrac{6x^2y}{u^2}$, $f_{yy} = \dfrac{2(1+x^3-y^2)}{u^2}$

(4) $u(x,y) = 1+\cos x + \cos y$ とすると，$f_x = \dfrac{\sin x}{u^2}$, $f_y = \dfrac{\sin y}{u^2}$,
$f_{xx} = \dfrac{1+\cos x+\cos x\cos y+\sin^2 x}{u^3}$, $f_{xy} = f_{yx} = \dfrac{2\sin x\sin y}{u^3}$, $f_{yy} = \dfrac{1+\cos y+\cos x\cos y+\sin^2 y}{u^3}$

(5) $f_x = \cosh x \cosh y$, $f_y = \sinh x \sinh y$, $f_{xy} = f_{yx} = \cosh x \sinh y$, $f_{xx} = f_{yy} = f$

(6) $f_x = \dfrac{1}{x}$, $f_y = \dfrac{1}{y\log y}$, $f_{xy} = f_{yx} = 0$, $f_{xx} = -\dfrac{1}{x^2}$, $f_{yy} = -\dfrac{1+\log y}{(y\log y)^2}$

4. (1) $dz = (4xy - 3y^2)\,dx + (2x^2 - 6xy)\,dy$　(2) $dz = \dfrac{2(x\,dx+y\,dy)}{x^2+y^2}$

(3) $dz = -\dfrac{2x\,dx+3y\,dy}{(2x^2+3y^2)^{\frac{3}{2}}}$　(4) $dz = 2\exp\left(-\dfrac{1}{x^2+y^2}\right)\dfrac{x\,dx+y\,dy}{(x^2+y^2)^2}$

5. $f(x, y) = \exp(-\frac{x^2}{4at})$ として，$u_t = t^{-\frac{5}{2}} \left(\frac{x^2}{4a} - \frac{t}{2} \right) f = a u_{xx}$ を示せ.

6. (1) $y - \frac{1}{2}(\cos\theta x)(\sin\theta y)(x^2 + y^2) - xy(\sin\theta x)(\cos\theta y)$

(2) $y + \frac{1}{2}(\cosh\theta x)(\sinh\theta y)(x^2 + y^2) + xy(\sinh\theta x)(\cosh\theta y)$

(3) $x^2 + y^2 - \theta^2(x^2 + y^2)^2$ (4) $1 + (x + y) + \frac{1}{2}(x + y)^2 e^{\theta(x+y)}$

7. $f_r = f_x \cos\theta + f_y \sin\theta$, $\frac{f_\theta}{r} = -f_x \sin\theta + f_y \cos\theta$ を2乗して和をとる.

8. (1) 極小値 $\frac{1}{3}$ (2) 極大値 $\frac{4\sqrt{6}}{9}$, 極小値 $\frac{-4\sqrt{6}}{9}$ (3) 極大値 $2\sqrt[3]{4}$

(4) 極大値 $\sqrt[4]{2}$, 極小値 $-\sqrt[4]{2}$

9. (1) 極小値 -2 (2) 極小値 1 (3) 極値なし (4) 極大値 $\frac{1}{27}$

10. (1) 最大値 $\frac{9}{4}$, 最小値 $-\frac{1}{4}$ (2) 最大値 $\frac{4\sqrt{5}}{125}$, 最小値 $-\frac{4\sqrt{5}}{125}$

(3) 最大値 $\frac{1}{\sqrt{2e}}$, 最小値 $-\frac{1}{\sqrt{2e}}$

11. 体積を定数 c とおいて，横 x，縦 y，高さ z とすると，$c = xyz$ となる．このとき，表面積は $2xy + 2yz + 2xz$ なので，z を消去して，$f(x, y) = 2(xy + \frac{c}{x} + \frac{c}{y})$ $(x > 0, y > 0)$ の範囲で最小化する x, y, z の条件を求める．立方体 $(x = y = z = \sqrt[3]{c})$ のときが，表面積が最小になる．

12. (1) $4\left(\frac{3}{2}\right)^{\frac{1}{3}} + 3\left(\frac{2}{3}\right)^{\frac{2}{3}}$ (2) 0 (3) 2

5.1 2重積分 (pp.123〜130)

問1 (1) -20π (2) $-\frac{336}{5}$ (3) 0 (4) $\frac{3\pi^2 + 4}{8}$

問2 (1) $\frac{8}{5}$ (2) $\frac{1}{18}$ (3) $\frac{3}{4}\pi$ (4) $\frac{2}{3}$ (5) $\frac{2}{\sqrt{3}}\pi$ (6) $\frac{3}{8}\pi$

問3 (1) π (2) $4 - \pi$ (3) $\frac{8}{9}$ (4) $\frac{1}{2}$ (5) $-\frac{35}{2}\log 5 + 4\log 2 + \frac{93}{4}$

(6) $\frac{18}{7}\left(2\sqrt{3} + 5\sqrt{6}\right)$ (7) 0 (8) $\frac{81}{64}\pi$

5.2 変数変換 (pp.131〜135)

問1 (1) $\frac{1}{7}$ (2) $\frac{64}{3}\pi$ (3) $\frac{108}{\pi}$ (4) $\frac{2048}{25}$ (5) $\pi\left(e^{49} - e^4\right)$

(6) $2\pi\left(\sqrt{6} - \sqrt{2}\right)$ (7) 9π (8) $\frac{1}{192}$ (9) $\frac{\pi - 2}{4}$ (10) $\frac{5000}{3}$ (11) $\frac{243}{2}\pi$

(12) $\frac{1}{315}$ (13) $\frac{10525}{3456\sqrt{6}}\pi$

5.3 広義2重積分 (pp.135〜141)

問1 近似列 $D_n = \{(x, y) \mid x^2 + y^2 \leqq n^2, x \geqq 0, y \geqq 0\}$, $E_n = \{(x, y) \mid 0 \leqq x \leqq n, 0 \leqq y \leqq n\}$ で計算すると，それぞれ $\frac{1}{4}\Gamma(p + q)B(p, q)$, $\frac{1}{4}\Gamma(p)\Gamma(q)$.

問2 (1) $\frac{1}{12}$ (2) 2π (3) 4π (4) $\frac{\pi}{2}$ (5) $\frac{1}{6}$ (6) 2π

(7) $\frac{2}{5}\left(e^2 - e^{-\frac{1}{2}}\right)$ (8) $4\log\left(\sqrt{2} + 1\right)$

問3 (1) 0 (2) $-\frac{\pi}{12}$ (3) $-\infty$ (4) $+\infty$

問4 (1) $\frac{\pi^2}{2}$ (2) 発散 (3) 発散 (4) 発散 (5) 12 (6) 発散

(7) $\frac{\pi}{2\log 2}$ (8) 4 (9) $\frac{1}{2}\left(\frac{5}{e} - \frac{11}{e^3}\right)$ (10) 発散 (11) $-\frac{2}{\sqrt{21}}\tan^{-1}\frac{\sqrt{7}}{3}$

解答とヒント　　　　　　　　　　　　　　　　　　　　　　　　　　185

5.4　3重積分　(pp.141〜147)

問1　(1)　$\frac{4}{3}$　(2)　$\frac{4}{3}\pi$　(3)　144　(4)　$\frac{2}{3}$　(5)　80π　(6)　$\frac{16}{9}(3\pi-4)$

問2　(1)　$-\frac{216}{5}$　(2)　$\frac{104}{5}$　(3)　$\frac{8}{105}\left(127+1024\sqrt{2}+54\sqrt{3}-125\sqrt{5}-432\sqrt{6}\right)$

(4)　$\frac{16}{3}$　(5)　$-\pi$　(6)　$\frac{1}{20}$

問3　(1)　$\frac{512}{7}\pi$　(2)　$\frac{2}{3}\pi$　(3)　$-16\pi^3$　(4)　$\frac{665}{6}$　(5)　$\frac{2048}{35}\pi$　(6)　2

(7)　$\frac{8}{9}(24\log 2-7)\pi$　(8)　$\frac{\pi}{2}(4-3\log 3)$

問4　(1)　発散　(2)　$\frac{4}{3}\pi$　(3)　64　(4)　$6\log 2-3\log 3$　(5)　発散　(6)　$-\frac{8}{9}\pi$

(7)　発散　(8)　π^2　(9)　$\frac{1}{48}$　(10)　$\frac{\pi}{2}$

5.5　重積分の応用　(pp.147〜152)

問1　(1)　$z_x=z_r\cos\theta-z_\theta\frac{\sin\theta}{r}$,　$z_y=z_r\sin\theta+z_\theta\frac{\cos\theta}{r}$ を用いる.

(2)　定理9で置換積分 $x=x(t)$ を行う.

問2　(1)　4π　(2)　$\frac{\pi}{6}\left(5\sqrt{5}-1\right)$　(3)　32　(4)　100　(5)　$\frac{\pi}{\sqrt{3}}$　(6)　$40\pi^2$

(7)　$2\pi\left\{\sqrt{2}+\log\left(1+\sqrt{2}\right)\right\}$　(8)　$2\pi\left(1+\frac{4}{3\sqrt{3}}\pi\right)$　(9)　$\frac{12}{5}\pi$

問3　(1)　$(0,0,0)$, 80ρ　(2)　$\left(\frac{1}{4},\frac{1}{4},\frac{1}{4}\right)$, $\frac{\rho}{30}$　(3)　$\left(\frac{5}{4},\frac{1}{4},\frac{5}{4}\right)$, $\frac{17}{60}\rho$

(4)　$\left(\frac{4}{3\pi},\frac{4}{3\pi},\frac{1}{2}\right)$, $\frac{\pi}{8}\rho$　(5)　$\left(-1,1,\frac{1}{2}\right)$, $\frac{5}{2}\pi\rho$　(6)　$\left(\frac{3}{8},\frac{3}{8},\frac{3}{8}\right)$, $\frac{\pi}{15}\rho$

(7)　$(-1,-1,1)$, $\frac{16}{5}\pi\rho$　(8)　$\left(0,0,\frac{1}{4}\right)$, $\frac{\pi}{10}\rho$　(9)　$\left(\frac{3}{4},0,\frac{3}{8}\right)$, $\frac{17}{60}\pi\rho$

演習問題5　(p.152)

1.　(1)　$\frac{9}{8\sqrt{2}}\pi$　(2)　$2\sqrt{3}-\log\left(2+\sqrt{3}\right)$　(3)　$\frac{1}{2}$

(4)　$-\frac{171}{70}-4\sqrt{2}+\frac{16}{7}\sqrt[4]{2}+\frac{16}{5}\sqrt[4]{8}$　(5)　$\frac{3}{2}$　(6)　$\frac{\pi}{3}$　(7)　$\frac{\pi}{4}$

2.　(1)　$-\frac{5}{18}\pi$　(2)　$4\sqrt{2}\log\left(\sqrt{2}+1\right)$　(3)　$2\log 2$　(4)　$\frac{1}{8}$　(5)　$\frac{2}{21}$

(6)　π　(7)　$\frac{33}{4}\pi$　(8)　$\frac{1}{8}(2e+\pi-2)$　(9)　$\frac{1}{2}-\frac{\sin 1+\cos 1}{3}$

3.　(1)　$\frac{4}{45}$　(2)　$\frac{\pi^2}{2}$　(3)　$\frac{32}{105}\pi$　(4)　$\frac{8}{3}\pi$　(5)　$\frac{1}{360}$　(6)　$\frac{4}{35}\pi$　(7)　$\frac{4\sqrt{3}}{9}\pi^2$

4.　(1)　$4\log 2-\frac{5}{2}$　(2)　$\frac{8}{3}\pi$　(3)　-24　(4)　$\frac{2}{405}$　(5)　$3\sqrt{2}\pi\log\left(1+\sqrt{2}\right)$

(6)　$\frac{22}{3}\pi$　(7)　$\frac{12}{35}$　(8)　$\frac{8}{105}$　(9)　2π

5.　(1)　$\frac{\Gamma(p)\Gamma(q)\Gamma(r)}{\Gamma(p+q+r)}$　(2)　$\frac{\Gamma(p)\Gamma(q)\Gamma(r)\Gamma(s)}{\Gamma(p+q+r+s)}$

6.　(1)　$\frac{12}{5}\pi$　(2)　$\left(2-\sqrt{2}\right)\pi$　(3)　$\frac{\pi}{8}\left\{14+3\sqrt{2}\log\left(1+\sqrt{2}\right)\right\}$

(4)　$\pi\left\{\sqrt{5}-\sqrt{2}+\log\frac{2\left(1+\sqrt{2}\right)}{1+\sqrt{5}}\right\}$　(5)　π^2　(6)　$\frac{32}{5}\pi$　(7)　$\frac{17}{12}\pi$

7.　(1)　$(0,0,0)$, 180　(2)　$\left(0,0,\frac{1}{2}\right)$, $\frac{2}{5}\pi$　(3)　$\left(\frac{3}{8},\frac{1}{8},\frac{3}{8}\right)$, $\frac{1}{6480}$

(4)　$\left(0,\frac{5}{32}\pi,\frac{5}{32}\pi\right)$, $\frac{8}{105}$　(5)　$\left(\frac{9}{8},\frac{3}{8},\frac{15}{16}\right)$, $\frac{52}{35}\pi$　(6)　$\left(\frac{3}{28},\frac{3}{28},\frac{3}{28}\right)$, $\frac{1}{945}$

(7)　$\left(\frac{21}{128},\frac{21}{128},\frac{21}{128}\right)$, $\frac{\pi}{715}$

6.1　級数　(pp.155〜162)

問1　(1)　発散　(2)　収束　(3)　発散　(4)　収束　(5)　発散　(6)　収束

186   解答とヒント

(7) 収束　(8) 収束　(9) 収束

問 2　(1) 収束　(2) 発散　(3) 収束　(4) 収束　(5) 収束　(6) 収束
(7) 収束　(8) 発散　(9) 収束

問 3　(1) 収束　(2) 収束　(3) 発散　(4) 収束　(5) 収束　(6) 収束

問 4　$\log 2$

問 5　(1) 条件収束　(2) 絶対収束　(3) 絶対収束　(4) 条件収束
(5) 条件収束　(6) 条件収束

問 6　$0 < \alpha \leqq 1$ のとき条件収束，$1 < \alpha$ のとき絶対収束.

問 7　まず奇数番目の項を和が 1 を超えるまで並べ，その後に第 2 項を並べる．次に奇数番目の項の続きを和が 2 を超えるまで並べ，その後に第 4 項を並べる．以下，これを繰り返せばよい．

6.2　べき級数　(pp.162〜168)

問 1　(1) 1　(2) 2　(3) ∞　(4) 1　(5) $\frac{1}{3}$　(6) 0　(7) ∞
(8) $\frac{1}{e}$　(9) 1

問 2　(1) $\displaystyle\sum_{n=0}^{\infty} (-1)^n x^n$　(2) $\displaystyle\sum_{n=1}^{\infty} \frac{(-1)^{n-1} x^n}{n}$

問 3　(1) $\displaystyle\sum_{n=0}^{\infty} \frac{x^n}{n!}$ を項別微分する．

(2) $\sin x = \displaystyle\sum_{n=0}^{\infty} \frac{(-1)^n x^{2n+1}}{(2n+1)!}$ と $\cos x = \displaystyle\sum_{n=0}^{\infty} \frac{(-1)^n x^{2n}}{2n!}$ を項別微分する．

演習問題 6　(p.168)

1.　(1) 収束, 2　(2) 収束, $\frac{11}{18}$　(3) 発散　(4) 発散　(5) 収束, $\frac{1}{4}$
(6) 発散

2.　(1) 収束　(2) 発散　(3) 収束　(4) 発散　(5) 発散　(6) 発散
(7) 収束　(8) 収束　(9) 収束

3.　(1) 収束　(2) 発散　(3) 収束　(4) 収束

4.　(1) 条件収束　(2) 絶対収束　(3) 条件収束　(4) 発散

5.　(1) 1　(2) 1　(3) 1　(4) 1　(5) 4　(6) ∞　(7) $\frac{1}{2}$　(8) 2
(9) 2

6.　(1) $\displaystyle\sum_{n=0}^{\infty} \frac{(2x)^n}{n!}$　(2) $\displaystyle\sum_{n=0}^{\infty} \frac{(-1)^n (3x)^{2n+1}}{(2n+1)!}$　(3) $\displaystyle\sum_{n=0}^{\infty} (-1)^n x^{3n}$

(4) $\log 2 - \displaystyle\sum_{n=1}^{\infty} \frac{(-x)^n}{2^n n}$　(5) $\displaystyle\sum_{n=1}^{\infty} \frac{4x^{2n-1}}{(2n-1)2^{2n}}$　(6) $x + \displaystyle\sum_{n=2}^{\infty} \frac{(-x)^n}{n(n-1)}$

7.　a_n は有限個を除いて 1 より小さいので，$a_n^2 < a_n$ となり収束する．

8.　$\displaystyle\sum_{n=0}^{\infty} \frac{(ax)^n}{n!}$ を項別微分する．

索　引

あ　行

アークサイン関数　24
アークハイパボリック関数　26
アステロイド　80
アルキメデスの渦巻線　80
陰関数　113
　　——定理　113
　　——の微分法　113
上に凸　48
ウォリスの公式　88
n 乗根の存在　17

か　行

開集合　97
回転体の体積　85
ガウス記号　12
下界　6
拡散方程式　120
下限　6
加速度　50
　　——の大きさ　51
カテナリー　80
加法性　68, 130
カルジオイド　80
関数　10, 91
慣性モーメント　151
ガンマ関数　77
逆関数　11
　　——の定理　18
　　——の微分公式　35

逆三角関数　23
逆双曲線関数　26
級数　9, 155
　　——の収束　9, 155
　　——の条件収束　160
　　——の絶対収束　160
　　——の発散　9, 155
　　——の和　9, 155
極限　93
　　関数の——　11, 13
　　数列の——　1
　　左側——　12
　　右側——　12
　　累次——　94
極限値　93
　　関数の——　11, 13
　　数列の——　1
極座標変換
　　空間の——　144
極小　48, 114
　　——値　48, 114
曲線の長さ　82
極大　48, 114
　　——値　48, 114
極値　48, 114
極方程式　79
曲面積　147
近似列　135
区間　15
区分求積公式　68

グラフ　11, 92
原始関数　55
広義 3 重積分　145
広義積分　74
　——の収束　74
　——の発散　74
広義 2 重積分　135
　——可能　135
　——の収束　135
　——の発散　135
合成関数　11
　——の微分公式　33
交代級数　159
恒等関数　11
項別積分　166
項別微分　166
コーシー
　——の定理　164
　——の判定法　158
　——の平均値の定理　45
コセカント関数　20
コタンジェント関数　20

さ 行

サイクロイド　80
最小値　6
最大値　6
最大値・最小値の定理　17
三角不等式　2
三角関数　20
3 重積分　141
C^1 級　100
C^n 級　38, 106
C^∞ 級　38
自然対数　19
　——の底　8
下に凸　48
実数の連続性　6
重心　150

収束
　関数の——　11–13
　数列の——　1
収束半径　163
シュワルツ
　——の定理　107
　——の不等式　87
上界　6
上限　6
条件収束級数　160
商の微分公式　32
常用対数　19
真数条件　19
整級数　162
正項級数　156
セカント関数　20
積の微分公式　32
積分可能　66
積分定数　56
積分する　56, 67
積分変数　56
接線の方程式　36
絶対収束級数　160
絶対値不等式　68, 130
接平面　105
　——の方程式　105
線形性　58, 68, 130
全質量　150
全射　11
全微分　100
　——可能　99
双曲線関数　25
速度　50

た 行

第 n 部分和　9, 155
対数微分法　34
多項式関数　16
縦線集合　126

索　引　　　　　　　　　　　　　　　　　　　　　　　189

ダランベール

　　——の定理　163

　　——の判定法　158

単射　11

単調性　68, 130

　　関数の——　17

　　関数の狭義——　17

　　数列の——　6

端点　15

値域　10

置換積分法　58

中間値の定理　17

調和関数　109

定義域　10, 91

定積分　66

　　——の下端　67

　　——の上端　67

　　——の積分変数　67

　　——の置換積分法　71

　　——の被積分関数　67

　　——の部分積分法　72

　　——の平均値の定理　69

底の変換公式　19

テイラー

　　——展開　42

　　——の定理　41, 111

デカルトの正葉線　80

導関数　30

　　n 階——　38

　　n 次——　38

等高線　92

等比級数　10

特異積分　75

特殊関数　77

な　行

2 重積分　124, 127

　　——可能　124, 127

ネイピア数　8

は　行

媒介変数　79

媒介変数表示　79

　　——された関数の微分公式　36

ハイパボリック関数　25

はさみうちの原理　3, 14

発散

　　関数の——　12, 13

　　数列の——　4

波動方程式　109

速さ　50

パラメータ　79

被積分関数　56

微分演算子　109

微分可能　29

　　I で——　30

　　n 回——　38

　　n 回連続——　38

　　無限回連続——　38

　　連続——　100

微分係数　30

　　左側——　30

　　右側——　30

微分する　30

微分積分学の基本定理　70

不定形　46

不定積分　56

不動点定理　28

部分積分法　60

部分分数分解　61

部分列　8

不連続　16

分割の幅　66

平均値の定理　41, 45, 69, 112

平均変化率　29

べき級数　162

ベータ関数　77

変曲点　48

変数変換公式　131, 143
偏導関数　98
　2次——　106
　高次——　106
偏微分　98
　——係数　97
　——可能　97
法線　37, 105
　——の方程式　37, 105

ま　行

マクローリン
　——展開　43
　——の定理　43, 112
三葉形　80
無限級数　9, 155
無限積分　75
面積　78

や　行

ヤコビ行列式　131, 144
有界性

関数の——　17, 123
集合の——　126
数列の——　7
有理関数　16, 61
横線集合　126
四葉形　80

ら　行

ライプニッツの定理　39, 159
ラグランジュ
　——の剰余　42
　——の未定乗数　117
　——の未定乗数法　117
ラプラシアン　109
立体の体積　84
リーマン和　66, 123
累次積分　125
ルジャンドルの多項式　52
レムニスケート　80
連続　16, 96
ロピタルの定理　46
ロルの定理　40

著者略歴

飯田洋市
（いいだ　よういち）

1994年　東京理科大学大学院理学研究科
　　　　博士課程修了
現　在　公立諏訪東京理科大学教授
　　　　博士（理学）

大野博道
（おおの　ひろみち）

2005年　東北大学大学院情報科学研究科
　　　　博士課程修了
現　在　信州大学学術研究院工学系教授
　　　　博士（情報科学）

岡本　葵
（おかもと　まもる）

2014年　京都大学大学院理学研究科
　　　　博士課程修了
現　在　大阪大学大学院理学研究科数学専
　　　　攻准教授　博士（理学）

河邊　淳
（かわべ　じゅん）

1986年　東京工業大学大学院理工学研究科
　　　　博士後期課程修了
現　在　信州大学名誉教授
　　　　理学博士

鈴木章斗
（すずき　あきと）

2008年　北海道大学大学院理学院
　　　　博士課程修了
現　在　信州大学学術研究院工学系准教授
　　　　博士（理学）

高野嘉寿彦
（たかの　かずひこ）

1991年　東京理科大学大学院理学研究科
　　　　博士課程修了
現　在　信州大学学術研究院総合人間科学
　　　　系教授　理学博士

© 飯田洋市・大野博道・岡本 葵　2018
　　河邊 淳・鈴木章斗・高野嘉寿彦

2018年 1 月 31 日　　初　版　発　行
2025年 3 月 10 日　　初版第 7 刷発行

微 分 積 分 の 基 礎

著　者　飯　田　洋　市
　　　　大　野　博　道
　　　　岡　本　　　葵
　　　　河　邊　　　淳
　　　　鈴　木　章　斗
　　　　高　野　嘉　寿　彦
発行者　山　本　　　格

発 行 所　株式会社　培 風 館
東京都千代田区九段南 4-3-12・郵便番号 102-8260
電 話 (03) 3262-5256(代表)・振 替 00140-7-44725

平文社印刷・牧 製本

PRINTED IN JAPAN

ISBN 978-4-563-01219-9　C3041